《圖解》
總經理的
行銷規範管理

宋麗娜 編著

崧燁文化

目錄

前 言

第 1 章 市場行銷管理規範化管理體系

1.1 市場行銷管理體系導圖 ……………………………………………… 9
1.2 市場行銷規範化管理體系設計範例 …………………………………… 10
1.3 業務模型設計要項 ……………………………………………………… 15
1.4 管理流程設計要項 ……………………………………………………… 17
1.5 管理標準設計要項 ……………………………………………………… 21
1.6 管理制度設計要項 ……………………………………………………… 25

第 2 章 市場調查管理業務‧流程‧標準‧制度

2.1 市場調查管理業務模型 ………………………………………………… 27
2.2 市場調查管理流程 ……………………………………………………… 29
2.3 市場調查管理標準 ……………………………………………………… 35
2.4 市場調查管理制度 ……………………………………………………… 37

第 3 章 行銷策劃管理業務‧流程‧標準‧制度

3.1 行銷策劃管理業務模型 ………………………………………………… 51
3.2 行銷策劃管理流程 ……………………………………………………… 53
3.3 行銷策劃管理標準 ……………………………………………………… 60
3.4 行銷策劃管理制度 ……………………………………………………… 62

第 4 章 市場定位管理業務‧流程‧標準‧制度

4.1 市場定位管理業務模型 ………………………………………………… 73
4.2 市場定位管理流程 ……………………………………………………… 75
4.3 市場定位管理標準 ……………………………………………………… 80
4.4 市場定位管理制度 ……………………………………………………… 82

第 5 章 產品品牌管理業務‧流程‧標準‧制度

5.1 產品品牌管理業務模型 93
5.2 產品品牌管理流程 95
5.3 產品品牌管理標準 101
5.4 產品品牌管理制度 104

第 6 章 產品價格管理業務‧流程‧標準‧制度

6.1 產品價格管理業務模型 123
6.2 產品價格管理流程 125
6.3 產品價格管理標準 131
6.4 產品價格管理制度 133

第 7 章 產品促銷管理業務‧流程‧標準‧制度

7.1 產品促銷管理業務模型 143
7.2 產品促銷管理流程 145
7.3 產品促銷管理標準 151
7.4 產品促銷管理制度 153

第 8 章 行銷通路管理業務‧流程‧標準‧制度

8.1 行銷通路管理業務模型 165
8.2 行銷通路管理流程 167
8.3 行銷通路管理標準 174
8.4 行銷通路管理制度 177

第 9 章 廣告公關管理業務‧流程‧標準‧制度

9.1 廣告公關管理業務模型 197
9.2 廣告公關管理流程 199
9.2.5 廣告效果評估流程 203
9.3 廣告公關管理標準 206

9.4 廣告公關管理制度 208

第 10 章 銷售管理業務・流程・標準・制度

10.1 銷售管理業務模型 221

10.2 銷售管理流程 223

10.3 銷售管理標準 228

10.4 銷售管理制度 230

第 11 章 客戶管理業務・流程・標準・制度

11.1 客戶管理業務模型 245

11.2 客戶管理流程 247

11.3 客戶管理標準 252

11.4 客戶管理制度 254

目錄

前言

「企業規範化管理」系列叢書，以企業規範化管理為中心，立足於企業各職能部門的管理實踐，針對各職能部門的管理問題，系統地提供了各職能部門規範化運作的管理工具，實現了「業務 + 流程 + 標準 + 制度」四位一體的解決方案。

只有層層實施規範化管理，明確工作導圖、工作職責、績效標準、工作標準，做到人人有事做、事事有規範、辦事有流程，才有可能提高企業的整體管理水平，從根本上提高企業的執行力，增強企業的競爭力。

《總經理市場行銷規範化管理》以市場行銷業務為依據，將市場行銷管理事項的執行工作落實在具體的業務模型、管理流程、管理標準、管理制度中，幫助企業市場行銷管理人員順利實現從「知道做」到「如何做」，再到「如何做好」的科學轉變。

本書以市場行銷部門的「業務模型 + 管理流程 + 管理標準 + 管理制度」為核心，按照市場行銷管理事項，給出每一工作事項的業務模型、編制相關工作事項的管理制度、提供相關工作事項的管理流程、描述具體工作事項的管理標準，使業務、流程、標準、制度在工作中相互促進，為讀者提供體系化、範例化、規範化的管理體系。本書主要有以下四大特點：

1. 層次清晰的業務模型

為了便於讀者閱讀和使用，本書針對市場調查、行銷策劃、市場定位、產品品牌管理、產品價格管理、產品促銷管理、行銷通路管理、廣告公關管理、銷售管理、客戶管理 10 項市場行銷管理職能事項，按照組織設計和工作分析的思路，將業務模型劃分為業務導圖和工作職責兩項，分別提供了設計方案，進行了詳細介紹，並給出了模型範例。

2. 拿來即用的流程體系

本書在梳理市場行銷管理工作內容的基礎上，提出了各項市場行銷事務流程的設計思路，並向讀者提供了48個市場行銷管理流程範例，細化了市場行銷管理的具體工作事項，構建了「拿來即用」的市場行銷管理流程體系，為企業實現市場行銷管理工作的規範化、流程化、標準化提供很好的指導。

3. 科學合理的管理標準

本書根據目標管理的原則，科學、合理地制定了績效結果的評價項目、評估指標及評估標準。同時，為達到相關的績效目標，本書在工作分析與測算的基礎上，科學地設定相應的行為規範和作業標準，並給出應達成的結果目標，為讀者展現市場行銷管理工作應該達到的工作標準，並提供相應的標準範例。

4. 規範具體的制度設計

本書系統性地介紹了制度的設計方法、設計思路、編制要求及制度能夠解決的問題，然後針對市場行銷日常管理工作中容易出現的問題，詳細地設計了36個市場行銷管理制度範例，使得方法和範例相輔相成，為讀者自行設計管理制度提供了操作指南和參照範本。

本書適合於企業經營管理人員、市場行銷管理人員、管理諮詢人士及高等院校相關專業的師生閱讀、使用。

在本書編寫的過程中，薛顯東、孫宗坤、袁曉烈負責資料的收集、整理，羅章秀、賈月、畢汪峰負責圖形、圖表的編排，程淑麗參與編寫了本書的第1章，王勝會參與編寫了本書的第2章，黃成日、金成哲參與編寫了本書的第3章，王春霞參與編寫了本書的第4章，王琴參與編寫了本書的第5章，張艷鋒參與編寫了本書的第6章，高春燕、滕金偉參與編寫了本書的第7章，麼秀傑參與編寫了本書的第8章，王淑潔參與編寫了本書的第9章，楊彩參與編寫了本書的第10章，張天驕參與編寫了本書的第11章，全書由宋麗娜統撰定稿。

第1章 市場行銷管理規範化管理體系

1.1 市場行銷管理體系導圖

　　市場行銷管理，又稱行銷管理，其本質是需求管理，即發現需求、滿足需求的過程。市場行銷管理主要是透過市場調查、行銷戰略與策略制定、行銷計劃制訂、行銷計劃實施與控制等一系列活動，引導及滿足消費者需求，從而達成企業經營目標，它是藝術與科學的有機組合。市場行銷管理知識體系導圖如圖 1-1 所示。

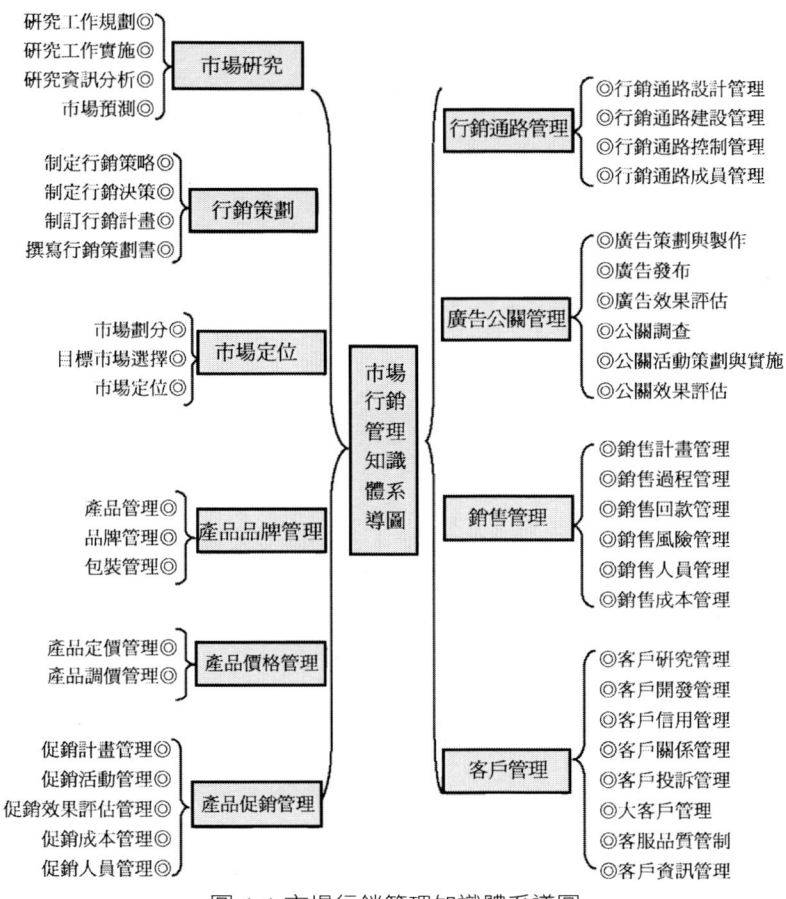

圖 1-1 市場行銷管理知識體系導圖

1.2 市場行銷規範化管理體系設計範例

1.2.1 業務模型範例設計

業務模型主要用來描述企業管理所涉及的業務內容、業務表現及業務之間的關係，主要從業務工作導圖和主要工作職責兩個方面進行設計。其具體範例設計如下：

1. 業務工作導圖範例設計

業務工作導圖是對業務內容進行分類描述，並對分類內容進行具體說明的範例。企業可以以表 1-1 所示的業務工作導圖示例範例為參考，設計出適用的部門業務工作導圖。

表 1-1 業務工作導圖範例範例

工作內容	內容具體說明
	1. 2. 3.
	1. 2. 3.

2. 主要工作職責範例設計

針對每一項業務或每一項工作，要做到事事有人做。這是企業各個部門在進行本部門所設職位的職責設計時所遵循的首要原則。同時，人力資源部還應做好企業戰略分析、工作任務分析以及業務流程梳理工作，在此基礎上設計部門及每個職位的主要職責。

企業主要工作職責的設計，可參照範例的思路開展工作，具體如表 1-2 所示：

表 1-2 主要工作職責範例

工作職責	職責具體說明
	1. 2. 3.
	1. 2. 3.

1.2.2 管理流程範例設計

　　流程是企業為向特定的顧客或市場提供特定的產品或服務所精心設計的一系列連續、有規律的活動，這些活動以確定的方式進行，並帶來特定的結果。

　　流程作為企業規範化管理體系中的一個維度，主要採用流程圖的方式進行設計。流程圖透過適當的符號記錄全部工作事項，用於描述工作活動的流向順序。流程圖由一個開始節點、一個結束節點及若干中間環節組成，中間環節的每個分支也要有明確的判斷條件。

　　常見的流程形式有矩陣式流程和泳道式流程。本書採用的泳道式流程為企業常見流程形式，其編寫範例示例如圖 1-2 所示。

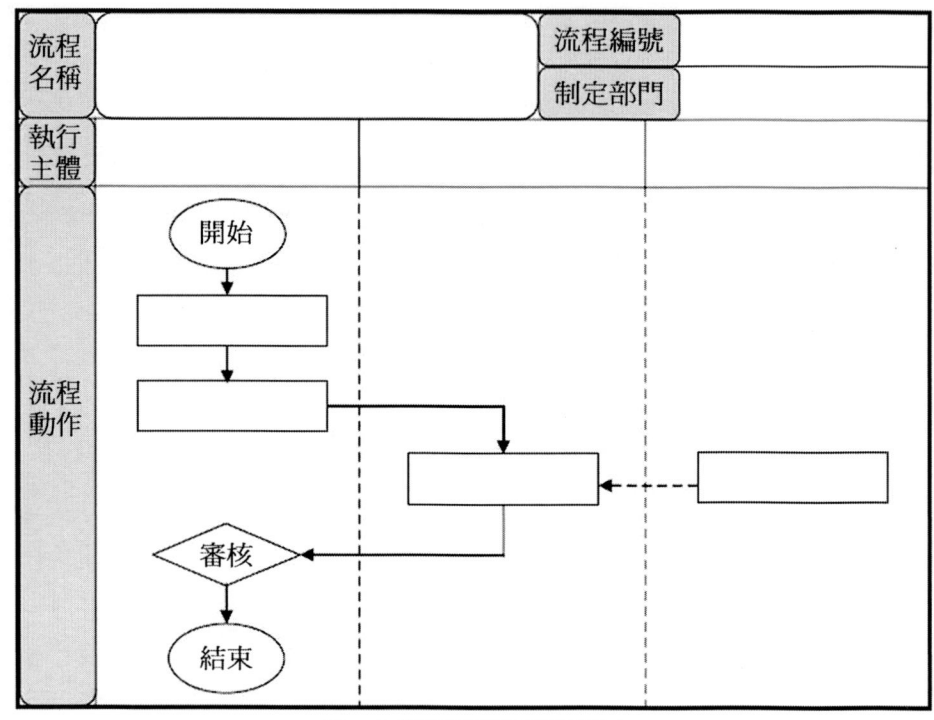

圖 1-2 流程編寫範例示意圖

1.2.3 管理標準範例設計

　　管理標準是企業對日常管理工作中需要協調統一的管理事項所制定的標準。企業制定管理標準，可為相關工作的開展提供依據，有利於管理經驗的總結、提高，有利於建立協調高效的管理秩序。企業管理標準包括工作標準和績效標準兩項。

　　1. 工作標準範例設計

　　工作標準，是指一個訓練有素的人員在履行職責中完成工作內容所應遵循的流程和制度。具備勝任資格的在職人員，在按照工作標準履行職責的過程中，必須遵循設定的工作依據與規範，並達成工作成果或目標。

　　企業具體工作標準設計，可參照相關範例，具體如表 1-3 所示。

表 1-3 工作標準範例

工作事項	工作依據與規範	工作成果或目標
1.	◆ ◆	(1) (2)
2.	◆ ◆	(1) (2)
3.	◆ ◆	(1) (2)

2. 績效標準範例設計

績效標準是結果標準,著眼於「應該做到什麼程度」。績效標準,是在確定工作目標的基礎上,設定評估指標、制定評估標準,與實際工作表現進行對照、分析,以衡量、評估工作目標的達成程度,它注重工作的最終產出和貢獻。

根據績效標準的要項,績效標準範例設計可參照範例的思路開展工作,具體如表 1-4 所示:

表 1-4 績效標準範例

工作事項	評估指標	評估標準
		1. 2.
		1. 2.
		1. 2.

1.2.4 管理制度範例設計

管理制度的內容結構常採用「總則＋具體制度＋附則」的模式，一個完整的管理制度通常應包括制度名稱、總則、正文、附則、附件五部分內容。

需要說明的是，對於針對性強、內容較單一、業務操作性較強的制度，正文中可不用分章，直接分條列出即可，總則和附則中有關條目不可省略。

根據制度的內容結構，制度編寫人員可參考相關文本範例編寫具體制度，如表 1-5 所示：

表 1-5 管理制度範例

制度名稱	××制度		編號	
執行部門		監督部門		編修部門	

第1章　總則

第1條　目的

第2條　適用範圍

第2章

第　條

第　條

第　章　附則

第　條

第　條

編制日期		審核日期		批准日期	
修改標記		修改處數		修改日期	

1.3 業務模型設計要項

1.3.1 基於什麼設計業務模型

業務模型應符合業務實際，符合企業管理需要。企業在設計業務模型前，應明確模型內容、模型形式，對企業高層進行調查，結合業務理論知識對企業業務事項進行分析、分解與設計，從而確定業務工作導圖和主要工作職責，完成業務模型設計工作。

通常，企業應基於六項內容設計業務模型，具體如圖 1-3 所示：

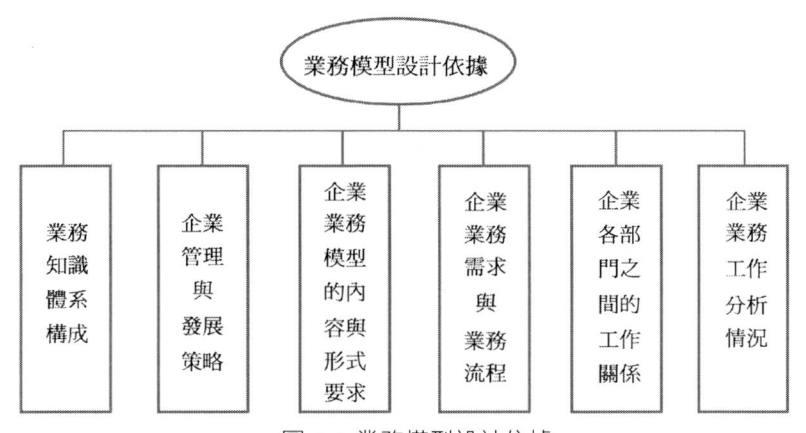

圖 1-3 業務模型設計依據

1.3.2 業務模型如何有效導出

明確業務模型設計依據後，企業應導出業務模型，以發揮業務模型的指導、規範作用。業務模型的具體導出步驟主要包括四步，如圖 1-4 所示。

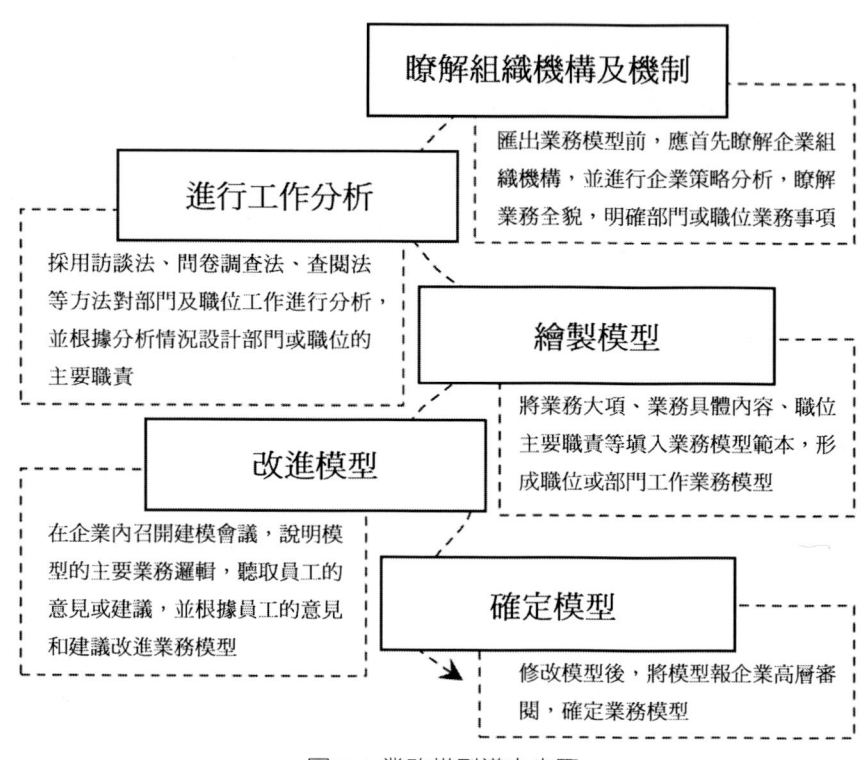

```
                    ┌─────────────────────┐
                    │  瞭解組織機構及機制  │
                    └─────────────────────┘
                           匯出業務模型前，應首先瞭解企業組
                           織機構，並進行企業策略分析，瞭解
                           業務全貌，明確部門或職位業務事項

    ┌─────────────┐
    │ 進行工作分析 │
    └─────────────┘
     採用訪談法、問卷調查法、查閱法
     等方法對部門及職位工作進行分析，      ┌─────────┐
     並根據分析情況設計部門或職位的       │ 繪製模型 │
     主要職責                            └─────────┘
                                    將業務大項、業務具體內容、職位
                                    主要職責等填入業務模型範本，形
                     ┌─────────┐     成職位或部門工作業務模型
                     │ 改進模型 │
                     └─────────┘
      在企業內召開建模會議，說明模
      型的主要業務邏輯，聽取員工的      ┌─────────┐
      意見或建議，並根據員工的意見     │ 確定模型 │
      和建議改進業務模型              └─────────┘
                                    修改模型後，將模型報企業高層審
                                    閱，確定業務模型
```

圖 1-4 業務模型導出步驟

1.3.3 業務模型設計注意事項

為提高業務模型的準確性、實用性，企業在設計業務模型時，應注意以下六點注意事項：

（1）設計業務模型前，應確定業務願景，並明確業務範圍；

（2）設計業務模型前，應明確業務流程；

（3）單項業務的主要職責以 3～10 項為宜；

（4）業務模型內容應在企業或部門內部達成共識；

（5）業務模型包括業務工作導圖與主要工作職責兩項，應分別設計，不可混淆；

（6）業務模型的內容應具體、簡練，易於理解，應與日常工作息息相關。

1.4 管理流程設計要項

1.4.1 管理流程設計

管理流程主要用於支持企業戰略和經營決策，應用範疇包括人力資源管理、訊息系統管理等多個領域，是企業透過流程管理對業務開展情況進行監督、控制、協調和服務。

管理流程具有分配任務、分配人員、啟動工作、執行任務、監督任務等功能。管理流程包括設計模塊、運行模塊、監督模塊三部分內容。管理流程設計，即運用各種繪圖工具繪製流程圖，將管理內容以流程圖的形式固定下來。

管理人員在具體設計管理流程時，可按以下三步進行：

1. 選擇流程形式

流程圖有很多種類型，流程設計人員應根據流程內容，選擇合適的流程圖形式。企業常見流程圖有矩陣式流程和泳道式流程兩種。

（1）矩陣式流程。矩陣式流程有縱、橫兩個方向，縱向表示工作的先後順序，橫向表示承擔該工作的部門或職位。矩陣式流程透過縱、橫兩個方向的坐標，既解決了先做什麼、後做什麼的問題，又解決了各項工作由誰負責的問題。

對於矩陣式流程圖，美國國家標準學會對其標準符號做出了規定，常用的流程圖標準符號如圖 1-5 所示。

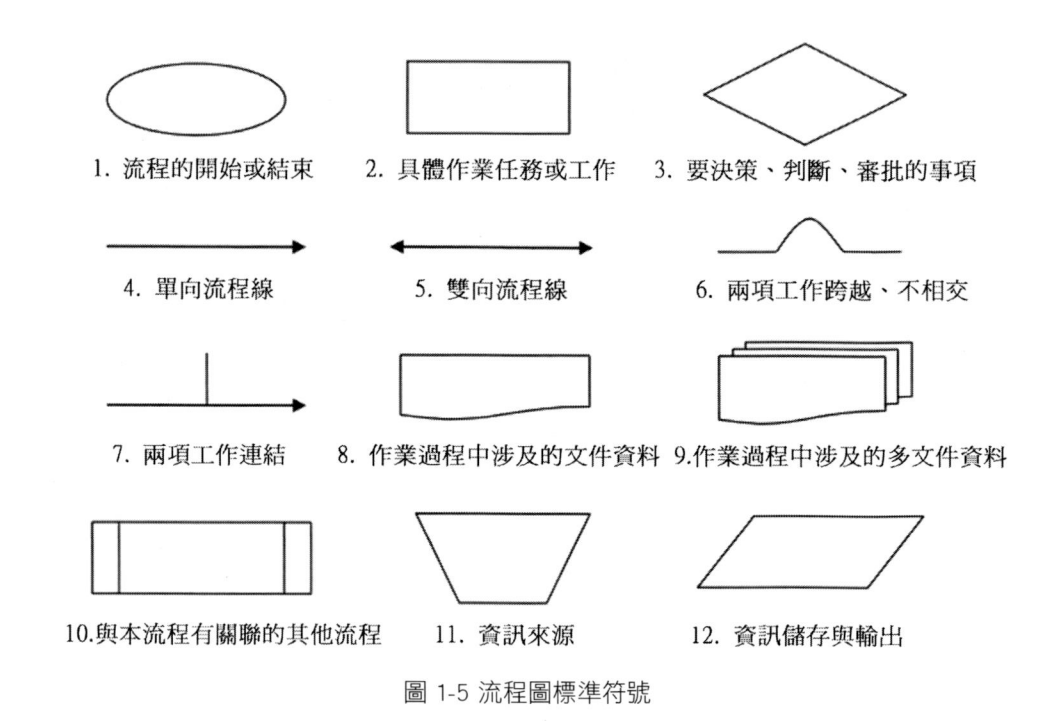

第 1 章 市場行銷管理規範化管理體系

1. 流程的開始或結束　2. 具體作業任務或工作　3. 要決策、判斷、審批的事項

4. 單向流程線　5. 雙向流程線　6. 兩項工作跨越、不相交

7. 兩項工作連結　8. 作業過程中涉及的文件資料　9. 作業過程中涉及的多文件資料

10. 與本流程有關聯的其他流程　11. 資訊來源　12. 資訊儲存與輸出

圖 1-5 流程圖標準符號

　　實際上，流程圖標準符號遠不止圖 1-5 所示的這些，但是，考慮到流程圖繪製越簡單明瞭，操作起來越方便，建議一般情況下使用圖 1-5 所示的前四種標準符號。

　　（2）泳道式流程。泳道式流程也是流程圖的一種，它能夠反映各職位之間、各部門之間、部門與職位之間的關係。泳道式流程與其他形式的流程圖相比，具有能夠理清流程管理中各自的工作範圍、明確主體之間的交接動作等優點。

　　泳道式流程也有縱、橫兩個方向，縱向表示執行步驟，橫向表示執行主體，繪製泳道式流程所用的標準符號如圖 1-5 所示。

　　泳道式流程圖用線將不同區域分開，每一個區域表示各執行主體的職責，並將執行步驟按照職責組織起來。泳道式流程圖可以方便地描述企業的各種管理流程，直觀地描述執行步驟和執行主體之間的邏輯關係。

1.4 管理流程設計要項

2. 選擇流程繪製工具

繪製流程圖的常用軟件有 Word、Visio，二者在繪製流程圖方面各有特色，如表 1-6 所示。流程圖設計可根據本企業流程設計要求、自己的使用習慣等選擇使用。

表 1-6 流程圖繪製常用工具

工具名稱	工具介紹
Word	◆ Word軟體普及率高，使用方便 ◆ 排版、列印、印刷方便 ◆ 繪製的圖片清晰、檔案較小，容易複製到移動儲存裝置上 ◆ 繪製比較費時，難度較大，功能簡單，不夠全面
Visio	◆ Visio是專業的繪圖軟體，附帶了相關的建模符號 ◆ 透過拖動預定義的圖形符號，能夠很容易地組合圖表 ◆ 可根據本企業流程設計需要進行自訂 ◆ 能繪製一些組織複雜、業務繁雜的流程圖

3. 繪製流程圖

管理流程圖繪製步驟主要包括六步，具體如圖 1-6 所示：

確定流程內容構成 — 管理流程內容一般由流程的設計、執行、監督三部分內容構成

確定流程範圍與參與部門 — 確定流程範圍，確定參與管理工作的各個部門以及它們的職能及作用

繪製流程圖 — 利用繪圖工具，根據選擇的流程形式及管理事項繪製流程圖

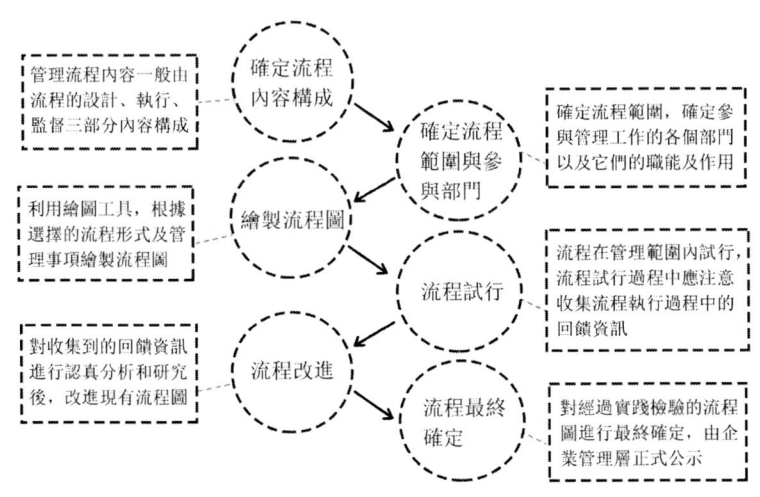

流程試行 — 流程在管理範圍內試行，流程試行過程中應注意收集流程執行過程中的回饋資訊

流程改進 — 對收集到的回饋資訊進行認真分析和研究後，改進現有流程圖

流程最終確定 — 對經過實踐檢驗的流程圖進行最終確定，由企業管理層正式公示

圖 1-6 管理流程圖繪製步驟

1.4.2 業務流程設計

業務流程主要指企業實現其日常功能的流程,它將工作分配給不同職位的人員,按照執行的先後順序以及明確的業務內容、方式和職責,在不同職位人員之間進行交接。不同的職能事項模塊,業務流程的分類也有所不同。例如,財務規範化管理體系中,常見的業務流程包括財務預測工作流程、投資項目實施流程、會計帳簿管理流程、固定資產盤點流程等。

業務流程對企業的業務運營能造成一定的指導作用,業務流程具有層次性、人性化和效益性的特點。為規範企業各項業務的執行程序,明確各項業務的責任範圍等,企業需繪製業務流程圖,將流程設計成果予以書面化呈現。具體流程圖繪製程序如圖 1-7 所示:

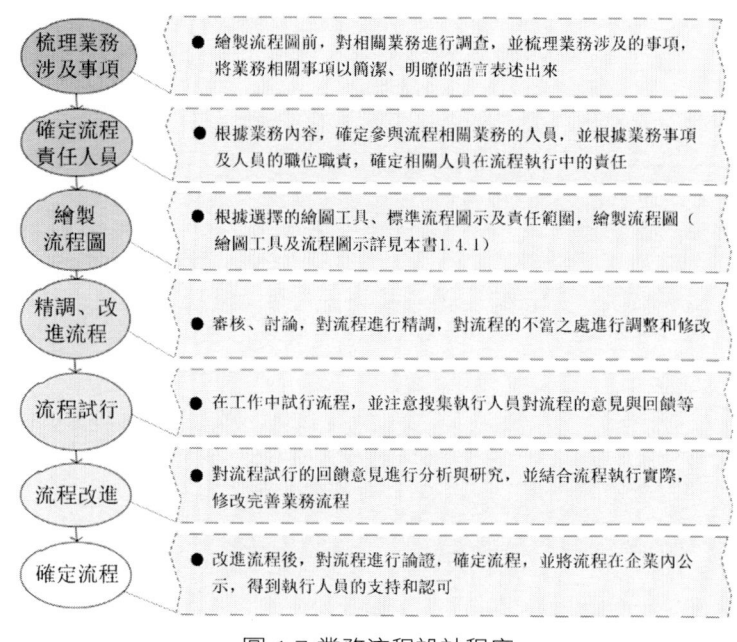

梳理業務涉及事項	● 繪製流程圖前,對相關業務進行調查,並梳理業務涉及的事項,將業務相關事項以簡潔、明瞭的語言表述出來
確定流程責任人員	● 根據業務內容,確定參與流程相關業務的人員,並根據業務事項及人員的職位職責,確定相關人員在流程執行中的責任
繪製流程圖	● 根據選擇的繪圖工具、標準流程圖示及責任範圍,繪製流程圖(繪圖工具及流程圖示詳見本書1.4.1)
精調、改進流程	● 審核、討論,對流程進行精調,對流程的不當之處進行調整和修改
流程試行	● 在工作中試行流程,並注意搜集執行人員對流程的意見與回饋等
流程改進	● 對流程試行的回饋意見進行分析與研究,並結合流程執行實際,修改完善業務流程
確定流程	● 改進流程後,對流程進行論證,確定流程,並將流程在企業內公示,得到執行人員的支持和認可

圖 1-7 業務流程設計程序

企業在具體設計管理或業務流程時,應注意以下四點,以確保流程內容規範、執行責任明確等:

(1) 設計流程的目標要與企業經營目標、訊息技術水平相符合;

（2）流程圖的繪製應根據工作的發展，簡明地敘述流程中的每一件事；

（3）流程圖的繪製應簡潔、明了，這樣不但操作起來方便，推行和執行人員也容易接受和落實；

（4）各工作事項均應明確責任與實施主體。

1.5 管理標準設計要項

1.5.1 工作標準設計

工作標準是用於比較的一種員工均可接受的基礎或尺度。制定工作標準的關鍵是定義「正常」的工作速度、正常的技能發揮。工作標準設計程序如下：

1. 明確工作標準的內容

規範的工作標準應包括以下五項內容：工作範圍、內容和要求，與相關工作的關係，職位任職人員的職權與必備條件，工作依據與規範，工作目標或成果。

2. 提取工作事項

企業應首先對部門或職位的工作進行分析，並根據分析情況及主要工作職責及業務流程，提取職位工作事項。工作事項應全面、具體。

3. 確定工作依據

提取工作事項後，企業要根據事項涉及的部門及工作內容等，確定工作依據，工作依據一般包括工作相關的制度、流程、表單、方案及其他相關資料等。

4. 確定工作目標

（1）正常工作效率測算。正常工作效率是指在一定的時間內，無須額外勞動或提高工作強度所得出的勞動成果。正常工作效率測算程序如圖 1-8 所示：

第 1 章 市場行銷管理規範化管理體系

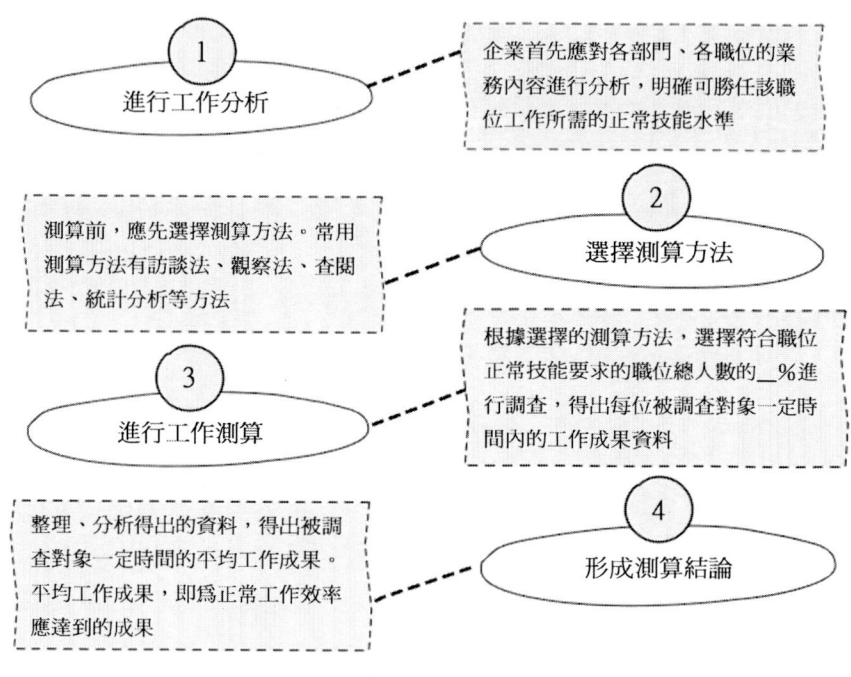

```
1. 進行工作分析 —— 企業首先應對各部門、各職位的業務內容進行分析，明確可勝任該職位工作所需的正常技能水準

2. 選擇測算方法 —— 測算前，應先選擇測算方法。常用測算方法有訪談法、觀察法、查閱法、統計分析等方法

3. 進行工作測算 —— 根據選擇的測算方法，選擇符合職位正常技能要求的職位總人數的__%進行調查，得出每位被調查對象一定時間內的工作成果資料

4. 形成測算結論 —— 整理、分析得出的資料，得出被調查對象一定時間的平均工作成果。平均工作成果，即為正常工作效率應達到的成果
```

圖 1-8 正常工作效率測算程序

（2）設定工作目標。工作目標應以戰略目標及正常工作效率測算數據為依據制定。一般來說，工作目標應略高於正常工作效率測算得出的數據，工作目標應詳細、清晰、具體地描述，應是正常工作時間內，正常工作效率和工作技能可以達到或實現的。

5. 形成工作標準

企業應將分析或測算得出的工作事項、工作依據、工作成果或目標等訊息整理彙總，填入工作標準範例，形成企業工作標準體系。

1.5.2 績效標準設計

績效標準是部門或職位相應的每項任務應達到的績效要求。績效標準明確了員工的工作目標與考核標準，使員工明確工作該如何做或做到什麼樣的程度。績效標準的設計，有助於保證績效考核的公正性，同時可為工作標準設計提供依據和參考。

1.5 管理標準設計要項

1. 績效標準設計原則

績效標準一般具有明確具體、可度量、可實現、有時間限制等特點，企業可根據績效標準的特點，根據 SMART 原則設計績效標準，具體說明如圖 1-9 所示：

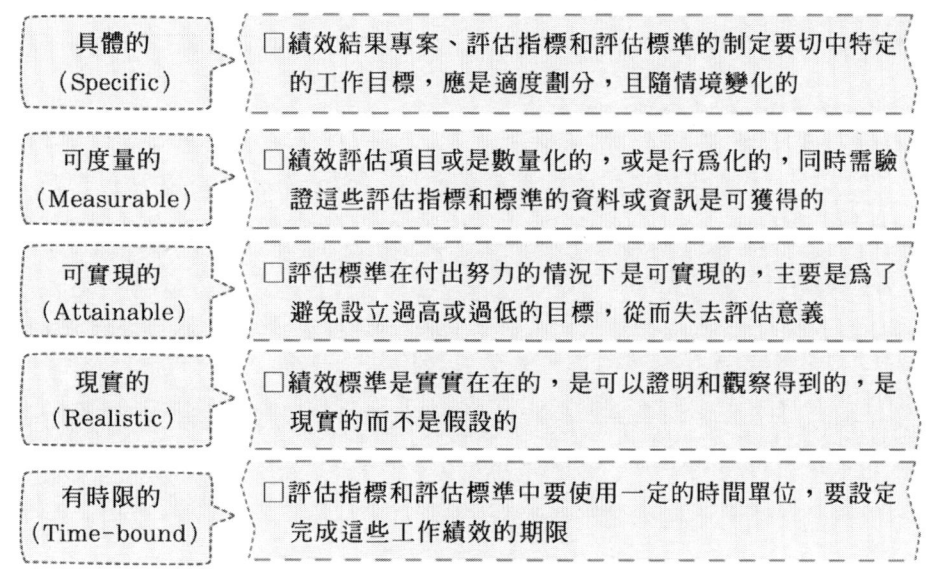

具體的（Specific）	□績效結果專案、評估指標和評估標準的制定要切中特定的工作目標，應是適度劃分，且隨情境變化的
可度量的（Measurable）	□績效評估項目或是數量化的，或是行為化的，同時需驗證這些評估指標和標準的資料或資訊是可獲得的
可實現的（Attainable）	□評估標準在付出努力的情況下是可實現的，主要是為了避免設立過高或過低的目標，從而失去評估意義
現實的（Realistic）	□績效標準是實實在在的，是可以證明和觀察得到的，是現實的而不是假設的
有時限的（Time-bound）	□評估指標和評估標準中要使用一定的時間單位，要設定完成這些工作績效的期限

圖 1-9 績效標準設計原則

2. 績效標準設計程序

績效標準設計程序主要包括四步，具體如下：

（1）確定工作目標。工作目標通常由公司的戰略目標分解得到，工作目標確定了，才能進行評估指標的分解設置。

（2）提取評估指標。評估指標應與工作目標相關，與職位工作相關。企業需熟悉職位工作流程，瞭解被考核對像在流程中所扮演的角色、肩負的責任以及同上下游之間的關係，根據關鍵工作事項、典型工作行為等提取評估指標。評估指標可以是定量的也可以是定性的。

(3) 設計評估標準。評估標準應根據評估指標編制，企業可採取等級描述法，對工作成果或工作履行情況進行分級描述，並對各級別用數據或事實進行具體和清晰的界定，使被考核對象明確指標各級別達成要求，明確指標達成狀態。

(4) 形成績效標準體系。將工作目標、評估指標、評估標準等填入績效標準範例，形成完整的績效標準體系。

1.5.3 標準設計注意問題

為提高工作標準的合規合理性，提高員工對工作標準的認同度等，企業在具體設計管理標準時應著重注意以下五點事項：

1. 標準高低應適當

當管理標準與工資掛鉤時，員工會因標準過高而反對，而管理人員認為標準過低也會反對，事實上標準過高或過低均不好，它會給制訂計劃、人員安排等工作帶來很多困難，從而給企業帶來損失。

不同的人站在不同立場上會有不同的看法，因此，工作標準的「高」與「低」是一個相對尺度。企業在具體設計標準時應從管理者和員工兩方面考慮，確保標準高低適當。

2. 制定標準要以人為本

反對標準的人員認為，標準缺乏對人的尊重，把人當作機器來制定機械的標準。因此，在「以人為本」思想的指導下，企業可採用「全員參與」等方法制定標準，以獲得員工的理解和支持。

3. 制定標準要進行成本效益評估

制定標準本身要耗費相當的時間、人力和費用，因此，需要預估制定成本與標準所能帶來的收益，評估成本是否低於編制標準帶來的好處。

4. 工作標準要適時修訂

工作標準要適時修訂，避免員工因擔心企業將工作標準提高，即使創造了更好的新工作方法也保密，而難以提高生產率。同時，適時修訂工作標準也可及時對提升工作標準、創造高業績的人員進行正向激勵。

5. 標準內容要全面

工作標準的內容不僅要包括員工的基本工作職責，而且還要包括同其他部門的協作關係、為其他部門服務的要求等，不僅要包括定性的要求，還要有定量的要求。

1.6 管理制度設計要項

1.6.1 章條款項目的有效設計

管理制度一般按章、條、款、項、目結構表述，內容簡單的可以不分章，直接以條的方式表述。章、條、款、項、目的編寫要點如下：

1.「章」的編寫

「章」要概括出制度所要描述的主要內容，然後透過完全並列、部分並列和總分結合的方式確定各章的標題，根據章標題確定每章的具體內容。

2.「條」的編寫

制度「條」的內容應按圖 1-10 所示的要求進行編制：

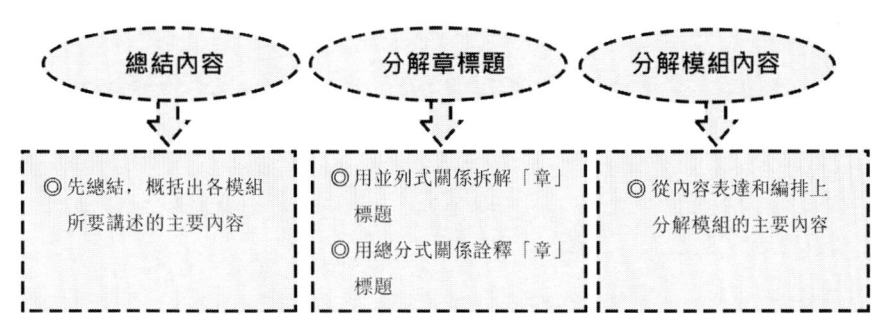

總結內容	分解章標題	分解模組內容
◎先總結，概括出各模組所要講述的主要內容	◎用並列式關係拆解「章」標題 ◎用總分式關係詮釋「章」標題	◎從內容表達和編排上分解模組的主要內容

圖 1-10 「條」的編寫要求

3.「款」的編寫

「款」是條的組成部分,「款」的表現形式為「條」中的自然段,每個自然段為一款,每一款都是一個獨立的內容或是對前款內容的補充描述。

4.「項」的編寫

「項」的編制可以採用三種方法,即梳理肢解「條」的邏輯關係、直接提取「條」的關鍵詞、設計一套表達「條」的體系。「項」的編寫一定要具體化,透過具體化可以實現以下四個目的:

(1) 給出「目」的編寫範圍;

(2) 控制編寫思路;

(3) 明示編寫人員;

(4) 控制編寫篇幅。

1.6.2 管理制度設計注意問題

在設計管理制度時,制度設計及編寫人員應注意六點事項,以使設計的制度符合法律法規要求、格式規範、用詞標準、職責明確等,具體如圖 1-11 所示:

管理制度設計注意問題
- 制度設計前應瞭解國家相關法律法規
- 制度的依據、內容需合規合法
- 制定統一的文字檔案格式和書寫要求,需要統一的部分包括結構、內容、編號、圖示、流程、字體、字型大小等
- 制度條文不能包含口頭語言,應使用書面語;制度條款的內容應明確、詳實,便於理解
- 凡涉及兩個部門或多個部門共同管理、操作的業務,在編寫制度內容時要注意分清職責界限,完善跨部門之間的銜接
- 制度是告訴人們在做某件事時應遵循的規範和準則。因此,在設計制度時無須將制度條款涉及的知識點羅列出來或進行知識點介紹

圖 1-11 管理制度設計注意事項

第 2 章 市場調查管理業務·流程·標準·制度

2.1 市場調查管理業務模型

2.1.1 市場調查管理業務工作導圖

　　市場調查是行銷管理人員透過對產品市場、銷售情況、客戶服務、競爭對手情況等進行深入的市場調查，提出專題調查報告，為相關部門人員提供市場訊息和數據支持，為企業的經營決策、行銷戰略制定等提供決策依據和相應調整建議的過程。市場調查管理業務工作導圖如圖 2-1 所示。

工作內容	內容說明
調查研究工作規劃	進行市場調查研究規劃，編制市場調研工作計畫， 制訂具體的調查研究調研專案工作計畫、調研實施方案
調查研究工作實施	根據調查研究計畫對企業行銷的內外部環境、行業、市場、消費者等進行調研，收集各類市場情報、行業政策和資訊
調查研究資訊分析	對收集的調查研究資料進行整理、分析 撰寫調查研究報告，提出市場行銷意見、建議等
市場預測	對市場潛力、銷售潛力進行預測 撰寫市場預測報告，提出市場意見 追蹤驗證市場預測結果

圖 2-1 市場調查管理業務工作導圖

2.1.2 市場調查管理主要工作職責

　　市場調查工作主要由行銷部組織開展，市場調查管理人員需在行銷部經理的領導下，盡職盡責地完成調查工作規劃、調查工作實施、調查訊息分析、市場預測等職責。具體職責說明如表 2-1 所示。

表 2-1 市場調查管理工作職責說明表

工作職責	職責具體說明
調查研究 工作規劃	1. 根據企業發展策略規劃、年度行銷工作需要，制訂年度調查研究工作計劃及專案規劃，報相關上級審批後展開調研工作 2. 確定調查研究課題、專案後，編制具體的調查研究專案工作計劃及實施方案，以作為調查研究工作實施綱領
調查研究 工作實施	1. 負責常規調查研究工作，即平時收集各種市場情報、國內外有關統計資料及相關行業政策與資訊，關注行業、市場的變化 2. 負責臨時調查研究工作，即在新產品推出前後或其他需瞭解市場動態及反應時，隨時進行調查研究 3. 負責定期調查研究工作，即根據企業發展、行銷工作的需要，按照調查研究工作計劃，定期組織實施宏觀環境及行業狀況調查研究、企業內部行銷環境調查、消費者及用戶調查研究等
調查研究 資訊分析	1.根據調查研究目的，對調查所收集的資訊、資料進行分類、匯總，並作出具體分析 2.根據分析情況撰寫調研報告，並針對具體問題提出工作建議
市場預測	1. 在市場調查研究的基礎上，運用歷史統計資料，透過科學的手段和方法，對市場的未來因素、條件及發展趨勢等進行估計和判斷，為企業決策和制訂計畫提供依據 2. 根據預測情況編制預測報告，提出市場意見

2.2 市場調查管理流程

2.2.1 主要流程設計導圖

企業可以根據市場調查業務工作，運用魚骨圖分析法分別設計市場調查管理流程。具體可設計以下流程，如圖 2-2 所示。

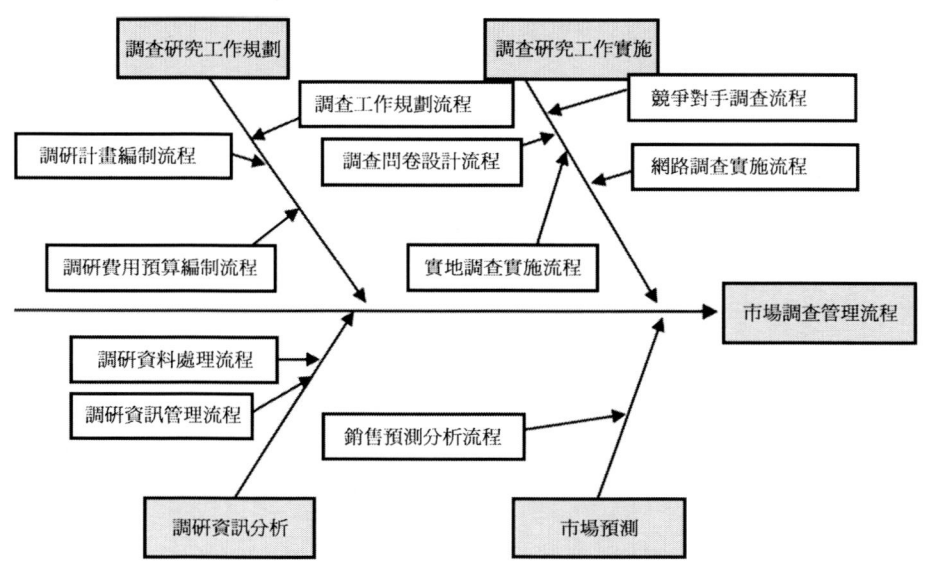

圖 2-2 市場調查主要流程設計導圖

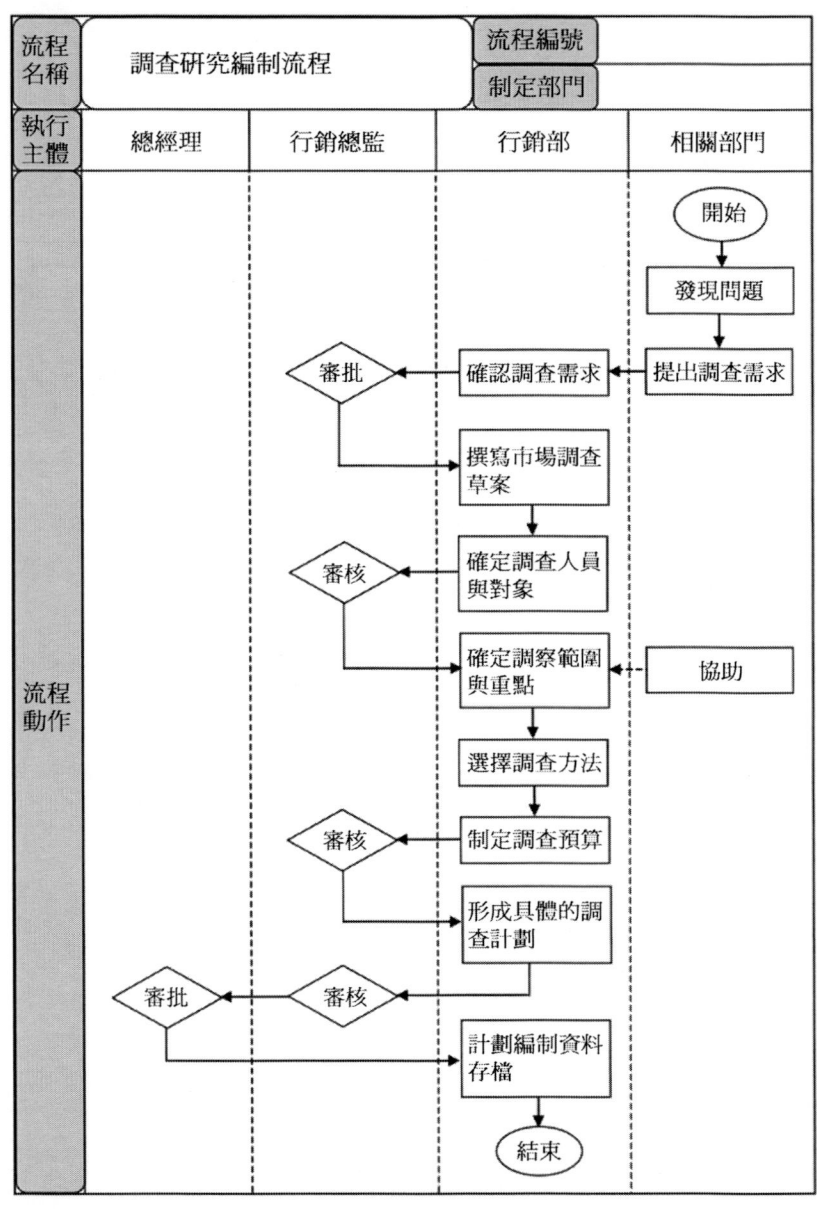

2.2.2 調查計劃編制流程

調查計劃編制流程如圖 2-3 所示：

流程名稱	調查研究編制流程		流程編號	
			制定部門	
執行主體	總經理	行銷總監	行銷部	相關部門
流程動作			開始 → 發現問題 → 提出調查需求 → 確認調查需求 → 審批 → 撰寫市場調查草案 → 確定調查人員與對象 → 審核 → 確定調察範圍與重點 → 協助 → 選擇調查方法 → 制定調查預算 → 審核 → 形成具體的調查計劃 → 審核 → 審批 → 計劃編制資料存檔 → 結束	

圖 2-3 調查計劃編制流程

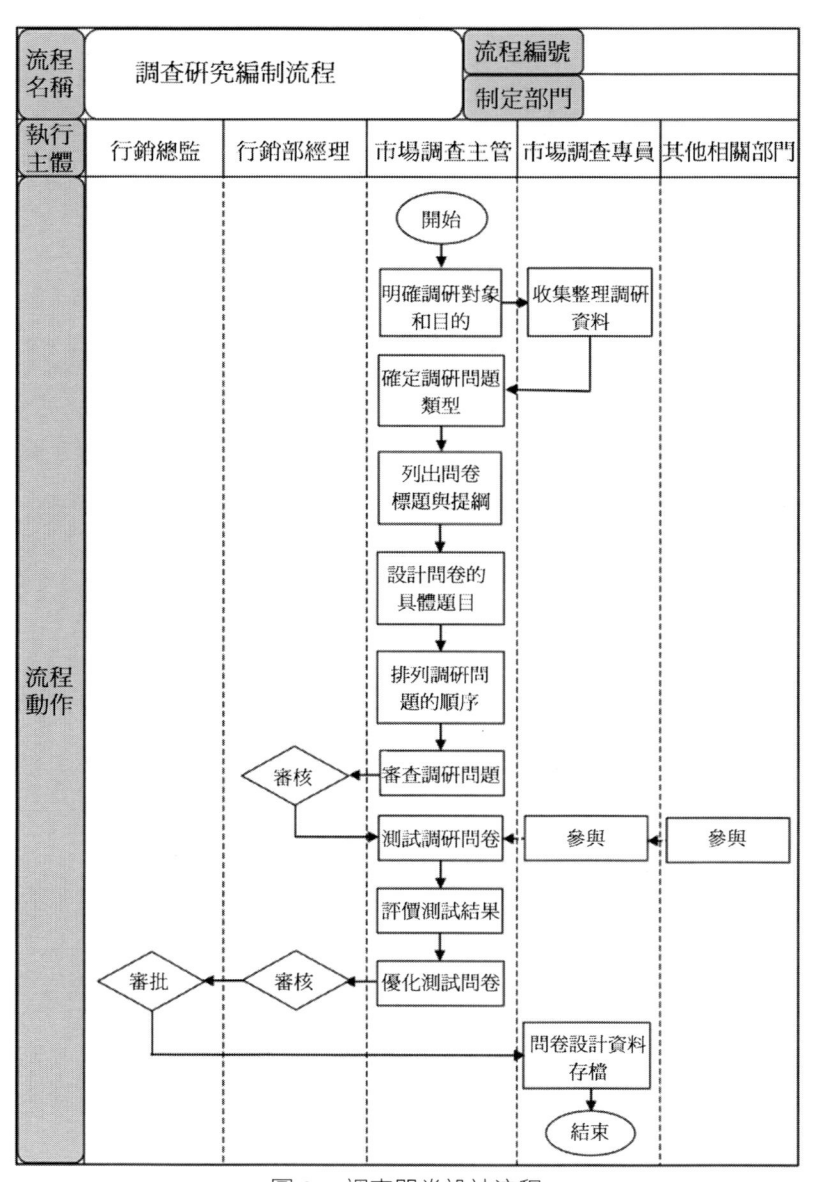

2.2.3 調查問卷設計流程

調查問卷設計流程如圖 2-4 所示：

流程名稱	調查研究編制流程		流程編號		
			制定部門		
執行主體	行銷總監	行銷部經理	市場調查主管	市場調查專員	其他相關部門
流程動作			開始 → 明確調研對象和目的 → 收集整理調研資料 → 確定調研問題類型 → 列出問卷標題與提綱 → 設計問卷的具體題目 → 排列調研問題的順序 → 審核 ← 審查調研問題 → 測試調研問卷 ← 參與 ← 參與 → 評價測試結果 → 優化測試問卷 ← 審核 ← 審批 → 問卷設計資料存檔 → 結束		

圖 2-4 調查問卷設計流程

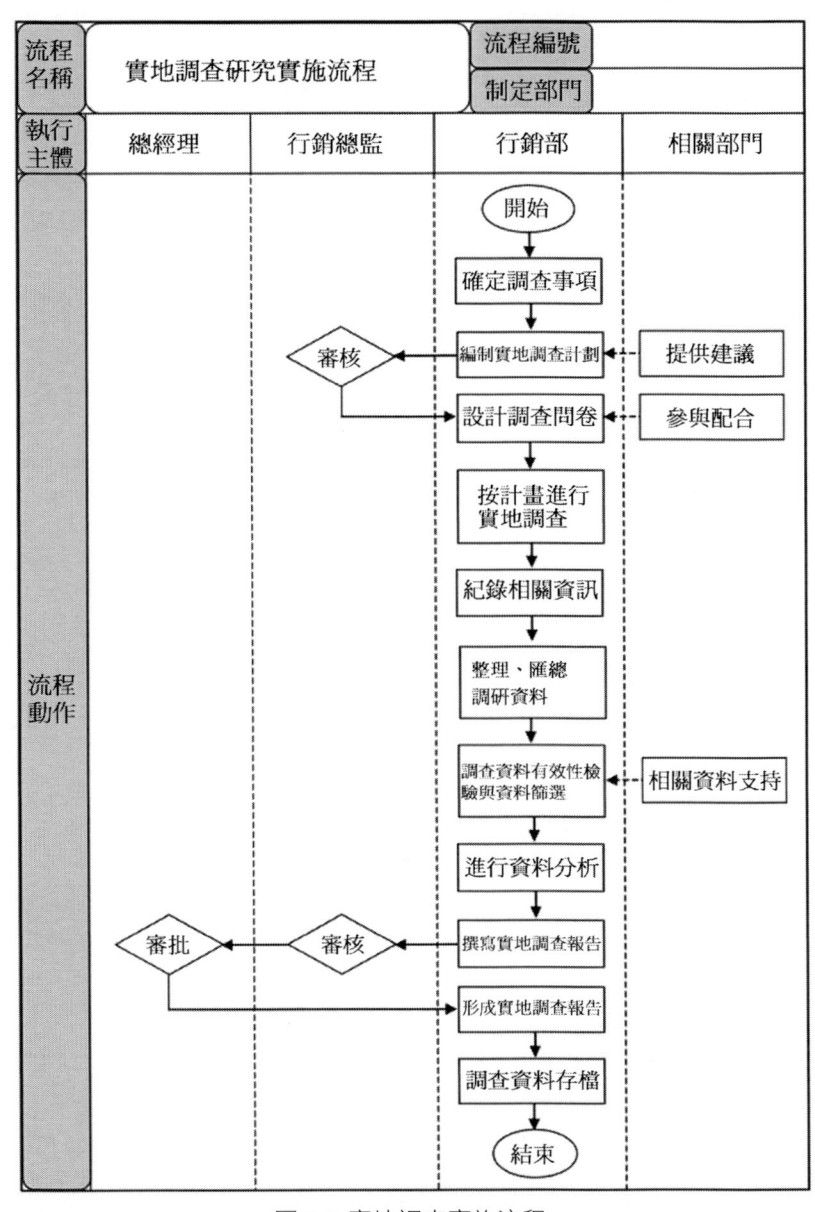

2.2.4 實地調查實施流程

實地調查實施流程如圖 2-5 所示：

流程名稱	實地調查研究實施流程		流程編號	
			制定部門	
執行主體	總經理	行銷總監	行銷部	相關部門
流程動作	審批	審核 審核	開始 → 確定調查事項 → 編制實地調查計劃 → 設計調查問卷 → 按計畫進行實地調查 → 紀錄相關資訊 → 整理、匯總調研資料 → 調查資料有效性檢驗與資料篩選 → 進行資料分析 → 撰寫實地調查報告 → 形成實地調查報告 → 調查資料存檔 → 結束	提供建議 參與配合 相關資料支持

圖 2-5 實地調查實施流程

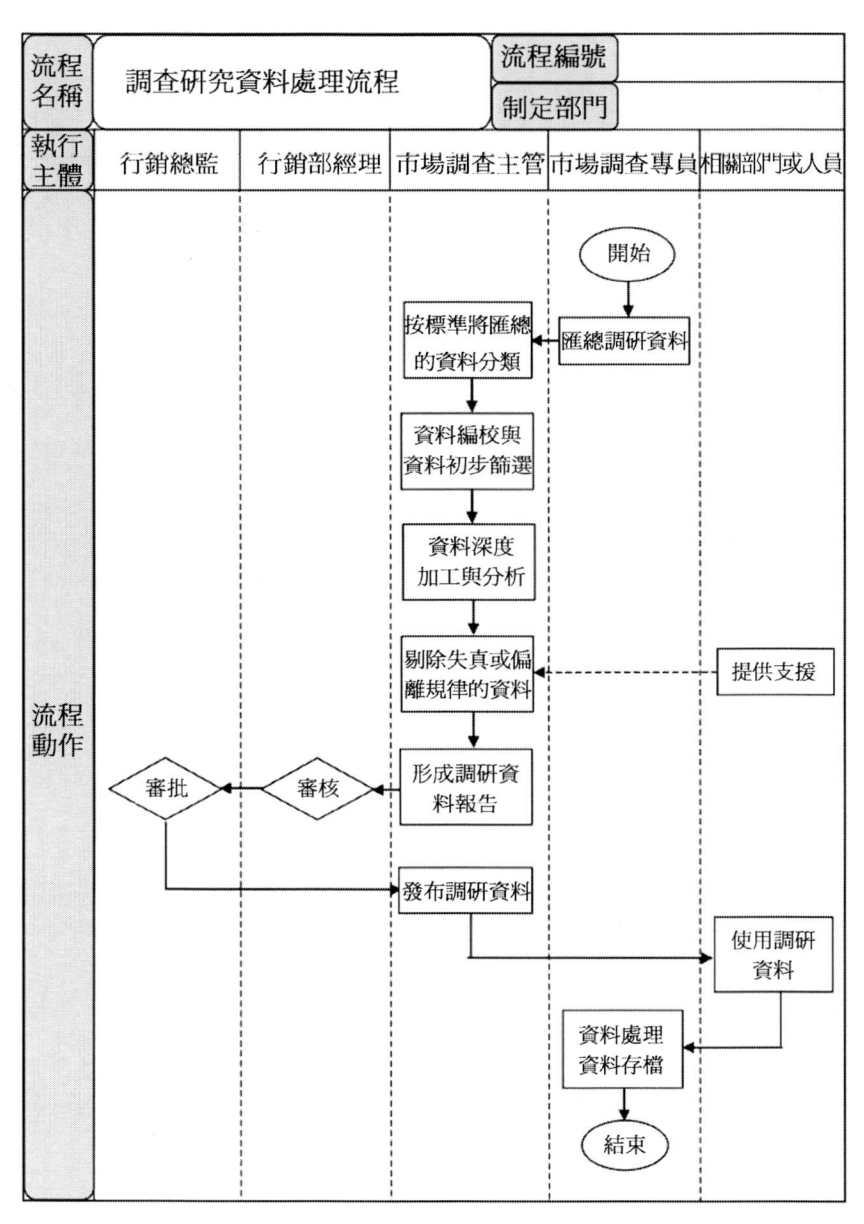

2.2.5 調查數據處理流程

調查數據處理流程如圖 2-6 所示：

流程名稱	調查研究資料處理流程		流程編號		
			制定部門		
執行主體	行銷總監	行銷部經理	市場調查主管	市場調查專員	相關部門或人員
流程動作	審批	審核	按標準將匯總的資料分類 → 資料編校與資料初步篩選 → 資料深度加工與分析 → 剔除失真或偏離規律的資料 → 形成調研資料報告 → 發布調研資料	開始 → 匯總調研資料 ; 使用調研資料 ; 資料處理資料存檔 → 結束	提供支援

圖 2-6 調查數據處理流程

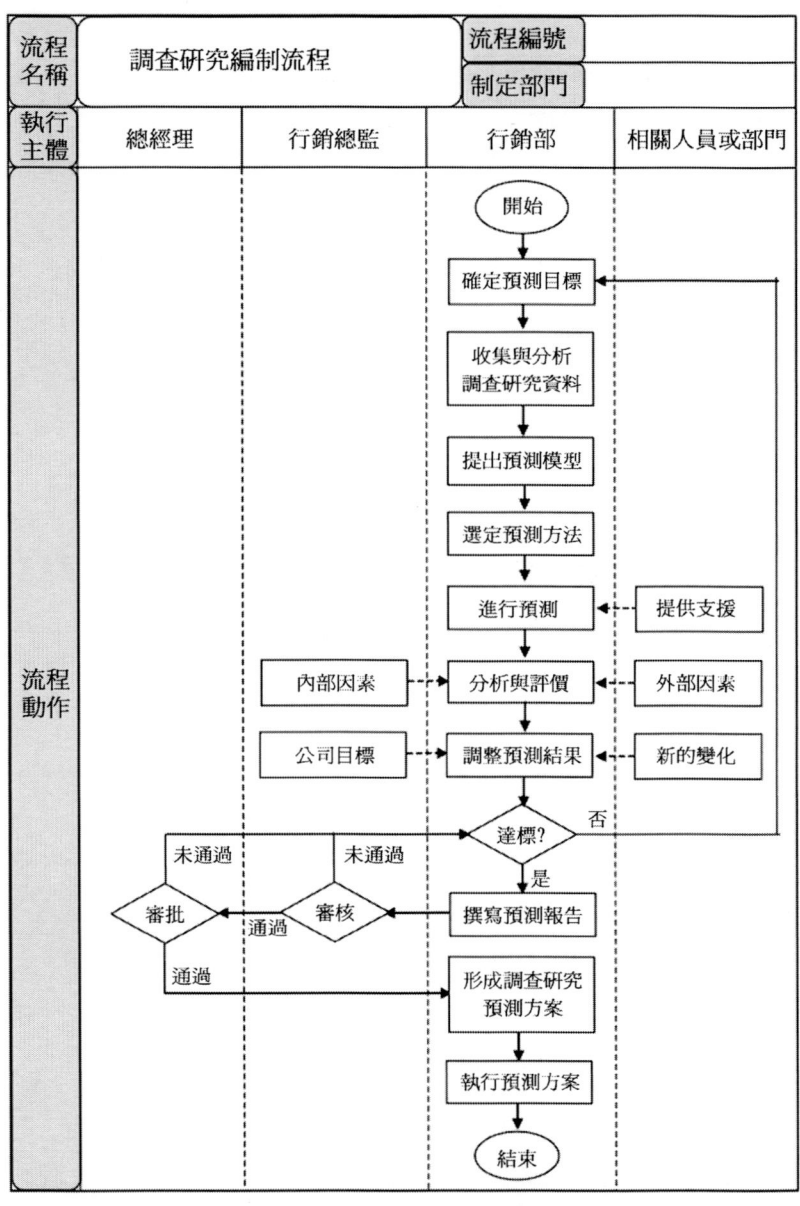

2.2.6 調查預測分析流程

調查預測分析流程如圖 2-7 所示：

流程名稱	調查研究編制流程			流程編號	
				制定部門	
執行主體	總經理	行銷總監	行銷部	相關人員或部門	
流程動作	審批（未通過/通過）	審核（未通過/通過）	開始 → 確定預測目標 → 收集與分析調查研究資料 → 提出預測模型 → 選定預測方法 → 進行預測 → 分析與評價 → 調整預測結果 → 達標？（是/否）→ 撰寫預測報告 → 形成調查研究預測方案 → 執行預測方案 → 結束	提供支援、外部因素、新的變化	
		內部因素、公司目標			

圖 2-7 調查預測分析流程

2.3 市場調查管理標準

2.3.1 市場調查管理業務工作標準

市場調查管理業務工作標準如表 2-2 所示。

表 2-2 市場調查管理業務工作標準

工作事項	工作依據與規範	工作成果或目標
調查工作規劃	●市場策略與目標、企業銷售現狀、市場調查管理制度、調查計劃編制流程、調查實施方案	(1)調查計劃編制及時率達100% (2)調查方案一次性通過
調查工作實施	●市場調查工作制度、實地調查實施流程、網路調查實施流程、調查實施方案、調查工作分工	(1) 調查計劃完成率達100% (2) 調查工作按計劃有效實施
調查資訊分析	●調查資訊管理規定、調查資料處理流程、收集的調查資料、調查報告撰寫規範	(1) 調查資訊搜集及時、準確 (2) 調查資料分析及時、準確 (3) 調查報告提交及時率達100%
市場預測	●調查資訊、歷史市場管理資料、調查預測分析流程、市場環境、市場變化趨勢、企業市場目標	(1) 市場預測準確率達100% (2) 報告提交及時率達100%

2.3.2 市場調查管理業務績效標準

市場調查管理業務的績效標準如表 2-3 所示。

表 2-3 市場調查管理業務績效標準

工作事項	評估指標	評估標準
市場調查計劃	調查計劃編制及時率	1. 調查計劃編制及時率＝$\dfrac{\text{及時編制調查計劃數量}}{\text{應編制調查計劃數量}} \times 100\%$ 2. 市場調查計劃編制及時率應達到___%，每降低___%，扣___分；低於___%，本項不得分
	調查方案一次性通過率	1. 調查方案一次性通過率＝$\dfrac{\text{一次性通過的調查方案數量}}{\text{提交的調查方案總數量}} \times 100\%$ 2. 調查方案一次性通過率應達到___%，每降低___個百分點，扣___分；低於___%，本項不得分
市場調查實施	調查問卷設計及時率	1. 調查問卷設計及時率＝$\dfrac{\text{按時設計完成的調查問卷數量}}{\text{應設計完成的調查問卷數量}} \times 100\%$ 2. 調查問卷設計及時率應達到___%，每降低___個百分點，扣___分；低於___%，本項不得分
	市場調查計劃完成率	1. 調查計劃完成率＝$\dfrac{\text{實際完成的調查項目}}{\text{計劃完成的調查項目}} \times 100\%$ 2. 調查計劃完成率應達到___%，每降低___個百分點，扣___分；低於___%，本項不得分
	調查資料分析的及時、準確性	1. 不能按時分析市場調查資料，得___分 2. 能按時分析調查資料，但欠正確，得___分 3. 全面、正確、按時分析調查資料，得___分
	調查費用預算節約率	1. 調查費用預算節約率＝$(1 - \dfrac{\text{實際發生的調查費用}}{\text{調查費用預算數}}) \times 100\%$ 2. 調查費用預算節約率應達到___%，每降低___%，扣___分；每高出___個百分點，加___分；低於___%，本項不得分

表2-3(續)

市場調查報告	調查報告對市場行銷工作的支援作用	1. 不夠及時，不能為公司市場推廣提供一定支援，得___分 2. 瞭解到一定的市場資訊，能為公司擬定市場方案提供一定支援，得___分 3. 透過市場調查瞭解到詳盡的市場資訊，並為公司制訂有效的行銷計畫提供支援，得___分
	調查報告上交及時率	1. 報告上交及時率 = $\frac{\text{及時上交調查報告數}}{\text{應提交調查報告總數}} \times 100\%$ 2. 報告上交及時率應達到___%，每降低___個百分點，扣___分；低於___%，本項不得分

2.4 市場調查管理制度

2.4.1 制度解決問題導圖

市場調查製度可對企業的市場調查工作進行規範，以保證調查工作順利、有序的開展。企業制定市場調查製度可解決以下問題，具體問題導圖如圖2-8所示。

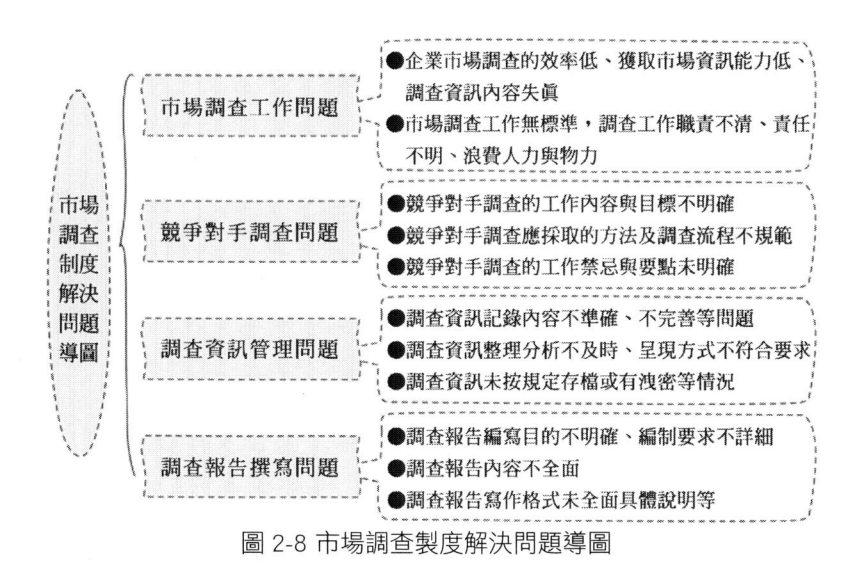

市場調查制度解決問題導圖
- 市場調查工作問題
  - 企業市場調查的效率低、獲取市場資訊能力低、調查資訊內容失真
  - 市場調查工作無標準，調查工作職責不清、責任不明、浪費人力與物力
- 競爭對手調查問題
  - 競爭對手調查的工作內容與目標不明確
  - 競爭對手調查應採取的方法及調查流程不規範
  - 競爭對手調查的工作禁忌與要點未明確
- 調查資訊管理問題
  - 調查資訊記錄內容不準確、不完善等問題
  - 調查資訊整理分析不及時、呈現方式不符合要求
  - 調查資訊未按規定存檔或有洩密等情況
- 調查報告撰寫問題
  - 調查報告編寫目的不明確、編制要求不詳細
  - 調查報告內容不全面
  - 調查報告寫作格式未全面具體說明等

圖2-8 市場調查製度解決問題導圖

2.4.2 市場調查工作制度

市場調查工作制度如表 2-4 所示：

表 2-4 市場調查工作制度

制度名稱	市場調查工作制度		編號	
執行部門		監督部門		編修部門	

第一章 總則

第1條 目的。

為了規範市場調查工作，及時掌握市場訊息並對其進行有效的分析，從而作出準確的市場預測，特制定本制度。

第2條 適用範圍。

本制度適用於本公司市場調查計劃編制、調查實施及調查結果處理工作。

第3條 職責分工。

1. 總經理、行銷總監負責調查報告的審核審批工作。

2. 行銷部經理負責市場調查人員的選擇及市場調查報告的審核。

3. 市場調查主管負責調查計劃的編制、調查實施、調查結果處理及調查研報告編制等工作。

4. 市場調查人員負責配合、協助市場調查主管完成市場調查工作。

第二章 編制市場調查計劃

第4條 明確調查內容。

基於本公司的目標發展以及對市場訊息的需求，開展市場調查工作主要是為獲取以下內容。

1. 同類產品在國內全年的銷售總量和同行業年生產總量，用於分析同類產品的供需飽和程度和本公司產品在市場上的競爭力。

2. 同類產品在全國各地區的市場佔有率以及本公司產品所占比重。

3. 各地區客戶對產品品質、產品技術和使用意見的回饋。

4. 預測主要產品在全國各地區的年銷售量，平衡分配關係。

5. 同行業產品在技術更新及改進方面的進展情況，用以分析產品發展

表2-4(續)

新動向。

  6. 收集國外同行業同類產品技術更新發展情況，國外客戶對本公司產品的回饋及信賴程度，用以確定對外市場開拓方針。

  第5條 明確調研項目。

  1. 調研項目是為了獲取所需資料而設置，所以，編制市場調研計劃，首先應確定調研項目。

  2. 明確調研項目是指根據調研目的和調研目標，對各項問題進行分類，規定應收集資料的內容和範圍。

  第6條 明確調研方法。

  調研方法是指獲取資料的方式，具體包括在什麼地點、找什麼人、用什麼方法進行調查。

  1. 確定調查地點。如果調研一個城市的市場情況，首先要明確是在一個區域調研還是在幾個區域調研；其次，要明確調研物件的分布地點，是平均分布還是分布在不同地區。

  2. 確定調研對象。確定調研物件，就是根據市場調研的目的選擇符合條件的市場活動參與者，確定調研物件的數目和調研對象應具備的條件，如調研對象的性別、文化水準、收入水準、職業等。

  3. 確定用什麼方法進行調研。主要應從調研的具體條件出發，以有利於收集到第一手原始資料為原則。如果是直接面對消費者做調研，直接收集第一手資料，可以採取訪問法、觀察法和實驗法；如果調研內容較多，可採用問卷調查法。

  第7條 確定調研人員。

  主要是確定參加市場調研人員的任職條件和人數，包括對調研人員的必要培訓。

  第8條 編制調研費用預算。

  1. 編制調研費用預算的基本原則是：在費用有限的條件下，力求取得最好的調研效果；或者是在保證實現調研目標的前提下，力求使費用支出最少。

  2. 調研費用以總額表示，至於費用支出的細目，如人員勞務費、問卷印刷費、資料費、交通費、問卷處理費、雜費等，應根據每次調研的具體情況而定。

  第9條 編制調研計劃。

表2-4(續)

1.編制調研工作進度日程。工作進度日程是對調研程序、調研時間和調研方法等作出的具體規定,如:何時做好準備工作,由誰負責;何時開始培訓工作,由誰主持;透過什麼方式進行等。

2. 確定工作進度監督、檢查方案。對工作進度的監督及檢查,是及時發現問題、客戶薄弱環節和保證整個調研活動順利進行的重要條件。

3.編制計劃。根據以上確定的內容編制市場調研計劃,作為市場調研活動實施的準則。

第三章 市場調查實施程序

第10條 設計調查問卷。

市場調查問卷設計應遵循以下程序。

1. 確定調研需要的資訊,確定調查問卷問題的範圍。

2. 明確在問卷中要提出哪些問題、包含哪些調查項目。為了保證調查效果,在保證獲取所需資訊的前提下,要儘量減少問題數量,降低回答難度。

3. 根據問卷的內容,確定問題的類型。問題主要有自由問題、多項選擇題和單項選擇題三種。

4. 合理設計問題,避免引起被調查者的誤解、反感等。

5. 確定問題的順序,以提高被調查者的興趣。

6. 針對選擇好的問題,選擇小樣本進行預試,以發現並改善問題缺點,提高問卷品質。

第11條 組織市場調查培訓。

市場調查主管應對參與市場調查的人員進行培訓,以保證調研任務的準確完成。

第12條 市場調查執行。

市場調查人員根據市場調查計劃,採用設計好的調研方法和工具展開工作,並做好資料的收集、保管工作。

第四章 市場調查結果處理

第13條 調查結果分析與整理。

表2-4(續)

市場調查人員收集資料完畢，市場調查主管應組織相關人員對調查結果進行分析與整理，具體可按以下程序進行。

1. 對調查資料、調查用表等進行整理、初步分析和匯總。

2. 對所收集的調查資料進行分類、分項目分析研究，並結合原始記錄或歷史資料等，進行比對研究。

3. 對所收集的調查資料的眞僞和誤差進行計算和分析。

第14條 調查結果處理。

在對調查結果進行處理時，調查主管應遵循以下要求。

1. 避免作出主觀的判斷，必須以事實爲依據，實事求是。

2. 必須反覆驗證判斷的正確性。

3. 必須注意有無例外情況，對可能存在的主要例外情況作出分析，避免判斷失誤。

4. 檢查調查結果與事先假設是否一致。

5. 調查結果、調查資料是否對現實作出合理解釋，與事實是否相符。

6. 不得以偏概全，隨意推斷，各結論都必須有事實證據。

第15條 撰寫市場調查報告。

調查主管在對調查所收集的資料進行分析的基礎上，撰寫市場調查報告，並將其報行銷部經理審核、行銷總監審核、總經理審批。調查報告應包括以下幾個方面的內容。

1. 序言，主要說明調查的目的、調查過程及採用的方法。

2. 主體部分，根據調查分析情況，得出調查結論並提出市場建議。

3. 附件，主要根據報告主體部分引用過的重要數據和資料，必要時可以把詳細的統計圖表和調查資料作爲附件。

第五章 附則

第16條 本制度由行銷部制定，經公司總經理審批後執行。

第17條 本制度自發布之日起生效。

編制日期		審核日期		批准日期	
修改標記		修改處數		修改日期	

2.4.3 競爭對手調查辦法

競爭對手調查辦法如表 2-5 所示：

表 2-5 競爭對手調查辦法

制度名稱	競爭對手調查方案		編號	
執行部門		監督部門	編修部門	

第一章 總則

第1條 目的。

為了規範競爭對手的調查工作，及時瞭解並獲取全面的競爭對手資訊，更好地為公司的行銷策略、經營決策提供資訊支援，特制定本制度。

第2條 適用範圍。

本制度適用於本公司行銷部對競爭對手的調查工作。

第3條 職責分工。

1. 總經理、行銷總監、行銷部經理負責競爭對手調查報告的審核審批工作。
2. 市場調查主管負責調查準備及調查實施監督執行工作。
3. 市場調查專員根據調查主管的要求進行競爭對手的具體調查工作。

第二章 調查準備

第4條 明確調查目的。

本公司競爭對手調查目的主要包括六項，具體如下。

1. 瞭解競爭對手的綜合情況。
2. 獲取競爭對手的第一手情報。
3. 研究競爭對手的發展模式與發展策略。
4. 研究競爭對手的核心競爭力。
5. 分析競爭對手與自身的相對優勢和劣勢。
6. 制定市場行銷發展策略。

第5條 明確調查內容。

表2-5(續)

　　本公司競爭對手調查內容主要包括七項，具體如下。
1. 競爭對手的註冊資料及發展現狀。
2. 競爭對手的歷史變更情況及重大新聞。
3. 競爭對手的組織結構、管理階層和內部營運機制。
4. 競爭對手的生產情況（如生產能力、生產設備等）。
5. 競爭對手的經營情況（如供應商情況、銷售情況等）。
6. 競爭對手的財務狀況。
7. 競爭對手的經營發展策略（如短期、中長期策略等）。

第6條　撰寫調查方案。
　　具體調查工作實施前，市場調查主管應撰寫詳細的競爭對手調查方案，調查方案應包括以下五項內容。
1. 調查問題及目標。
2. 調查對象即調查樣本確定。
3. 調查途徑的選擇。
4. 調查表格或調查問卷的具體設計。
5. 調查預算。

第7條　調查人員培訓。
　　市場調查主管在調查實施前，對相關市場調查專員進行專業培訓。

第三章 調查實施

第8條　競爭對手調查。
　　調查人員可透過以下路徑開展競爭對手調查工作。
1.「行業分析報告」或專業資訊服務公司的「調查分析報告」。
2. 展覽會、展銷會及行業會議等。
3. 直接到競爭對手店鋪，或透過經銷商、網路等途徑收集競爭對手市場推廣活動資料。
4. 從競爭對手的具體經營情況中獲取情報。
5. 從競爭對手的財務狀況中獲取對方具體的資產構成情況和運行狀態。
6. 訪問或調查競爭對手公司人員，獲取第一手資料。

表2-5(續)

第9條 委託調查。

在必要的情況下，市場調查主管可以委託其他專業市場調查機構收集資料，但要確保監督力度，以獲取眞實有用的資料。

第10條 調查費用控制。

調查過程中，市場調查主管要兼顧資訊品質和調查成本，一旦發現專案費用可能超出預算，則馬上請示行銷部經理予以批示，若此專案的成本太高則應馬上暫停並上報。

第11條 調查資訊統計分析。

1. 調查工作完成後，市場調查主管需對調查資訊進行分類整理，去除不符合實際的資訊。

2. 市場調查主管需對整理後的資訊進行統計、分析，並與本公司資訊進行比較。

第12條 編制競爭對手調查報告。

1. 競爭對手調查資訊分析完成後，市場調查主管需及時編制「競爭對手調查報告」。

2. 市場調查主管應按時將「競爭對手調查報告」上交公司行銷部經理審核、行銷總監審核、總經理審批，以便公司及時瞭解競爭對手動向資訊，並據此進行市場行銷決策。

第四章 附則

第13條 本制度由行銷部制定、解釋與修訂。

第14條 本制度自頒布之日起執行。

編制日期		審核日期		批准日期	
修改標記		修改處數		修改日期	

2.4.4 調查訊息管理規定

調查訊息管理規定如表 2-6 所示：

表 2-6 調查訊息管理規定

制度名稱	調查資訊管理規定		編號	
執行部門		監督部門		編修部門

第1條 目的。

為了加強對調查資訊的管理，有效保護和利用調查資訊，防止調查資訊外流及丟失等，特制定本規定。

第2條 適用範圍。

本規定適用於本公司市場調查資訊的記錄、整理、分析、呈現、歸檔及保密管理工作。

第3條 職責分工。

1. 市場調查主管負責市場調查資訊的管理和監督工作。

2. 市場調查專員負責市場調查資訊的記錄、整理、歸檔等工作。

第4條 調查資訊的記錄管理規定。

1. 在市場調查的過程中，市場調查專員要認真、準確地記錄獲得的資訊。

2. 如被調查人不反對做記錄時，市場調查專員可以按照問題提綱向其提問，並當場記錄其回答的內容。

3. 如果被調查人因會被記錄而拒絕回答問題時，市場調查專員應放棄當場做記錄，根據實際情況採用口頭提問的方式，待被調查人離開後再用筆憑記憶記錄被調查人之回答。

4. 市場調查專員應避免漏記或者記錄錯誤。

第5條 調查資訊的整理分析管理規定。

1. 調查資訊整理的必要性。

(1) 市場調查所獲得的資訊大多是分散的、凌亂的。

(2) 市場調查所獲得的資訊會出現虛假、錯誤、冗餘等情況。

(3) 市場調查所獲得的資訊有時被強加上調查人員的偏見，難以反映調查對象的特徵和本質。

表2-6(續)

(4) 市場調查專員必須對調查資訊進行整理加工，確保其真實、準確、完整、統一。

2. 真實性、準確性檢驗。

(1) 市場調查專員應對資訊的真實性和準確性進行檢驗。

(2) 檢驗的依據有兩點，一是以往的經驗，二是調查資訊內在邏輯關係和各種資料關係。

3. 一致性、統一性檢驗。

(1) 市場調查專員應對記錄資訊的一致性和口徑的統一性進行檢驗，對含糊不清的資料或記錄不完備的地方應進行及時辨認，必要時可覆核更正。

(2) 對於不合格的資料應排除不計，以保證資料的準確性。

4. 調查資料的分類。

市場調查專員要及時對收集到的資料進行分類，並製作成統計圖表，以便使用者分析和運用。

5. 調查資訊分析。

調查資料分類後，市場調查主管應對調查資料進行分析，計算各類資料的佔有率，以便相關人員對調查結果有準確的認識。

第6條 調查資訊呈現形式管理規定。

對調查資料進行分析後，市場調查主管要將調查資料以調查報告的形式呈現出來，並按照公司規定格式進行編寫。

第7條 調查資訊的存檔管理規定。

1. 調查報告編寫及審批後，市場調查專員應將調查計劃、調查問卷、調查報告等資料存檔。

2. 市場調查專員應按時對檔案進行維護，防止紙質檔案資料發黴、失竊，電子檔案資料中毒、丟失等。

3. 市場調查資訊資料原則上不得外借，當需要查閱時，需經行銷部經理審批。

第8條 調查資訊的保密管理規定。

1.本公司調查資訊屬於企業秘密文件，保密期限為_____年。

2.行銷部員工發現調查資訊秘密已經洩露或可能洩漏時，應立即採取

表2-6(續)

補救措施並及時報告行銷部經理。

  3. 行銷部員工及其他調查資訊知情人員，應嚴守公司調查資訊秘密，不得隨意透漏。如行銷部員工或公司其他調查資訊知情人員存在故意洩密的行為，一經發現，將根據情節嚴重程度，給予懲罰。

  第9條 本規定由行銷部負責制定與解釋，其修改權亦歸行銷部所有。

  第10條 本規定自公布之日起執行。

編制日期		審核日期		批准日期	
修改標記		修改處數		修改日期	

2.4.5 調查報告撰寫規範

調查報告撰寫規範如表2-7所示：

表2-7 調查報告填寫規範

制度名稱	調查報告撰寫規範		編號	
執行部門		監督部門		編修部門	

  第1條 目的。

  為了規範市場調查報告撰寫工作，保證撰寫的調查報告內容合理、格式規範，特制定本規範。

  第2條 適用範圍。

  本規範適用於本公司市場調查報告的編制工作，本公司之市場調查報告需按本規範的要求編制。

  第3條 職責分工。

  市場調查主管負責調查報告的撰寫工作。

  第4條 術語解釋。

  市場調查報告是以書面形式，反映市場調查內容及工作過程，並提供調查結論和建議的報告。

  第5條 市場調查報告編寫要求。

  本公司市場調查報告編寫要求主要包括四項，具體如下。

表2-7(續)

1. 客觀真實、實事求是。調查報告必須符合客觀實際，引用的素材、資料必須真實可靠；要杜絕弄虛作假，或為迎合上級而挑其喜歡的材料撰寫。

2. 調查資料和觀點相統一。市場調查報告中所有觀點、結論都應以大量的調查資料為依據；市場調查報告在撰寫過程中，要善於用資料說明觀點，用觀點概括資料，實現二者的統一。

3. 突出市場調查的目的。撰寫市場調查報告，必須目的明確，有的放矢；任何市場調查都是為了解決某一問題，或者為了說明某一問題。市場調研報告必須圍繞市場調查上述目的來進行論述。

4. 語言要簡明、準確、易懂。市場調查報告應避免使用冗長、乏味、呆板的語言，要力求簡單、準確、通俗易懂。

第6條 市場調查報告內容。

一般來說，市場調查報告應包括標題、目錄、摘要、前言、調查結果、結論及建議和附錄七個部分，各部分內容說明如下表所示。

市場調查報告內容說明

項目	說明
標題	● 寫明調查的題目、調查部門、調查負責人、調查日期等資訊
目錄	● 列出報告的所有主要部分和細節部分，以及其所在頁數 ● 但如調查報告少於六頁，目錄可省去
摘要	● 以簡明的語言陳述調查的結果，以便企業領導人迅速瞭解到調查結果，確定應該採取的措施和行動等
前言	● 簡要說明調查背景、調查目的和調查方法等資訊
調查結果	● 調查結果是調查報告的核心內容，應將調查結果有組織有條理的整理和陳述 ● 調查結果最好以圖文並茂的形式展示，以便相關人員閱讀理解
結論及建議	● 根據調查情況、調查結果，針對企業的具體情況提出相應的意見或建議
附錄	● 調查有關的資料圖表等內容

第7條 市場調查報告格式。

表2-7(續)

報告定稿後,應按以下格式排版、列印。

1. 封面:採用統一格式的封面。

2. 目錄。

3. 正文:報告的正文按以下體例進行。

(1) 引言:不必出現「引言」等字眼作為標題。

(2) 目:用「一、二、三、」等表示。

(3) 分目:用「(一)(二)(三)」等表示。

(4) 要點:用「1. 2. 3.」或「第一,第二,第三,」或「首先,其次,再次」表示。

(5) 子要點:用「(1)(2)(3)」表示。

(6) 註釋:凡引用別人的原文、圖表、數字、觀點必須用註釋標出。註釋一律使用「腳註」,即在頁腳標明出處。

第8條　本規範由行銷部制定,經公司總經理審批後執行。

第9條　本規範自發布之日起生效。

編制日期		審核日期		批准日期	
修改標記		修改處數		修改日期	

第 3 章 行銷策劃管理業務・流程・標準・制度

第 3 章 行銷策劃管理業務‧流程‧標準‧制度

3.1 行銷策劃管理業務模型

3.1.1 行銷策劃管理業務工作導圖

企業進行行銷策劃時,首先應根據內外環境識別行銷機會,進一步制定行銷戰略,然後根據行銷戰略確定行銷決策,最後根據實際情況制訂行銷計劃、行銷策劃書。行銷策劃管理業務工作導圖如圖 3-1 所示。

工作內容	內容說明
制定行銷策略	● 識別、評估行銷機會 ● 確定目標市場 ● 確定進入目標市場的策略方針
制定行銷決策	● 從產品品質、品牌、包裝、服務等方面對產品進行推廣設計 ● 根據實際情況,制定產品的定價、通路、促銷策略
制訂行銷計劃	● 確定企業計劃期行銷目標 ● 制定完整的行銷行動方案和日程安排 ● 計算實施行銷計劃過程中的費用支出 ● 確定順利實施行銷計劃的保障措施
撰寫行銷策劃書	● 根據行銷策略、行銷決策、行銷計劃撰寫行銷策劃書

圖 3-1 行銷策劃管理業務工作導圖

3.1.2 行銷策劃管理主要工作職責

行銷部在進行行銷策劃工作時,主要需履行的職責包括行銷戰略制定、行銷決策制定、行銷計劃制訂、行銷策劃書撰寫、行銷策劃案的組織實施等。

在此過程中,客服部、生產部、品管部、設計部等也應給予相應的支持與配合。行銷部的具體職責說明如表 3-1 所示。

表 3-1 行銷策劃工作職責說明表

工作職責	職責具體說明
制定行銷策略	1. 根據市場調研結果,對企業的市場機會進行準確評估,明確目標市場 2. 分析目標市場的特點,企業自身的優勢、劣勢,選擇最適合的策略行銷策略 3. 依據行銷策略的具體內容,從計劃、組織、控制方面建立行銷管理系統,以推動行銷策略順利實施
制定行銷決策	1. 根據市場定位要求,與生產部、品管部、設計部密切配合,從產品的品質、品牌、包裝、服務等方面進行產品推廣總體設計 2. 充分瞭解客戶的消費水準、競爭對手的價格水準和市場環境變化,認真分析本企業產品的成本構成、利潤目標,進一步確定定價策略 3. 根據產品特性、市場環境、產品成本要求、產品生產週期、客戶購買習慣等,確定產品的行銷通路策略 4. 瞭解銷售通路和客戶特點,根據實際情況選擇適當的促銷策略
制訂行銷計劃	1. 根據行銷策略、生產現狀、市場需求狀況等確定計劃期內的行銷目標 2. 針對行銷目標,制定完整的行動措施和日程安排計劃 3. 從組織、控制的角度制定相關保障措施,以保障行銷計劃順利實施 4. 對實施行銷計劃所需的費用進行計算,以進一步控制行銷計劃的實施
行銷策劃及執行	1. 根據行銷策略、行銷決策、行銷計劃的相關內容,按要求撰寫行銷策劃書 2. 根據行銷策劃書的內容,組織企業內部相關部門、外部相關機構展開策劃書的執行,落實策劃書的文案,確保實現行銷目標

3.2 行銷策劃管理流程

3.2.1 主要流程設計導圖

行銷部可根據行銷策劃管理的工作內容，在行銷戰略制定、行銷決策制定、行銷計劃制訂、行銷策劃書撰寫四個方面設計主要流程。具體可設計成如圖 3-2 所示的流程。

```
行銷策劃管理主         行銷策略         ─── 行銷機會評估流程
要流程設計導圖 ─────  制定流程
                                      ─── 目標市場確定流程

                                      ─── 行銷決策工作流程

                       行銷決策         ─── 定價策略制定流程
                  ─── 制定流程
                                      ─── 促銷策略制定流程

                                      ─── 通路策略制定流程

                       行銷計劃         ─── 行銷目標制定流程
                  ─── 制定流程
                                      ─── 行銷方案制訂流程

                       行銷策劃書       ─── 行銷策劃書初稿編制流程
                  ─── 撰寫流程
                                      ─── 行銷策劃書定稿流程
```

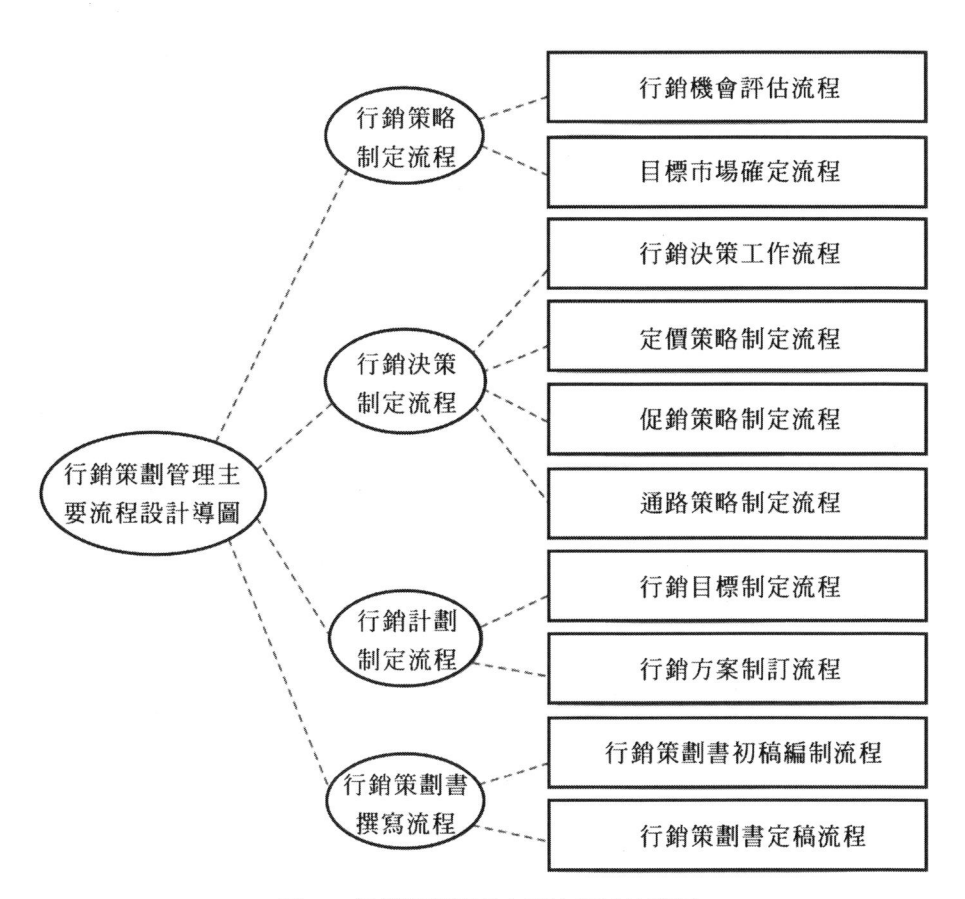

圖 3-2 行銷策劃管理主要流程設計導圖

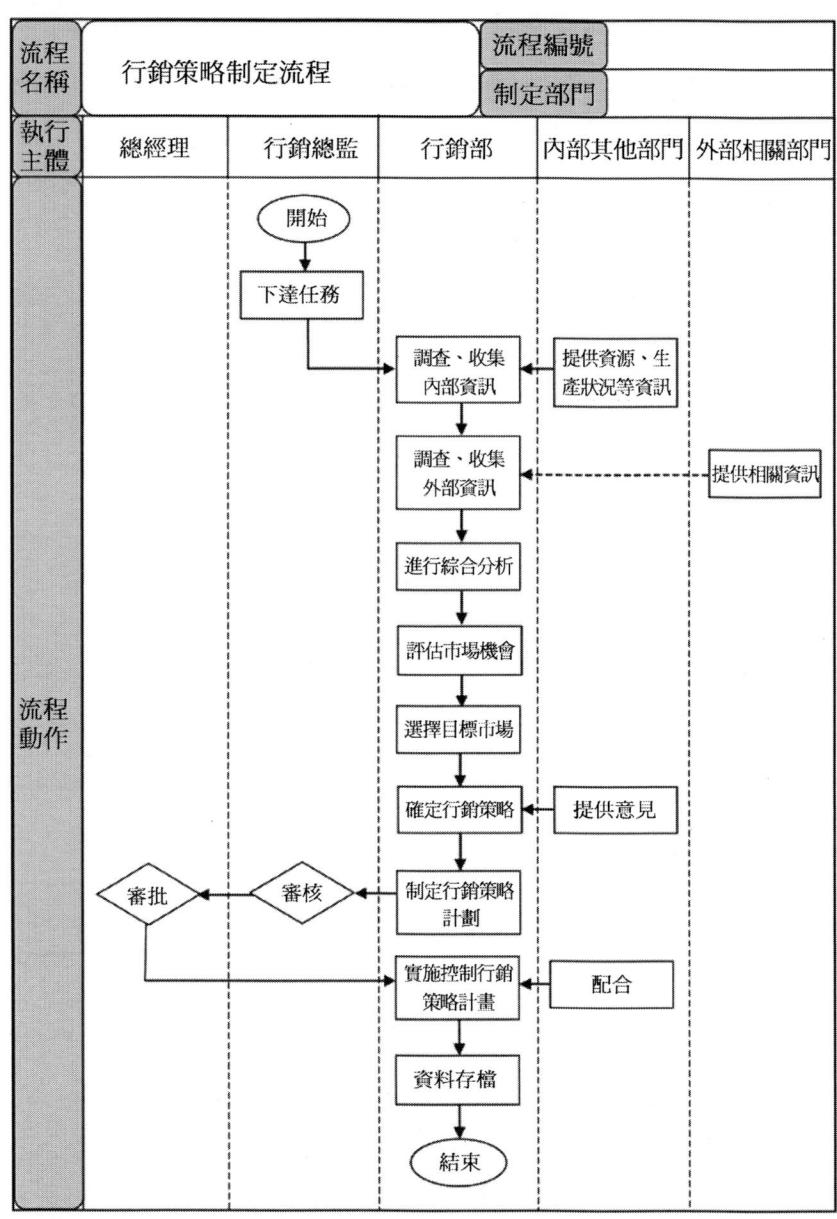

3.2.2 行銷戰略制定流程

行銷戰略制定流程如圖 3-3 所示：

流程名稱	行銷策略制定流程		流程編號	
			制定部門	
執行主體	總經理	行銷總監	行銷部	內部其他部門	外部相關部門

流程動作：

- 開始
- 下達任務（行銷總監）
- 調查、收集內部資訊 ← 提供資源、生產狀況等資訊（內部其他部門）
- 調查、收集外部資訊 ← 提供相關資訊（外部相關部門）
- 進行綜合分析
- 評估市場機會
- 選擇目標市場
- 確定行銷策略 ← 提供意見（內部其他部門）
- 制定行銷策略計劃 → 審核（行銷總監）→ 審批（總經理）
- 實施控制行銷策略計畫 ← 配合（內部其他部門）
- 資料存檔
- 結束

圖 3-3 行銷戰略制定流程

3.2 行銷策劃管理流程

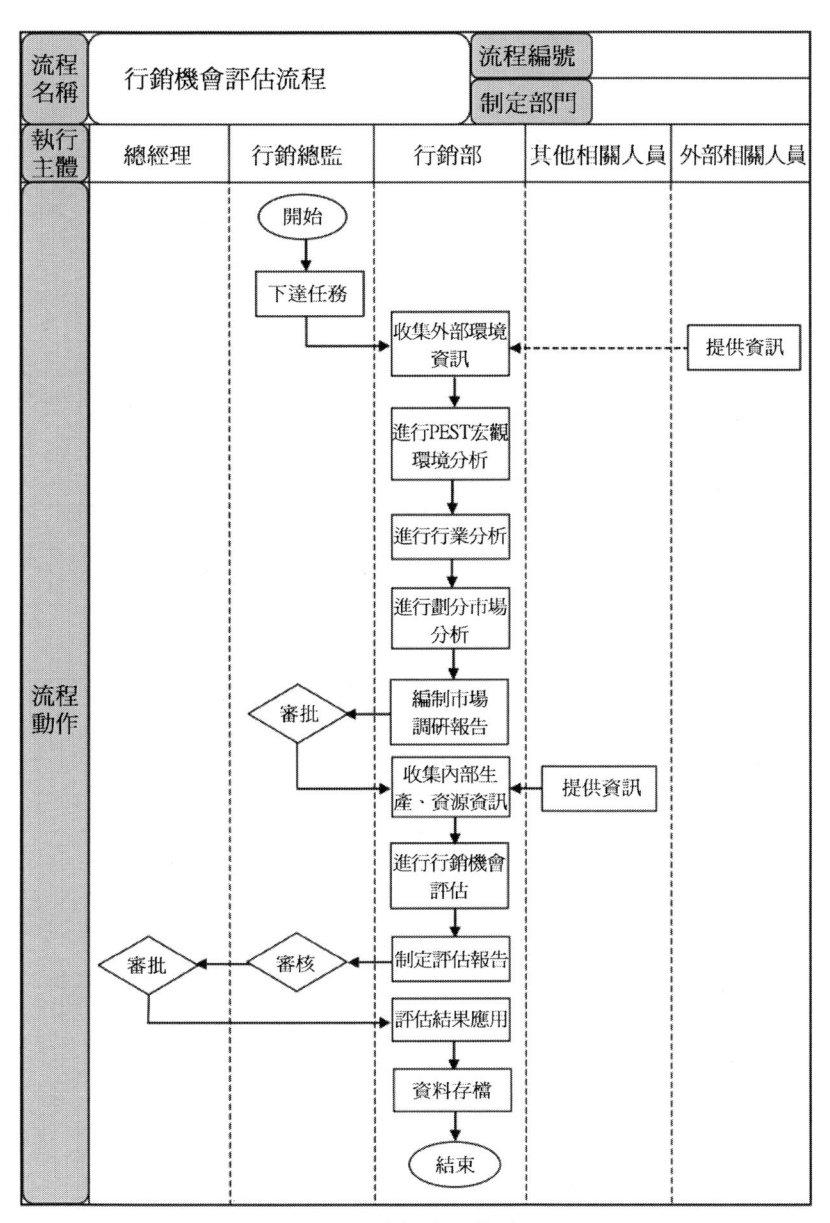

3.2.3 行銷機會評估流程

行銷機會評估流程如圖 3-4 所示：

流程名稱	行銷機會評估流程		流程編號		
			制定部門		
執行主體	總經理	行銷總監	行銷部	其他相關人員	外部相關人員
流程動作		開始 → 下達任務 → 審批 → 審核 → 審批	收集外部環境資訊 → 進行PEST宏觀環境分析 → 進行行業分析 → 進行劃分市場分析 → 編制市場調研報告 → 收集內部生產、資源資訊 → 進行行銷機會評估 → 制定評估報告 → 評估結果應用 → 資料存檔 → 結束		提供資訊；提供資訊

圖 3-4 行銷機會評估流程

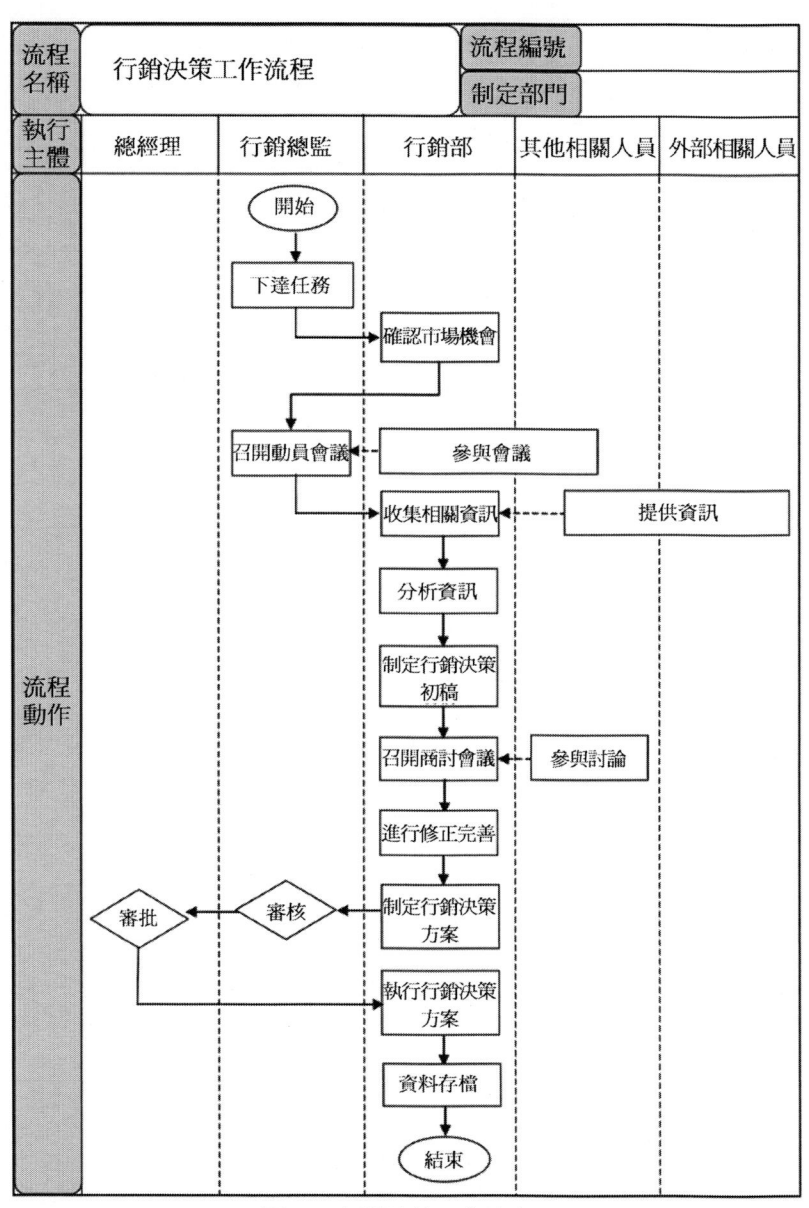

3.2.4 行銷決策工作流程

行銷決策工作流程如圖 3-5 所示：

流程名稱	行銷決策工作流程		流程編號	
			制定部門	
執行主體	總經理	行銷總監	行銷部	其他相關人員	外部相關人員
流程動作	審批	下達任務 → 召開動員會議 → 審核	開始 → 確認市場機會 → 參與會議 → 收集相關資訊 → 分析資訊 → 制定行銷決策初稿 → 召開商討會議 → 進行修正完善 → 制定行銷決策方案 → 執行行銷決策方案 → 資料存檔 → 結束	參與討論	提供資訊

圖 3-5 行銷決策工作流程

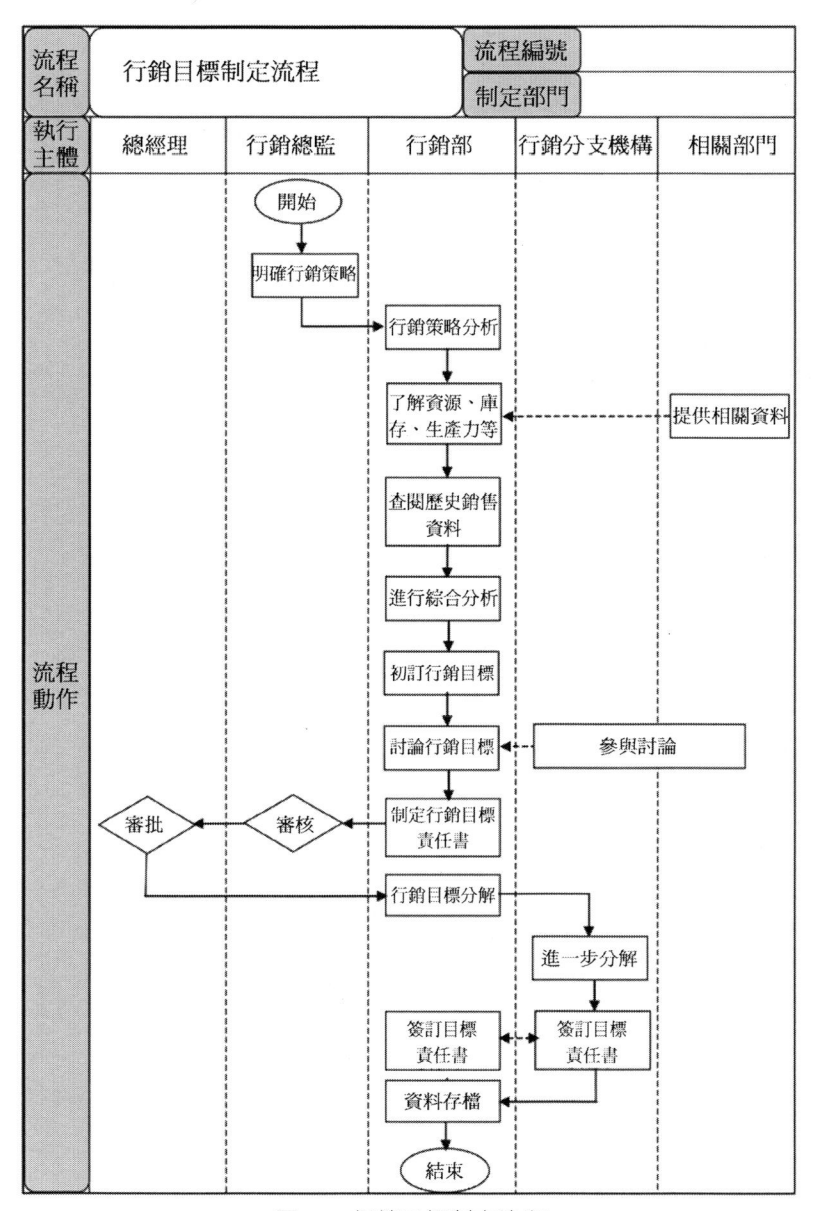

3.2.5 行銷目標制定流程

行銷目標制定流程如圖 3-6 所示:

圖 3-6 行銷目標制定流程

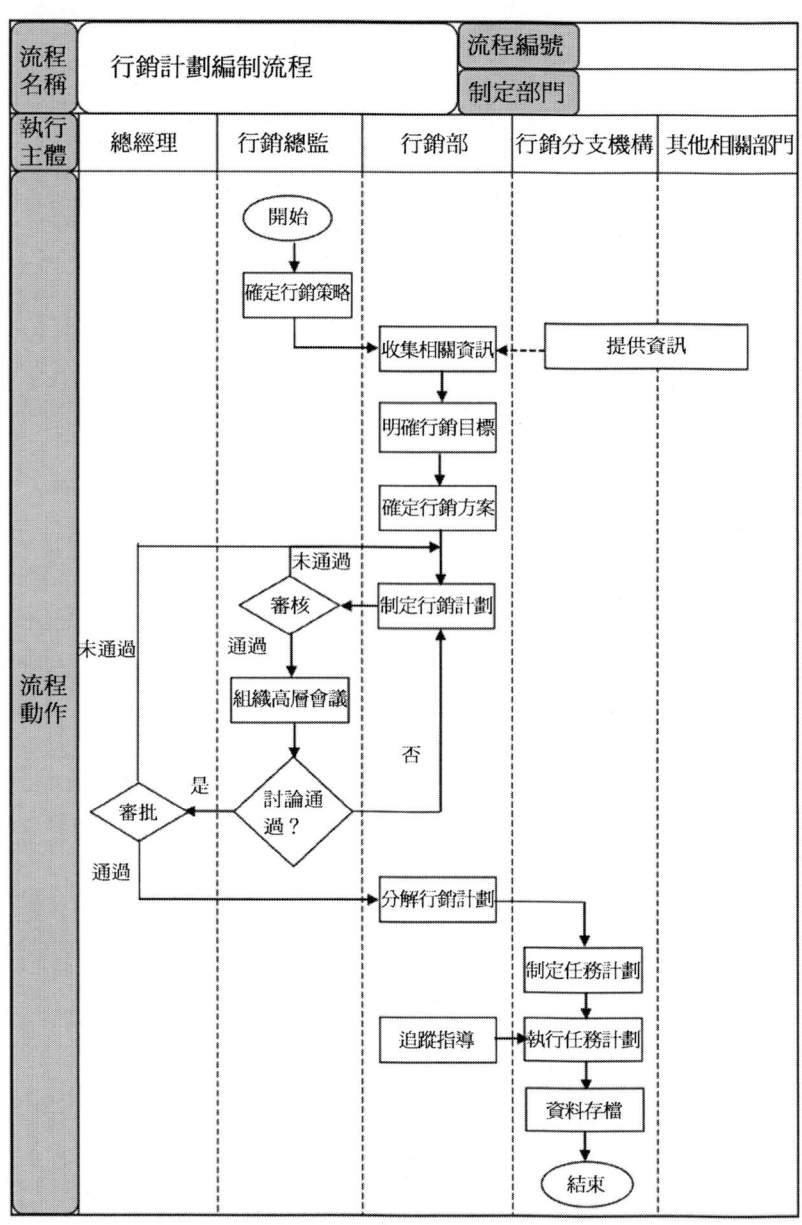

3.2.6 行銷計劃編制流程

行銷計劃編制流程如圖 3-7 所示：

流程名稱	行銷計劃編制流程			流程編號	
				制定部門	
執行主體	總經理	行銷總監	行銷部	行銷分支機構	其他相關部門
流程動作	未通過／審批／通過	開始→確定行銷策略→（收集相關資訊）→明確行銷目標→確定行銷方案→未通過／審核／通過→組織高層會議→討論通過？／否	收集相關資訊→制定行銷計劃→分解行銷計劃	制定任務計劃→執行任務計劃→資料存檔→結束	提供資訊／追蹤指導

圖 3-7 行銷計劃編制流程

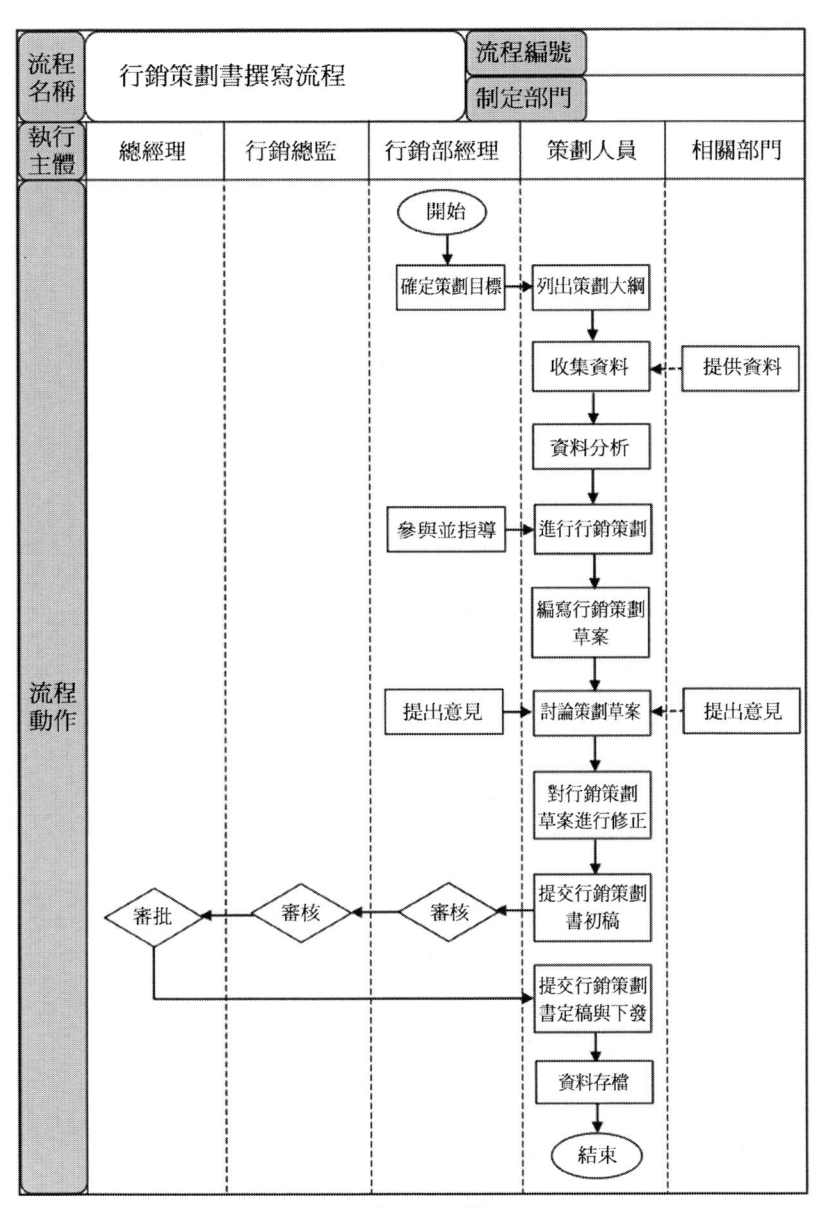

3.2.7 行銷策劃書撰寫流程

行銷策劃書撰寫流程如圖 3-8 所示：

流程名稱	行銷策劃書撰寫流程		流程編號	
			制定部門	
執行主體	總經理	行銷總監	行銷部經理	策劃人員	相關部門
流程動作				（開始）→ 確定策劃目標 → 列出策劃大綱 → 收集資料 ← 提供資料 → 資料分析 → 參與並指導 → 進行行銷策劃 → 編寫行銷策劃草案 → 提出意見 → 討論策劃草案 ← 提出意見 → 對行銷策劃草案進行修正 → 提交行銷策劃書初稿 → 審核 → 審核 → 審批 → 提交行銷策劃書定稿與下發 → 資料存檔 →（結束）	

圖 3-8 行銷策劃書撰寫流程

3.3 行銷策劃管理標準

3.3.1 行銷策劃管理業務工作標準

行銷策劃管理業務工作標準的具體說明如表 3-2 所示。

表 3-2 行銷策劃管理業務工作標準

工作事項	工作依據與規範	工作成果或目標
制定行銷策略	● 企業總體規劃、企業市場調查報告 ● 行銷策略制定流程、行銷策略規劃制度	(1)行銷策略選擇準確 策略 (2)行銷策略制定延遲為0
制定行銷決策	● 企業行銷策略 ● 行銷決策工作流程、行銷決策管理制度	(1)行銷決策方案通過率為100% (2)行銷決策制定延遲為0
制定行銷計劃	● 企業總體規劃、年度經營計劃、行銷策略、行銷決策、訂貨合約、銷售預測表 ● 行銷計劃制定流程、行銷計劃管理制度	(1)銷售預測偏差率在___%以內 (2)計劃措施採納率100% (3)計劃制定延遲為0
撰寫行銷策劃書	● 企業行銷策略、行銷決策、行銷計劃 ● 行銷策劃書撰寫規範	(1) 撰寫的行銷策劃書規範、完善 (2) 行銷策劃書撰寫延遲為0

3.3.2 行銷策劃管理業務績效標準

企業透過設置行銷策劃的績效標準，可明確行銷策劃工作目標，為確保行銷策劃工作有效開展提供了保障。行銷策劃管理業務的績效標準如表 3-3 示。

表 3-3 行銷策劃管理業務績效標準

工作事項	評估指標	評估標準
制定行銷策略	行銷策略制定及時率	1. 行銷策略制定及時率＝$\dfrac{\text{及時制定的行銷策略次數}}{\text{考核期內共制定的行銷策略次數}} \times 100\%$ 2. 行銷策略制定及時率應達到＿＿%，每降低＿＿%，扣＿＿分；低於＿＿%，本項不得分
制定行銷決策	行銷決策制定及時率	1. 行銷決策制定及時率＝$\dfrac{\text{及時制定的行銷決策次數}}{\text{考核期內共制定的行銷決策次數}} \times 100\%$ 2. 行銷決策制定及時率應達到＿＿%，每降低＿＿%，扣＿＿分；低於＿＿%，本項不得分
	行銷決策方案一次性通過率	1. 行銷決策方案一次性通過率＝$\dfrac{\text{一次性通過的行銷決策方案個數}}{\text{上報審核的行銷決策方案個數}} \times 100\%$ 2. 行銷決策方案一次性通過率應達到＿＿%，每降低＿＿%，扣＿＿分；低於＿＿%，本項不得分
制定行銷計劃	行銷計劃制訂及時率	1. 行銷計劃制訂及時率＝$\dfrac{\text{及時制定的行銷計劃次數}}{\text{考核期內共制定的行銷計劃次數}} \times 100\%$ 2. 行銷計劃制定及時率應達到＿＿%，每降低＿＿%，扣＿＿分；低於＿＿%，本項不得分
	銷售預測偏差率	1. 銷售預測偏差率＝$\left\|\dfrac{\text{預測銷售量}-\text{實際銷售量}}{\text{實際銷售量}}\right\| \times 100\%$ 2. 銷售預測偏差率控制在＿＿%以內，該項為滿分；每超出該範圍＿＿個百分點，扣＿＿分；超＿＿%，本項不得分
	銷售措施採納率	1. 銷售措施採納率＝$\dfrac{\text{被採納的銷售措施個數}}{\text{制定的銷售措施個數}} \times 100\%$ 2. 銷售措施採納率應達到＿＿%，每降低＿＿%，扣＿＿分；低於＿＿%，本項不得分

表3-3(續)

撰寫行銷策劃書	行銷策劃書編制及時率	1. 行銷策劃書編制及時率＝$\dfrac{\text{及時編制的行銷策劃書數}}{\text{編制的行銷策劃書總數}} \times 100\%$ 2. 行銷策劃書編制及時率應達到＿＿%，每降低＿＿個百分點，扣＿＿分；低於＿＿%，本項不得分
	行銷策劃書完整度	1.行銷策劃書內容不完整，不適用，得＿＿分 2.行銷策劃書內容基本完整、適用性一般，得＿＿分 3.行銷策劃書內容完整可靠，適用性佳，得＿＿分

3.4 行銷策劃管理制度

3.4.1 制度解決問題導圖

　　行銷策劃管理制度可以規範企業行銷策劃的程序，明確行銷策劃的職責分工，從而確保行銷策劃的順利進行，規避行銷策劃不合時宜之處。行銷策劃具體解決的問題如圖 3-9 所示。

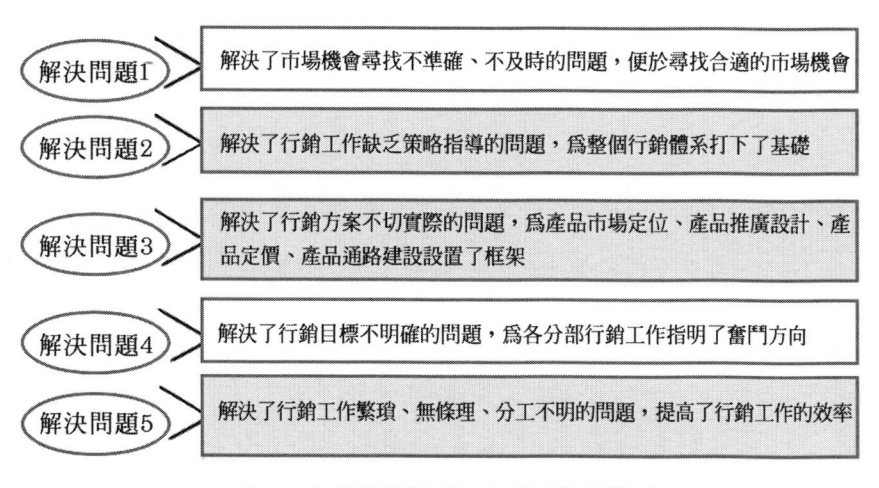

解決問題1　解決了市場機會尋找不準確、不及時的問題，便於尋找合適的市場機會

解決問題2　解決了行銷工作缺乏策略指導的問題，為整個行銷體系打下了基礎

解決問題3　解決了行銷方案不切實際的問題，為產品市場定位、產品推廣設計、產品定價、產品通路建設設置了框架

解決問題4　解決了行銷目標不明確的問題，為各分部行銷工作指明了奮鬥方向

解決問題5　解決了行銷工作繁瑣、無條理、分工不明的問題，提高了行銷工作的效率

圖 3-9 行銷策劃管理制度解決問題導圖

3.4.2 行銷戰略規劃制度

行銷戰略規劃制度如表 3-4 所示：

表 3-4 行銷戰略規劃制度

制度名稱	行銷策略規劃制度		編號	
執行部門		監督部門		編修部門

第一章 總則

第1條 目的。

為明確策略期企業總體行銷設想和規劃，指導行銷工作順利展開，特制定本制度。

第2條 適用範圍。

本制度適用於行銷策略規劃的管理工作。

第二章 行銷策略的分類

第3條 公司可供選擇的行銷策略主要有以下五類，如下所示。

1. 穩定型：保持現有產品的特點，在現有市場上維持現有的市場佔有率。
2. 反應型：在穩定基礎上適當變革產品，追求更多的市場佔有率。
3. 先導型：根據市場需求和產品特點，向有關連的產品市場發展。
4. 探索型：根據市場需求，向新產品領域和海外市場發展。
5. 創造型：不考慮市場需求，以我為主開發新產品，拓展新市場。

第4條 公司應在對外部宏觀環境分析、行業分析、產品價值鏈分析的基礎上，結合本公司實際情況，選擇合適的行銷策略。

第三章 行銷策略規劃程序

第5條 評估市場機會。

1. 行銷部透過市場調查，廣泛收集宏觀環境資訊、行業資訊、客戶、供應商、競爭對手等方面的資訊，對市場政策、市場結構、消費者行為、競爭者行為進行調查研究。

表3-4(續)

2. 行銷部收集公司內部資訊,從公司市場佔有率、生產狀況、資源狀況進行分析,瞭解公司自身能力、市場競爭地位。

3. 行銷部結合公司自身條件,對外部市場機會進行進一步分析,評估本公司的市場機會。

第6條 選擇目標市場。

1. 評估市場機會之後,行銷部根據實際情況選擇某一特性對市場進一步分解,分析每個區隔市場的特點、需求趨勢和競爭狀況。

2. 行銷部根據本公司的現狀和發展規劃,選擇適合自己的目標市場。

第7條 確定行銷策略。

1. 行銷部在充分掌握外部宏觀環境資訊、外部市場資訊、內部生產資訊的基礎上,進行SWOT分析,瞭解公司在目標市場上的優勢和劣勢。

2. 行銷部充分考慮本公司的發展目標和市場的發展趨勢,結合前述優勢、劣勢分析,確定行銷策略。

第四章 行銷策略規劃注意事項

第8條 識別環境的發展趨勢。環境發展趨勢可能給公司帶來新的機會,也可能帶來新的難題,因此應掌握環境的發展趨勢,瞭解其對行銷可能產生的有利或不利的影響。

第9條 以市場需求為引導制定策略。應樹立市場需求觀念,以市場需求為引導,充分考慮創造條件以適應市場需求,進一步制定合理的行銷策略。

第10條 充分利用現有資源。在評估市場機會及制定策略的時候,應全面、充分、合理地運用現有資源,力求用同樣數量、同樣類型的資源去完成新的策略目標。

第五章 行銷策略實施控制

第11條 制訂策略計劃。

根據生產計劃和市場需求,制訂實施策略的具體計劃、方案、措施等。

第12條 建設行銷組織。

表3-4(續)

公司需要組建一個高效的行銷組織結構,以對行銷人員實施篩選、培訓、激勵、監督和評估,對行銷產品進行包裝設計、宣傳推廣、銷售通路建設等,以推動行銷策略實施。

第13條 實施行銷控制。

在行銷策略實施過程中,公司需要透過監督指導控制、制度控制等控制措施來保障其順利實施。

1. 監督指導控制。在行銷策略實施過程中,各級主管應對行銷管理人員、行銷人員進行監督和指導,以確保其按要求執行相關措施,進而實現有效控制。

2. 制度控制。公司透過建立完備的定價、宣傳、通路建設制度,銷售人員監督、考核制度及行銷過程管理制度等,以控制行銷策略實施。

第六章 附則

第13條 本制度由行銷部制定、解釋與修訂。

第14條 本制度自頒布之日起執行。

編制日期		審核日期		批准日期	
修改標記		修改處數		修改日期	

3.4.3 行銷決策管理制度

行銷決策管理制度如表 3-5 所示:

表 3-5 行銷決策管理制度

制度名稱	行銷決策管理制度	編號	
執行部門		監督部門		編修部門	

第一章 總則

第1條 目的。

為推動行銷策略的實施,規範行銷決策工作,有效地引導商品從生產者

表3-5(續)

到達消費者或使用者，特制定本制度。

第2條 適用範圍。

本制度適用於行銷決策的管理工作。

第3條 職責分工。

1. 行銷總監負責行銷決策合理性、經濟性等的審批。
2. 行銷部負責行銷決策的制定與報審。
3. 各相關部門負責提供相關資訊和資料，負責配合行銷部進行相關策劃。

第二章 行銷計畫內容和制定依據

第4條 明確行銷策略。

在制定行銷決策之前，行銷部應在行銷總監的指導下，進一步確認市場機會和目標市場，並對行銷戰略予以確定。

第5條 行銷決策動員。

行銷總監召集相關部門召開會議，組織行銷決策制定的動員，號召各部門配合行銷部制定行銷決策。

第6條 收集決策資訊。

為制定全面、準確的市場行銷決策，行銷部應收集如下幾個方面的資訊。

1. 市場行銷環境資訊，包括人口密度、行業政策、通貨膨脹率等。
2. 各供應商的定價水準和市場佔有率狀況。
3. 市場上生產同類產品的競爭者的數量以及其產品特色、功能、定價、行銷方法等資訊。
4. 客戶的購買力、消費習慣、購買偏好等。
5. 本企業的資源狀況、生產能力、技術水準、生產週期、庫存能力等。

第三章 行銷決策制定與實施

第7條 市場定位。

行銷策略確定之後，行銷部應在行銷策略的指導下對自身產品進行市場定位。

表3-5(續)

1. 透過網路或實地調查,瞭解競爭對手的產品特色。
2. 透過問卷調查或訪談,研究客戶對產品各種屬性的偏好及重視程度。
3. 綜合對上述競爭對手和客戶兩方面的資訊進行分析,選定本公司產品的特色和獨特形象。

第8條 產品推廣設計。

1. 品質水準設計。根據總體行銷戰略、本公司工藝水準、產品的成本、客戶的總體消費水準、客戶的品質要求等,定位產品的品質水準。
2. 產品品牌設計。根據市場定位要求,從突出產品特徵、創造競爭差異等方面進行產品品牌設計。
3. 產品包裝設計。從創造競爭差異、突出產品特徵、強調品牌形象、節約成本、吸引客戶等幾個方面設計產品包裝。
4. 產品服務設計。透過調查和訪問,充分瞭解客戶需求,結合自身產品的功能特性與不足之處,設計售前、售中、售後服務方案和措施。

第9條 確定定價策略。

實行動態定價策略,即首先透過市場調查,瞭解供應商的定價水準、客戶對該產品的消費水準和競爭對手的價格水準,結合公司利潤要求確定產品價格,然後在實際銷售過程中根據市場環境變化及客戶反應情況進行價格調整。

第10條 確定通路策略。

1. 根據產品特性、市場環境、成本要求等,確定選擇何種銷售通路。
2. 根據所選通路的具體特徵和產品生產週期、客戶購買習慣等確定行銷管道層級和通路成員數量。

第11條 確定促銷策略。

行銷部應根據實際情況確定促銷策略,具體可選的促銷策略有以下三類。

1. 與銷售方法相關的促銷策略包括附送贈品、支付獎金、打折促銷、節日人口聚集處促銷、代理店及特約店促銷、捆綁銷售、分期付款等。
2. 與銷售人員相關的促銷策略包括業績獎賞、教育培訓、銷售競賽、團隊合作銷售等。
3. 與廣告宣傳有關的促銷策略主要包括銷售點展示、宣傳單隨報夾帶、海報宣傳、報刊目錄等。

表3-5(續)

第12條　制訂行銷決策方案。

1. 行銷部根據行銷決策內容制定行銷決策方案初稿。

2. 行銷決策方案初稿確定後，行銷部應召集各相關部門進行討論，就其實施的具體環節交換意見，進一步修正完善行銷決策，並做最終確定。

3. 行銷部將討論確定的行銷決策方案呈報行銷總監審核、總經理審批。

第13條　實施行銷決策方案。

行銷決策方案審批通過後，行銷部應組織落實決策方案，並對各項決策的實施情況進行監控，以便及時調整決策內容，防止因決策失誤給公司帶來巨大損失。

第四章　附則

第14條　本制度由行銷部制定，經總經理批准後生效。

第15條　本制度自頒布之日起執行。

編制日期		審核日期		批准日期	
修改標記		修改處數		修改日期	

3.4.4 行銷計劃管理制度

行銷計劃管理制度如表 3-6 所示：

表 3-6 行銷計劃管理制度

制度名稱	行銷計劃管理制度	編號	
執行部門		監督部門		編修部門	

第一章　總則

第1條　目的。

為制訂科學合理的行銷計劃，確保行銷工作有序開展，特制定本制度。

第2條　適用範圍。

本制度適用於本公司行銷計劃的編制工作。

表3-6(續)

第3條 職責劃分。

1. 行銷總監負責行銷計畫的審核。

2. 行銷部負責行銷計畫的制訂，並負責管理、督導和控制行銷計畫的實施。

3. 各部門負責提供相關資訊和資料，負責配合行銷部實施行銷計畫。

第二章 行銷計畫內容和制定依據

第4條 行銷計畫的內容。

行銷計畫的內容包括銷售目標、工作計畫、費用預算、保障措施，具體如下。

1. 銷售目標。根據公司發展目標、行銷策略、生產現狀、市場需求狀況等確定計劃期內的銷售目標。

2. 銷售方案。確定行銷系統相關人員在計劃期內執行的各項銷售工作、日程安排。

3. 保障措施。從組織、制度等方面制定相關保障措施，以保障行銷計劃的順利實施。

4. 費用預算。按各項具體活動、工作內容進行銷售費用預算。

第5條 行銷計畫的制訂依據。

1. 公司長遠發展規劃。

2. 公司行銷戰略和行銷決策。

3. 產品訂貨合約和市場預測資料。

4. 公司歷史銷售資料。

第三章 行銷決策制定與實施

第6條 制定年度銷售目標。

1.銷售部與各部門密切溝通，瞭解本公司的資源狀況、生產能力、庫存狀況，以保證制定的銷售目標的合理性。

2.查閱相關報表，瞭解以往各期銷售總額及平均成長率。

表3-6(續)

　　3. 設計購買者意向調查問卷，進行市場調查，掌握市場對產品的最新需求。

　　4. 根據行銷策略相關要求，結合自身生產狀況分析、市場需求分析、以往各期銷售總額趨勢分析，確定年度銷售總額目標。

第7條　分解年度銷售目標。

　　1.查閱相關報表，參照過去年度每種產品各月的銷售比重，對年度銷售目標按實際情況進行分解，確定每種產品的月度銷售目標。

　　2. 按照同樣的方法，確定每月各銷售分部的銷售目標。

　　3. 各銷售分部根據實際情況，將每月銷售目標按地域、客戶進行分解，制定地域別、客戶別銷售目標。

　　4. 各銷售分部按資歷、能力等，把每一個銷售別目標落實到每一位銷售人員身上。

第8條　確定銷售方案。

　　1.從產品宣傳到上市銷售，再到售後服務，制定完整的行動措施和日程安排。

　　2.根據市場要求和產品特點等，制定銷售人員具體的行動方案，包括如何吸引客戶、如何選擇目標客戶、如何與客戶交流、如何推銷等。

第9條　制定保障措施。

　　(1) 組織保障：市場部位有效調配資源，合理組織人力，建立完整、暢通的分銷系統。

　　(2) 制度保障：人力資源部應建立銷售人員業績考核體系，然後透過追蹤、考核、回饋的施行，保障銷售方案順利開展。

第10條　制定費用計劃。

　　1. 原有產品的費用計劃可參考上期費用計劃，按市場變化進行相關調整。

　　2. 新產品的費用計劃按照目標利潤進行倒推確定。

第11條　計劃書的定稿和審批

　　1.行銷部應將所確定的行銷目標、行銷方法、費用計劃等形成書面材料，即「行銷計劃書」，並提交行銷總監審核。

　　2.行銷總監召集各相關部門經理就「行銷計劃書」內容的可行性、經

表3-6(續)

第15條 本制度由行銷部制定，經總經理批准後生效。

第16條 本制度自頒布之日起執行。

第四章 行銷計劃的執行和調整

第12條 行銷計劃分解與下發。

1. 經總經理審批簽字的「行銷計劃書」，由行銷總監及行銷部經理按照下屬各人員的職責分解後，下發至相關人員，並要求其分解到月度。

2. 各人員將計劃中的任務分解至各月度後，編制個人的月度行銷計劃，並於一週內送交行銷部經理及行銷總監處。

第13條 行銷計劃的執行。

行銷計劃一經批准後必須嚴格執行，各歸口部門和執行單位不得隨意變更。如確因客觀原因導致計劃目標不能完成時，需辦理審批手續，然後方能進行變更。

第14條 行銷計劃的調整。

1. 行銷計劃的調整，需由行銷部經理提出書面申請，經行銷總監審核、總經理審批後執行。在未接到書面批覆以前，一律按原計劃執行。

2. 調整年度行銷計劃需提前一個月進行申請，調整月度行銷計劃應提前10天做申請。

第五章 附則

第15條 本制度由行銷部制定，經總經理批准後生效。

第16條 本制度自頒布之日起執行。

編制日期		審核日期		批准日期	
修改標記		修改處數		修改日期	

第 4 章 市場定位管理業務·流程·標準·制度

4.1 市場定位管理業務模型

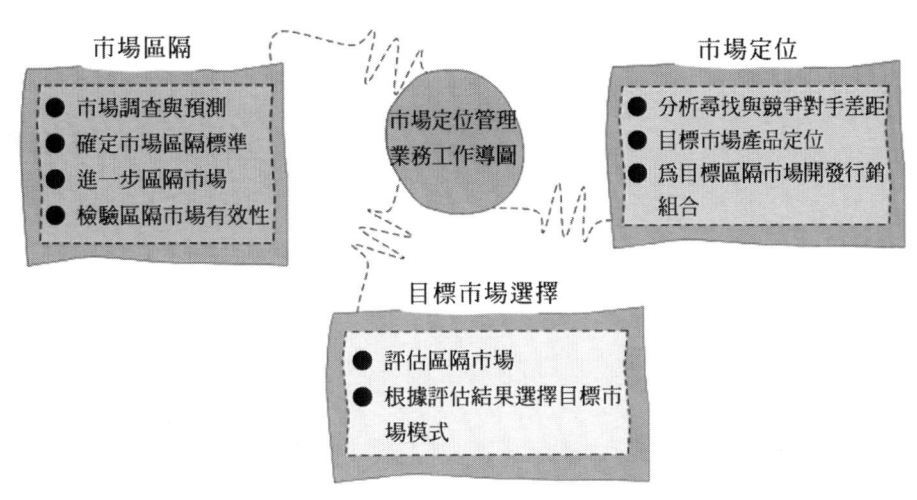

4.1.1 市場定位管理業務工作導圖

市場行銷人員透過進行市場區隔、目標市場選擇與市場定位來發掘新的市場機會,以形成新的富有吸引力的目標市場,進而提高企業的競爭能力,取得投入較少、產出較高的良好經濟效益,滿足不斷變化的社會消費的需求。

市場定位管理業務主要包括市場區隔、目標市場選擇、市場定位三項,具體業務工作導圖如圖 4-1 所示。

市場區隔
- 市場調查與預測
- 確定市場區隔標準
- 進一步區隔市場
- 檢驗區隔市場有效性

市場定位管理業務工作導圖

市場定位
- 分析尋找與競爭對手差距
- 目標市場產品定位
- 為目標區隔市場開發行銷組合

目標市場選擇
- 評估區隔市場
- 根據評估結果選擇目標市場模式

圖 4-1 市場定位管理業務工作導圖

4.1.2 市場定位管理主要工作職責

行銷部在進行市場定位管理時,可依據上述工作導圖來開展具體的工作。其職責說明如表 4-1 所示。

表 4-1 市場定位管理主要工作職責說明表

工作職責	職責具體說明
市場劃分	1. 根據企業市場調研及預測情況,選擇市場劃分變數及標準 2. 掌握市場劃分方法,根據市場劃分變數及標準初步劃分市場 3. 在市場初步劃分的基礎上,採用兩種或多種分析技術,進一步劃分目標市場 4. 根據有效市場劃分的條件,檢驗劃分市場的有效性,剔除不合要求、無用的劃分市場
目標市場選擇	1. 按時對劃分市場的市場規模、市場需求潛力、市場盈利能力等進行科學分析與評估,確定目標市場選擇模式策略,確定企業目標市場 2. 對目標市場的變化進行監測,及時調整目標市場行銷策略
市場定位	1. 在分析目標市場消費者心理的基礎上,對產品或服務在消費者心中形象進行合理設計 2. 設計產品或服務的定位資訊表現形式,並選擇合適的傳播手段向目標市場消費者傳遞定位資訊 3. 根據目標市場消費者對市場定位的回饋及時調整產品與服務的市場定位

4.2 市場定位管理流程

4.2.1 主要流程設計導圖

在市場定位管理過程中，企業可以根據市場定位的工作職責，採用層次分析法，在市場區隔、目標市場選擇、市場定位三個方面設計市場定位管理主要流程。具體流程導圖如圖 4-2 所示。

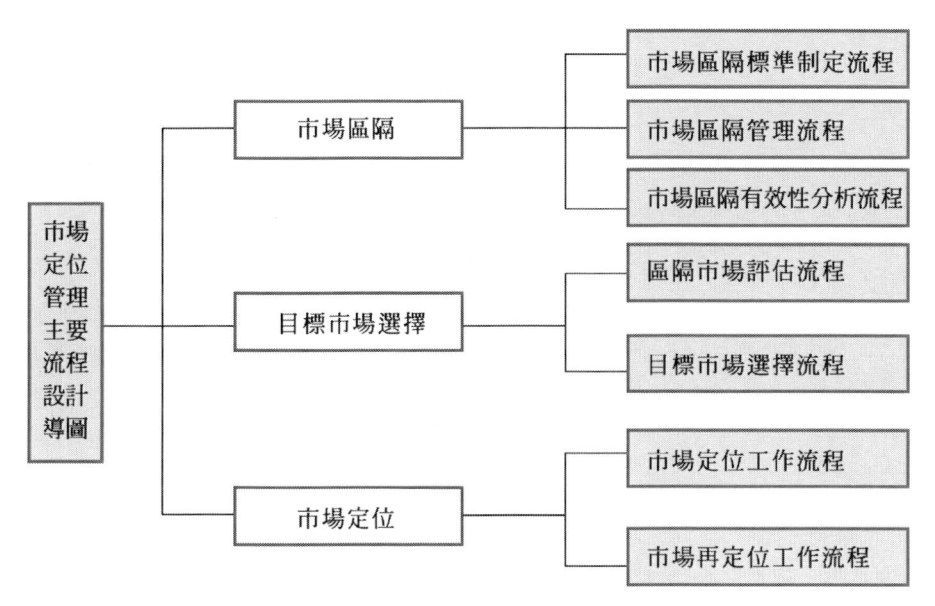

圖 4-2 市場定位管理主要流程設計導圖

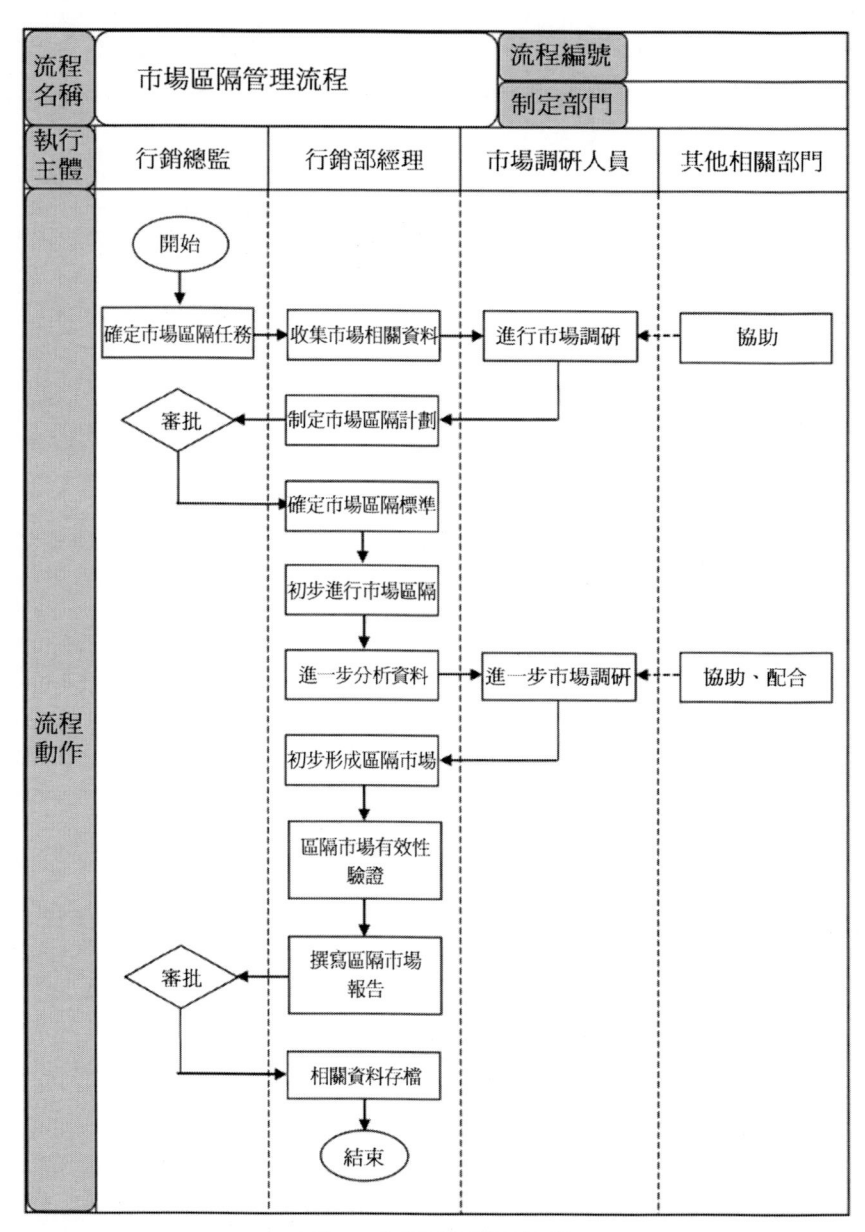

4.2.2 市場區隔管理流程

市場區隔管理流程如圖 4-3 所示：

流程名稱	市場區隔管理流程		流程編號	
			制定部門	
執行主體	行銷總監	行銷部經理	市場調研人員	其他相關部門
流程動作	開始 → 確定市場區隔任務 → 審批	收集市場相關資料 → 制定市場區隔計劃 → 確定市場區隔標準 → 初步進行市場區隔 → 進一步分析資料 → 初步形成區隔市場 → 區隔市場有效性驗證 → 撰寫區隔市場報告 → 相關資料存檔	進行市場調研 / 進一步市場調研	協助 / 協助、配合
	審批 → 結束			

圖 4-3 市場區隔管理流程

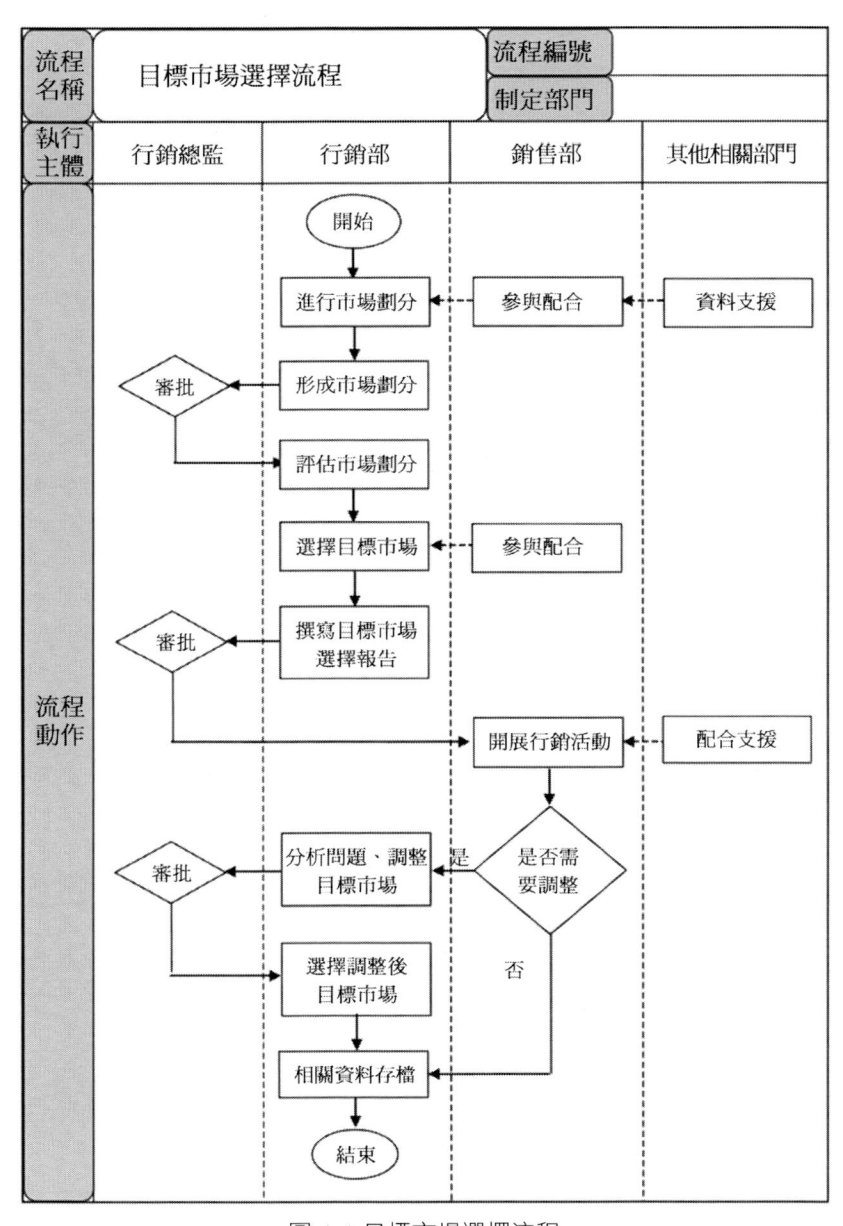

4.2.3 目標市場選擇流程

目標市場選擇流程如圖 4-4 所示：

圖 4-4 目標市場選擇流程

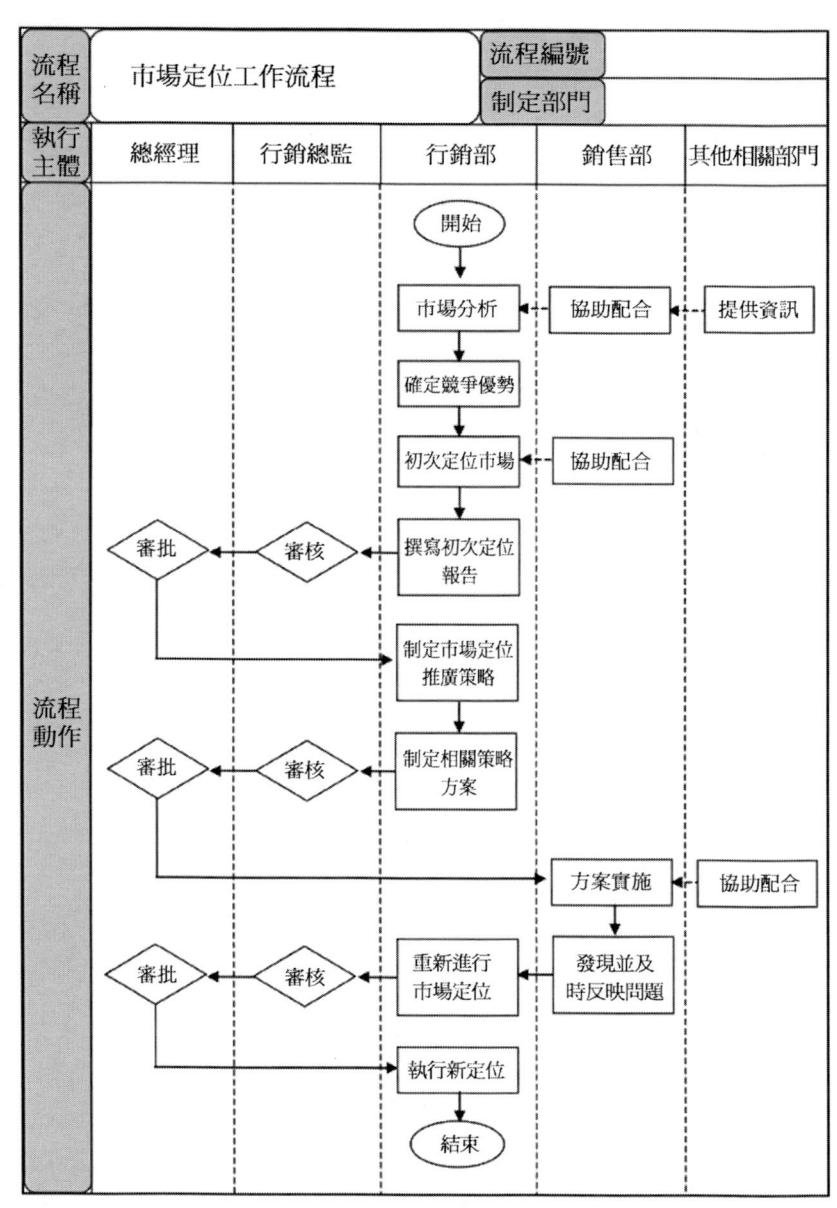

4.2.4 市場定位工作流程

市場定位工作流程如圖 4-5 所示：

流程名稱	市場定位工作流程			流程編號	
				制定部門	
執行主體	總經理	行銷總監	行銷部	銷售部	其他相關部門
流程動作	審批 → 審核 → 審批 → 審核 → 審批 → 審核		開始 → 市場分析 → 確定競爭優勢 → 初次定位市場 → 撰寫初次定位報告 → 制定市場定位推廣策略 → 制定相關策略方案 → 方案實施 → 重新進行市場定位 → 執行新定位 → 結束	協助配合 / 協助配合 / 協助配合 / 發現並及時反映問題	提供資訊

圖 4-5 市場定位工作流程

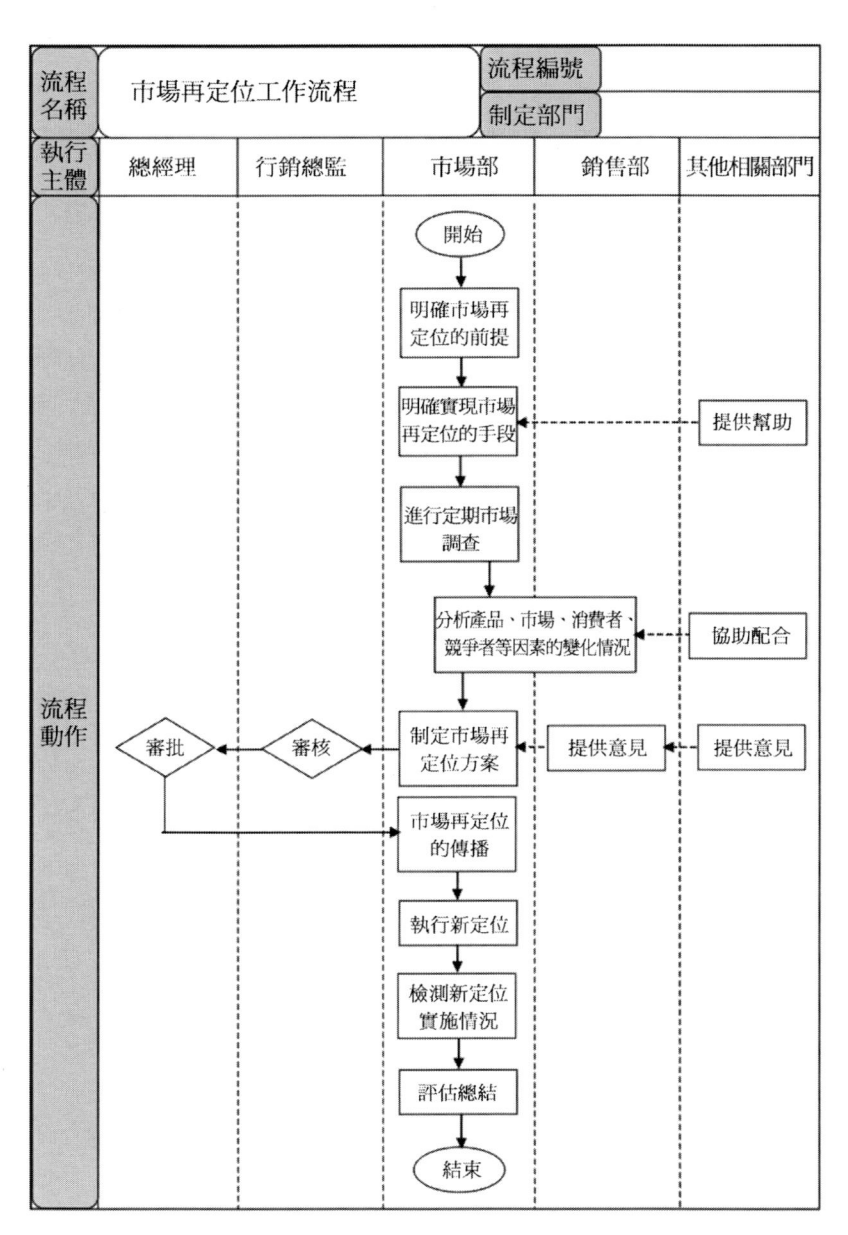

4.2.5 市場再定位工作流程

市場再定位工作流程如圖 4-6 所示：

流程名稱	市場再定位工作流程		流程編號		
			制定部門		
執行主體	總經理	行銷總監	市場部	銷售部	其他相關部門
流程動作	審批	審核	開始 → 明確市場再定位的前提 → 明確實現市場再定位的手段 → 進行定期市場調查 → 分析產品、市場、消費者、競爭者等因素的變化情況 → 制定市場再定位方案 → 市場再定位的傳播 → 執行新定位 → 檢測新定位實施情況 → 評估總結 → 結束	提供意見	提供幫助 協助配合 提供意見

圖 4-6 市場再定位工作流程

4.3 市場定位管理標準

4.3.1 市場定位管理業務工作標準

市場定位管理的具體工作標準說明如表 4-2 所示。

表 4-2 市場定位管理業務工作標準

工作事項	工作依據與規範	工作成果或目標
市場區隔	● 市場區隔管理制度、市場區隔管理流程、區隔標準制定流程、企業現有市場區隔標準與變數、市場區隔方法、市場區隔管理工具表單	(1)區隔市場標準和變數選擇合理、可控 (2)區隔市場符合有效區隔市場檢驗原則
目標市場選擇	● 區隔市場評估流程、目標市場選擇流程、企業區隔市場評估情況、目標市場特徵調查分析表、目標市場需求滿足程度分析表	(1)區隔市場評估合理有據 (2)所選目標市場符合企業、競爭及市場要求
市場定位	● 市場定位管理制度、市場定位工作流程、市場再定位工作流程、市場定位的方法、市場定位的類型、市場定位機會分析表、市場定位產品差異分析表等	(1)企業競爭優勢分析準確率100% (2)合理進行初步定位 (3)市場定位傳播及時率達＿＿％ (4)市場再定位及時、合理

4.3.2 市場定位管理業務績效標準

市場定位管理業務績效評估標準的詳細說明如表 4-3 所示。

表 4-3 市場定位管理業務績效標準

工作事項	評估指標	評估標準
市場區隔	市場區隔變數與標準選擇合理性	1. 市場區隔標準不合理，變數選擇有誤，得___分 2. 市場區隔標準與變數基本合理，得___分 3. 市場區隔標準與變數選擇合理、可控，得___分
	市場區隔資料分析準確性	1. 不能對調查資料進行定量分析，不能應用合理的分析技術對資料進行處理，得___分 2. 能對調查資料進行定量分析，能應用分析技術對資料進行處理，得___分 3. 能夠對調查資料進行準確定量分析，應用合理分析技術對資料進行處理，得___分
	市場區隔有效性	1. 市場區隔不符合市場有效性原則，得___分 2. 市場區隔基本符合市場有效性原則，得___分 3. 市場區隔完全符合市場有效性原則，得___分
目標市場選擇	區隔市場評估準確率	1. 區隔市場評估準確率 = $\dfrac{\text{市場區隔評估準確次數}}{\text{市場區隔評估總次數}} \times 100\%$ 2. 區隔市場評估準確率應達到___%，每降低___%，扣___分；低於___%，本項不得分
	目標市場選擇合理性	1. 所選的目標市場不符合企業、競爭及市場要求，得___分 2. 所選的目標市場基本符合企業、競爭及市場要求，得___分 3. 所選的目標市場完全符合企業、競爭及市場要求，得___分
市場定位	企業優勢分析準確度	1. 不能進行企業競爭優勢分析，得___分 2. 能夠進行企業競爭優勢分析，但競爭優勢分析不準確，得___分 3. 透過合理的分析、比較，準確得出企業獨特競爭優勢，得___分

表4-3(續)

市場定位	定位方法合理性	1. 定位方法不合理、定位策略不當，市場定位不準確，得___分 2. 定位方法選擇合理，但市場定位不夠準確，得___分 3. 採用合理的方法選擇定位出發點和定位策略，並進行準確定位，得___分
	定位傳播及時率	1. 定位傳播及時率 = $\dfrac{\text{及時傳播次數}}{\text{應傳播總次}} \times 100\%$ 2. 定位傳播及時率應達到___%，每降低___%，扣___分
	市場再定位及時、準確性	1. 未對市場定位進行傳播與回饋，未及時調整市場定位，得___分 2. 定期追蹤市場定位傳播的市場回饋，按時調整市場定位，得___分 3. 有效追蹤市場定位傳播的市場回饋，並及時、合理地調整市場定位，得___分

4.4 市場定位管理制度

4.4.1 制度解決問題導圖

市場定位管理制度可以在市場區隔及市場定位兩個角度解決市場區隔相關事項不明確，市場定位管理不當等問題。具體解決問題導圖如圖4-7所示。

市場定位管理制度解決問題導圖
- 市場區隔
  - ● 市場區隔變數與標準不明確
  - ● 市場區隔方法不當
  - ● 市場區隔資料處理方法不當或缺乏
  - ● 市場有效性檢驗準則沒有明確規定等
- 市場定位
  - ● 市場定位的前提與原則不明確
  - ● 企業自身競爭優勢分析不夠準確
  - ● 目標市場定位角度不全面
  - ● 目的市場定位策略不當等

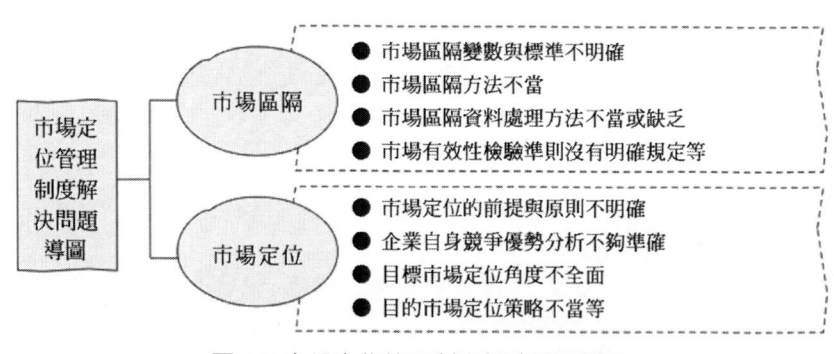

圖4-7 市場定位管理制度解決問題導圖

4.4.2 市場區隔管理制度

市場區隔管理制度如表 4-4 所示：

表 4-4 市場區隔管理制度

制度名稱	市場區隔管理制度		編號	
執行部門		監督部門		編修部門

第一章 總則

第1條 目的。

為規範市場區隔管理工作，從而發現更好的市場機會，提高市場佔有率，特制定本制度。

第2條 適用範圍。

本制度適用於本公司選擇目標市場之前的區隔市場工作。

第3條 市場區隔的原則。

1. 預期市場區隔所獲收益大於市場區隔產生的成本時，可進行市場區隔。
2. 區隔市場要具備規模性和發展性，且能夠使公司獲得利潤。
3. 市場足夠大，且必須存在差異。

第二章 市場區隔的準備

第4條 初步市場調查。

公司在進行市場區隔前，行銷部應組織開展初步市場調查工作。

1. 調查工作重點包括對市場環境和消費者需求的調查研究。
2. 行銷總監應根據調查結果對公司自身情況與市場情況進行整體把握。

第5條 召開領導小組討論會。

進行市場區隔前，行銷總監應組織召開領導小組研討會，會議主要應完成以下四點任務。

1. 明確市場任務和發展目標。
2. 可採用WOSAR分析法對競爭對手進行初步分析。
3. 確定市場區隔的目的。

表4-4(續)

4. 確定市場區隔的工作計劃。

第6條　報批市場區隔計劃。

行銷部經理將領導小組研討會形成的「市場區隔工作計劃書」呈報行銷總監審閱、總經理審批，批准後開始實施區隔計劃。

第三章 初步市場區隔

第7條　確定市場區隔標準和變數。

行銷部參照下列「市場區隔標準明細表」確定區隔標準和變數。同時，需要注意的是，區隔市場的標準不是一成不變的，應以區隔變數因素可控為原則。

市場區隔標準明細表

區隔標準	區隔變數	變數內容
地理因素	地域	東北、華北、西北、西南、華南、華東
	城鎮規模	大城市、中等城市、小城市、鄉鎮
	自然環境	平原、丘陵、山區
人口因素	年齡	0~5歲、6~10歲、11~18歲、19~25歲、26~35歲、36~45歲、46~54歲、55歲及以上
	性別	男、女
	收入	1000元以下、1000~3000元、3000~6000元、6000~10000元、10000元以上
	家庭	單身、已婚、離異、有子女、無子女
	職業	會計師、律師、醫生、企業主管、中層員工、技術人員、司機、操作員等
	受教育情況	小學、初中、高中、專科、本科、碩士及以上
心理因素	生活方式	節儉型、奢侈型、傳統型、新潮型
	動機	求美、求廉、求實、求新、求名、求便、炫耀、好勝等
	個性	合群、固執、外向、好鬥、野蠻等

表4-4(續)

	自發性	獨立消費、依賴性消費等
	態度	喜愛、肯定、不感興趣、否定、敵對等
行為因素	購買數量	少量、中量、大量
	購買頻率	經常購買、一般購買、不常購買
	品牌忠誠度	堅定忠誠者、多品牌忠誠者、轉移忠誠者、游離忠誠者

第8條 相關資料收集。

1.行銷部在確定區隔標準及變數後，應針對區隔變數進行相關資料的收集工作，展開深入的市場調查。

2.市場調查問卷設計中常見的內容應包括品牌、企業形象、價格、產品使用、購買因素、滿意度、生活態度、廣告認知、媒體習慣等。

第9條 選擇市場初步區隔方法。

行銷部進行初步市場區隔時，一般可採用但不限於以下三種方法。具體內容如下。

1.單一變數法。選擇影響消費者需求的一個最主要因素作為細分變數進行市場細分。

2.綜合因素區隔法。選擇影響消費者需求的兩種或兩種以上的因素作為區隔變數進行綜合市場區隔。

3.系列因素區隔法。選擇多種區隔因素，將各因素按一定排列順序由粗到細、由淺入深初步進行細分。

第10條 進行市場初步區隔研究。

行銷部在確定區隔變數的基礎上，應結合恰當的區隔方法進行市場區隔的研究工作。

1. 定性研究。主要瞭解消費者的動機、態度和行為，從而對消費者需求、**關鍵購買因素**、使用行為習慣形成基本假設。研究工作方式有小組座談會、一對一深入訪談等。

2. 定量研究。主要為定性研究的假設進行測試和量化研究。典型的定量研究工作方式是市場調查。

表4-4(續)

第四章 進一步區隔市場

第11條 區隔技術選擇。

在市場區隔過程中，行銷部可以運用大部分多元統計分析技術進行資料分析，創建區隔市場。但是，在進行區隔資料研究時，行銷部最好是採用兩種或更多的分析技術，以獲取更合理、更科學的分析結果。

1. 資料處理技術，主要包括因數分析法、主要成分分析法、多元迴歸分析法。

2. 非監督分類技術，主要包括聚類分析、兩階段聚類分析法、神經網路分析法等。

3. 監督分類技術，主要包括判別分析、多元邏輯迴歸分析等。

第12條 有效樣本選取。

行銷部進行資料分析，應注意所選取的有效樣本量不得少於300個，每個區隔變數選取樣本不得少於50個；隨機樣本的抽取應保證具有所選市場的代表性。

第13條 市場區隔有效性檢驗。

行銷部分析得出區隔市場後，應根據有效市場區隔條件，檢驗區隔市場的有效性，剔除不合要求、無用的區隔市場。有效的區隔市場應符合四項原則，具體內容如下表所示。

有效的區隔市場原則

有效原則	具體內容
可衡量性	●區隔市場的選擇標準和變數因素是可以衡量的，有合理範圍的 ●區隔劃出的市場規模、購買力等是可以衡量的，有合理範圍的
可進入性	●公司可以透過分銷、促銷等行銷組合進入區隔後的子市場，即公司產品可以進入該市場，該市場的消費者也能夠購買公司產品
相對穩定性	●區隔後的市場能在一定時間內保持相對穩定，即具有相對穩定性，避免因市場動盪導致市場區隔喪失時效性
可盈利性	●市場區隔後的子市場規模足夠大，可使公司從中獲利，區隔市場應具有可盈利性

表 4-4(續)

第五章 附則						
第14條 本制度由行銷部制定，經公司總經理審批後執行。						
第15條 本制度自發布之日起生效。						

編制日期		審核日期		批准日期	
修改標記		修改處數		修改日期	

4.4.3 市場定位管理制度

市場定位管理制度如表 4-5 所示：

表 4-5 市場定位管理制度

制度名稱	市場定位管理制度		編號	
執行部門		監督部門	編修部門	

第一章 總則

第1條 目的。

為取得目標市場的競爭優勢，塑造獨特的產品形象，最大限度地贏取消費者認同，進而占領更大的市場佔有率，特制定本制度。

第2條 適用範圍。

本制度適用於本公司市場初步定位、市場定位傳播、市場再定位的管理工作。

第3條 市場定位的前提及基礎。

1. 市場定位的前提是差異化，即產品、服務、通路、消費者需求、企業形象等方面存在的差異。

2. 市場定位工作應建立在差別特徵是有效的基礎上，即公司可以對差異化進行塑造，並透過宣傳傳播給消費者以實現產品形象在消費者心目中的差異定位。

第4條 市場定位的原則。

1. 清晰性。市場定位必須明確清晰，向消費者提供清晰的定位資訊。

2. 可實現性。公司有能力實現市場定位對消費者的傳播和確立。

表4-5(續)

3. 不易模仿性。該市場定位是競爭者難以模仿、不易進入的。

4. 盈利性。公司可以從該市場定位中獲得利潤，並且利潤大於因市場定位而產生的成本。

第二章 自身競爭優勢的確定

第5條 競爭者產品定位分析。

1. 競爭者產品定位分析內容主要包括以下五個方面。

(1) 產品的功能屬性。競爭者的產品主要滿足消費者的什麼需求，對消費者來說其主要產品屬性是什麼。

(2) 產品線。競爭者的產品在其整個產品線中處於什麼樣的地位。

(3) 產品外觀及包裝。競爭者的產品外觀與包裝的設計風格、規格等。

(4) 產品賣點。競爭者的獨特銷售主張是什麼。

(5) 產品行銷策略。競爭者的產品行銷策略是什麼。

2. 對競爭者的分析主要透過建立競爭者分析資料庫、獲得競爭者情報來實現。

3. 情報獲取通路主要有競爭者產品的文獻資料、廣告、報紙和雜誌、行業出版物、公司領導人活動、銷售員、消費者、供應商等。

第6條 消費者滿意度分析。

行銷部可以借鑑市場區隔時的市場調研結果，對消費者進行滿意度和潛在需求的分析。在分析的過程中，重點分析消費者對產品功能、特點等屬性的獨特需求和滿意度。

第7條 確定公司自身的競爭優勢。

行銷部對競爭者產品和消費者進行調查分析後，還應對公司自身特點和能力進行分析評價，找出與競爭者的差異以確定自身競爭優勢。

1. 公司自身優勢可以從組織管理、生產技術、生產特點、消費者群、市場通路、促銷方式、策略規劃等幾方面進行。

2. 自身競爭優勢的確定常採用SWOT矩陣法，即從公司本身的競爭優勢、競爭劣勢、面臨的機會和威脅四個方面進行分析，最終列二維矩陣綜合評估。

表4-5(續)

第三章 初步進行市場定位

第8條 目標市場定位角度。

行銷部對競爭者、消費者、公司自身進行分析後,應選擇恰當的角度進行初步定位。定位角度有產品、消費者、競爭者三個方面。

1. 從產品特點出發定位:主要包括從產品的品質、價格、服務上的優勢,產品特定的使用場合與特殊功能等著手定位。它適用於產品本身特點在目標市場內競爭優勢明顯的情況。

2. 從消費者出發定位:可從消費者類型劃分與消費者訴求定位入手。它適用於目標市場消費者需求特點清晰且有一定規模的情況,公司產品與其匹配構成的競爭優勢明顯。

3. 從競爭者出發定位:找出自身產品區別於競爭者的定位特點。它適用於競爭者具有一定的知名度並且自身在某方面與其有著顯著差異的情況。

第9條 選擇市場策略進行定位。

行銷部選擇合適的角度進行初步的市場定位後,應結合適當的市場定位策略,進行進一步定位,從而確定公司自身獨特的競爭優勢。定位策略的選擇可參考下表所示內容。

市場定位策略選擇參照表

定位策略	具體內容	優勢	劣勢	適用情況
迴避定位	迴避與競爭者直接競爭,定位在目標市場的空白處。開發空白產品、填補市場空缺	可較快進入並占領目標市場,容易在消費者心中樹立獨特形象,搶占先機、鞏固市場	空白市場的條件相對於競爭激烈市場較差,開發難度較大、成本較高	適用於目標市場有明顯未滿足需求且需求具備一定規模的情況
對峙定位	選擇進入與競爭者相近或重合的目標市場,與競爭者在目標市場上並存和對峙	借競爭者的成熟模式可以節約產品研發、廣告推廣等費用,節約成本	競爭激烈,如果區隔市場不充分很容易被競爭者排擠從而失去市場	適合自身產品具備一定的競爭性且目標市場未飽和,具備足夠潛力的情形
取代定位	將競爭者排擠出目標市場,取而代之	在目標市場內形成相對的壟斷地位,利潤可觀	投入很大,週期較長,風險大	適用於實力雄厚、產品強勢的企業力的情形

表4-5(續)

第10條 形成初次市場定位。

行銷部經理經過細緻分析和適當選擇後,形成目標市場的初次定位,完成「初次市場定位方案」並呈報行銷總監審核、總經理審批。

第四章 市場定位的傳播與再定位

第11條 市場定位的傳播。

1. 行銷部確定了初次市場定位後,接下來應該向消費者傳遞公司的市場定位,將自身獨特的競爭優勢準確地傳遞給消費者。

2. 公司主要透過廣告宣傳和促銷活動顯示自身在目標市場內的獨特競爭優勢。

3. 在目標市場向消費者顯示公司獨特競爭優勢的步驟可分為三步,具體如下。

(1) 傳播。透過宣傳活動,使消費者瞭解、熟悉、認同和偏愛公司的市場定位,在消費者心中樹立與該定位相一致的形象。

(2) 強化。保持消費者對產品的熱情,加深消費者對產品的感情,以鞏固和強化該形象。

(3) 糾正。注意消費者對公司市場定位理解出現的偏差並對宣傳工作進行評估,及時糾正消費者對市場定位模糊、混亂和誤會等不一致的情況。

第12條 市場再定位。

市場定位不應一成不變,行銷部在對市場進行初次定位和市場傳播後,還應根據產品、市場、消費者、競爭者等因素的變化而對市場進行再定位。

1. 再定位的前提。

(1) 目標市場上競爭者推出的新產品定位與本公司定位較為接近,侵占了公司部分市場,使本公司產品的市場佔有率出現下降。

(2) 消費者的需求或偏好發生變化,使本公司的產品銷量減少。

2. 再定位的手段。再定位主要透過市場監測和市場調查兩種手段實現。

(1) 市場監測:主要通過銷售人員及通路人員資訊回饋和領導人員組成專家小組討論形成交叉監測。

(2) 市場調查:進行定期的市場調查,以掌握目標市場的動態和變化。

表4-5(續)

第五章 附則						
第13條 本制度由行銷總監制定和修改,由行銷部具體執行。							
第14條 本制度自發布之日起生效。							
編制日期		審核日期		批准日期	
修改標記		修改處數		修改日期	

第 5 章 產品品牌管理業務·流程·標準·制度

5.1 產品品牌管理業務模型

5.1.1 產品品牌管理業務工作導圖

企業產品品牌管理的總體目標是提高產品質量，增加產品附加值，擴大產品知名度。其業務導圖如圖 5-1 所示。

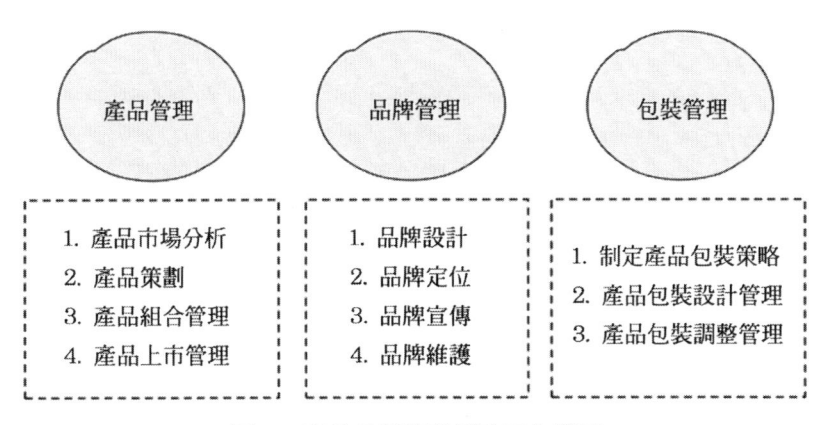

產品管理
1. 產品市場分析
2. 產品策劃
3. 產品組合管理
4. 產品上市管理

品牌管理
1. 品牌設計
2. 品牌定位
3. 品牌宣傳
4. 品牌維護

包裝管理
1. 制定產品包裝策略
2. 產品包裝設計管理
3. 產品包裝調整管理

圖 5-1 產品品牌管理業務工作導圖

5.1.2 產品品牌管理主要工作職責

產品品牌管理工作主要由行銷部負責，具體職責說明如表 5-1 所示。

表 5-1 產品品牌管理主要工作職責說明表

工作職責	職責具體說明
產品管理	1. 進行產品組合、價格組合、通路組合、促銷組合等策劃工作，制訂實施產品策劃方案 2. 進行產品的市場分析、競爭分析，策劃產品上市和已有產品的更新、推廣等
品牌管理	1. 進行產品品牌規劃、品牌推廣，塑造企業、產品的品牌形象，提高企業知名度、好評度，從而提高企業產品的銷售量 2. 與企業的核心策略相結合，把品牌代表的核心價值和個性有效地傳遞給消費者

表5-1(續)

包裝管理	1. 按照企業產品市場調查結果，對企業產品包裝進行設計、決策等 2. 對市場進行追蹤，及時瞭解消費者的觀念變化，根據客戶回饋及流行趨勢與產品特點等及時修改產品包裝 3. 定期對包裝費用進行分析，按包裝預算嚴格控制包裝費用

5.2 產品品牌管理流程

5.2.1 主要流程設計導圖

　　企業設計產品品牌管理的主要流程，可以明確產品品牌工作的責任主體，規範產品品牌管理相關工作的實施程序，不斷完善產品品牌管理工作。企業在具體設計產品品牌管理主要流程時，可以根據產品品牌管理的工作職責，應用層次分析結構圖在產品管理、品牌管理、包裝管理三個方面設計具體流程，如圖 5-2 所示。

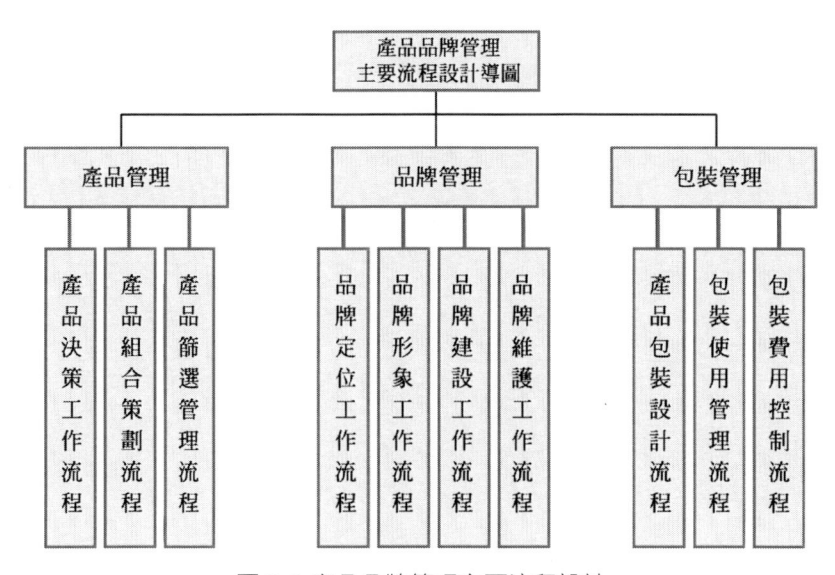

圖 5-2 產品品牌管理主要流程設計

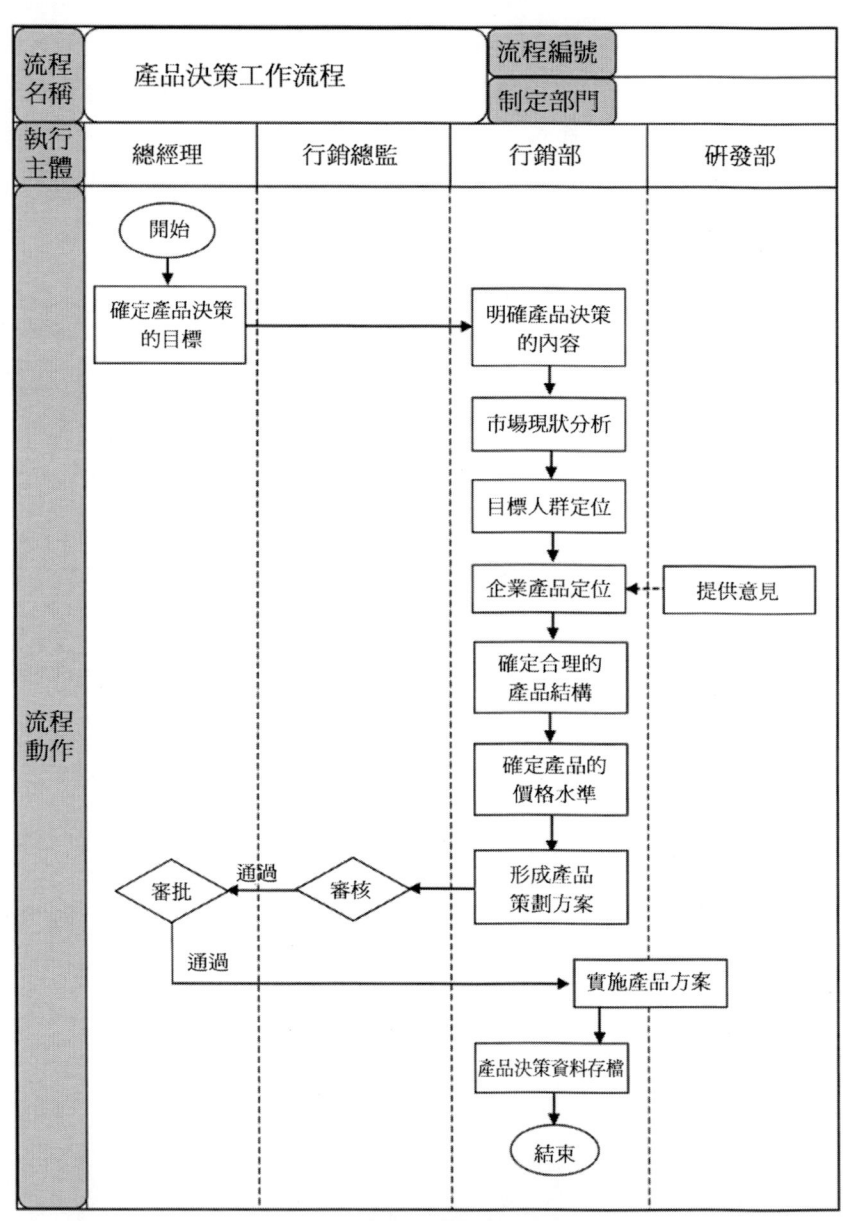

5.2.2 產品決策工作流程

產品決策工作流程如圖 5-3 所示：

流程名稱	產品決策工作流程		流程編號	
			制定部門	
執行主體	總經理	行銷總監	行銷部	研發部

流程動作：

開始 → 確定產品決策的目標 → 明確產品決策的內容 → 市場現狀分析 → 目標人群定位 → 企業產品定位 ←（提供意見）→ 確定合理的產品結構 → 確定產品的價格水準 → 形成產品策劃方案 → 審核 →（通過）→ 審批 →（通過）→ 實施產品方案 → 產品決策資料存檔 → 結束

圖 5-3 產品決策工作流程

5.2 產品品牌管理流程

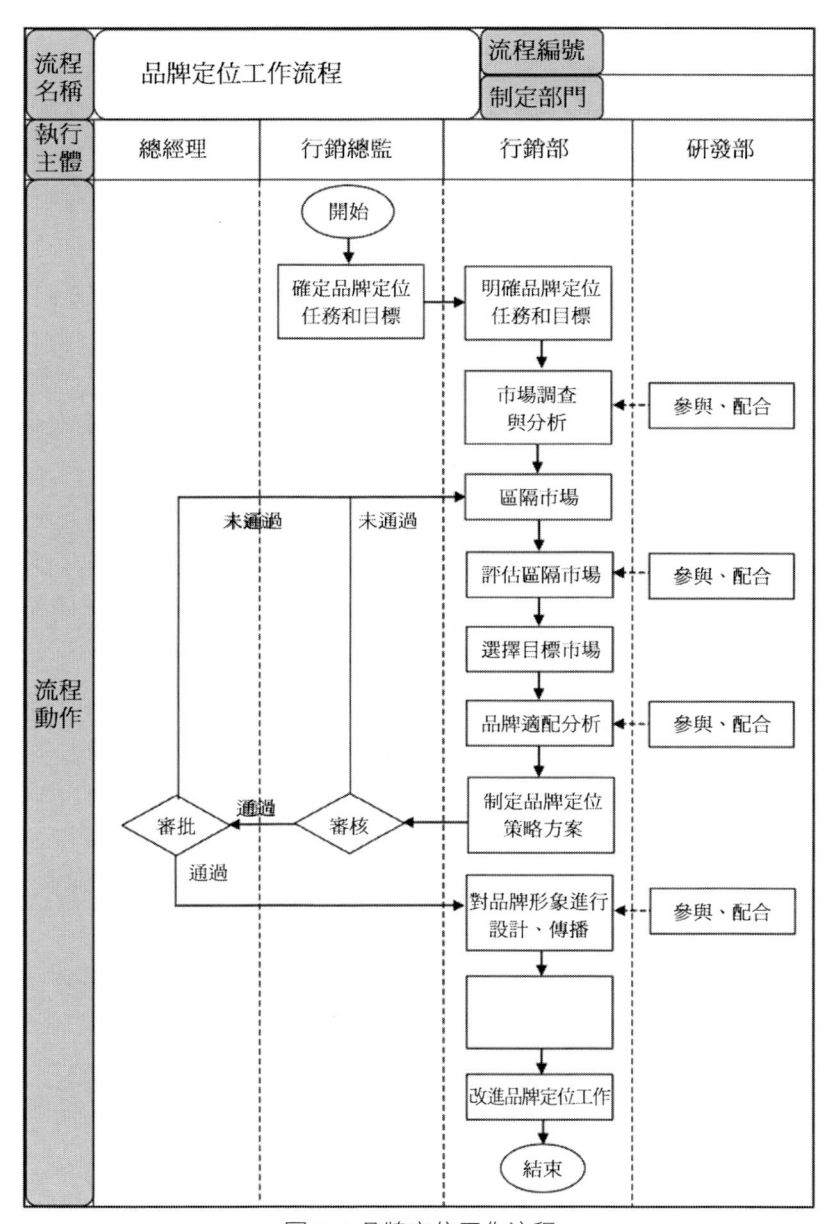

5.2.3 品牌定位工作流程

品牌定位工作流程如圖 5-4 所示:

流程名稱	品牌定位工作流程		流程編號	
			制定部門	
執行主體	總經理	行銷總監	行銷部	研發部
流程動作			開始 → 確定品牌定位任務和目標 → 明確品牌定位任務和目標 → 市場調查與分析 → 區隔市場 → 評估區隔市場 → 選擇目標市場 → 品牌適配分析 → 制定品牌定位策略方案 → 審核（未通過則返回）→ 審批（未通過則返回，通過則繼續）→ 對品牌形象進行設計、傳播 → 改進品牌定位工作 → 結束	參與、配合（市場調查與分析）；參與、配合（評估區隔市場）；參與、配合（品牌適配分析）；參與、配合（對品牌形象進行設計、傳播）

圖 5-4 品牌定位工作流程

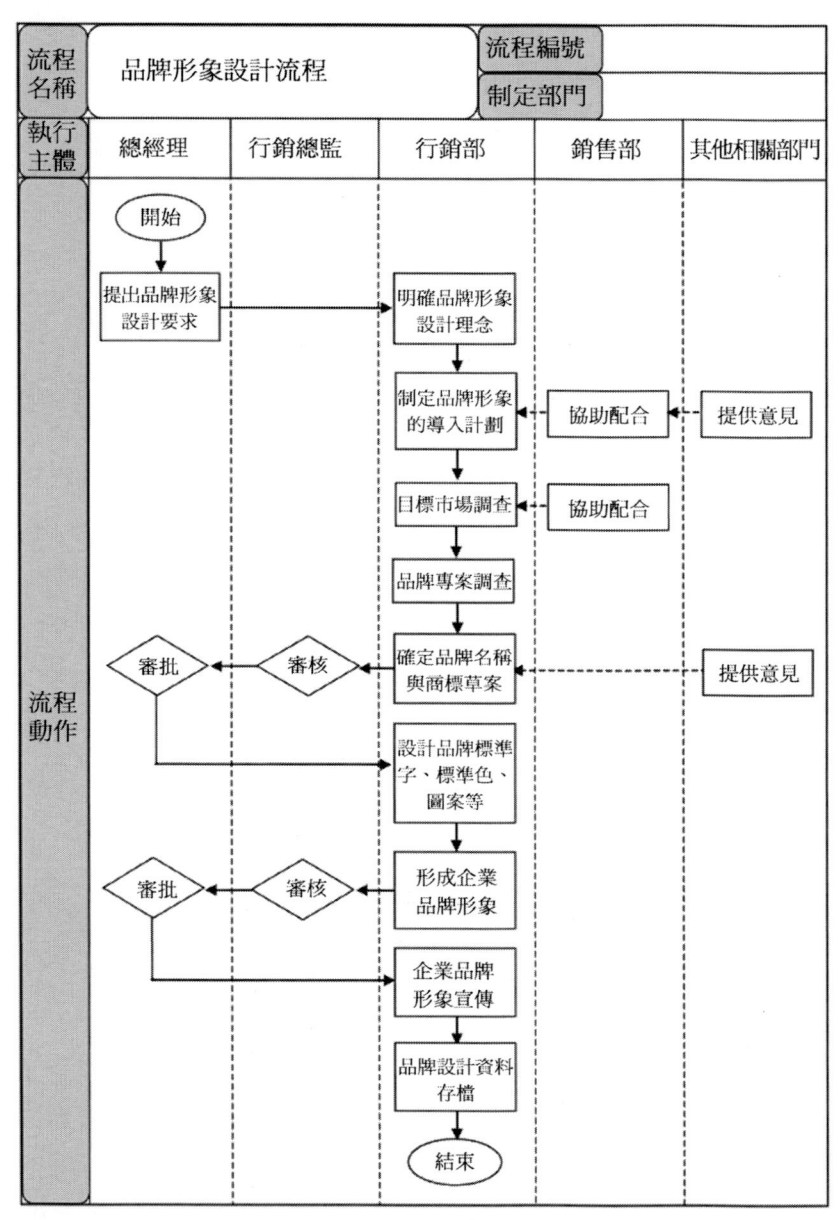

5.2.4 品牌形象設計流程

品牌形象設計流程如圖 5-5 所示：

流程名稱	品牌形象設計流程			流程編號	
				制定部門	
執行主體	總經理	行銷總監	行銷部	銷售部	其他相關部門
流程動作			開始 → 明確品牌形象設計理念 → 制定品牌形象的導入計劃 → 目標市場調查 → 品牌專案調查 → 確定品牌名稱與商標草案 → 設計品牌標準字、標準色、圖案等 → 形成企業品牌形象 → 企業品牌形象宣傳 → 品牌設計資料存檔 → 結束	協助配合；協助配合	提供意見；提供意見
	審批 ← 審核	提出品牌形象設計要求			
	審批 ← 審核				

圖 5-5 品牌形象設計流程

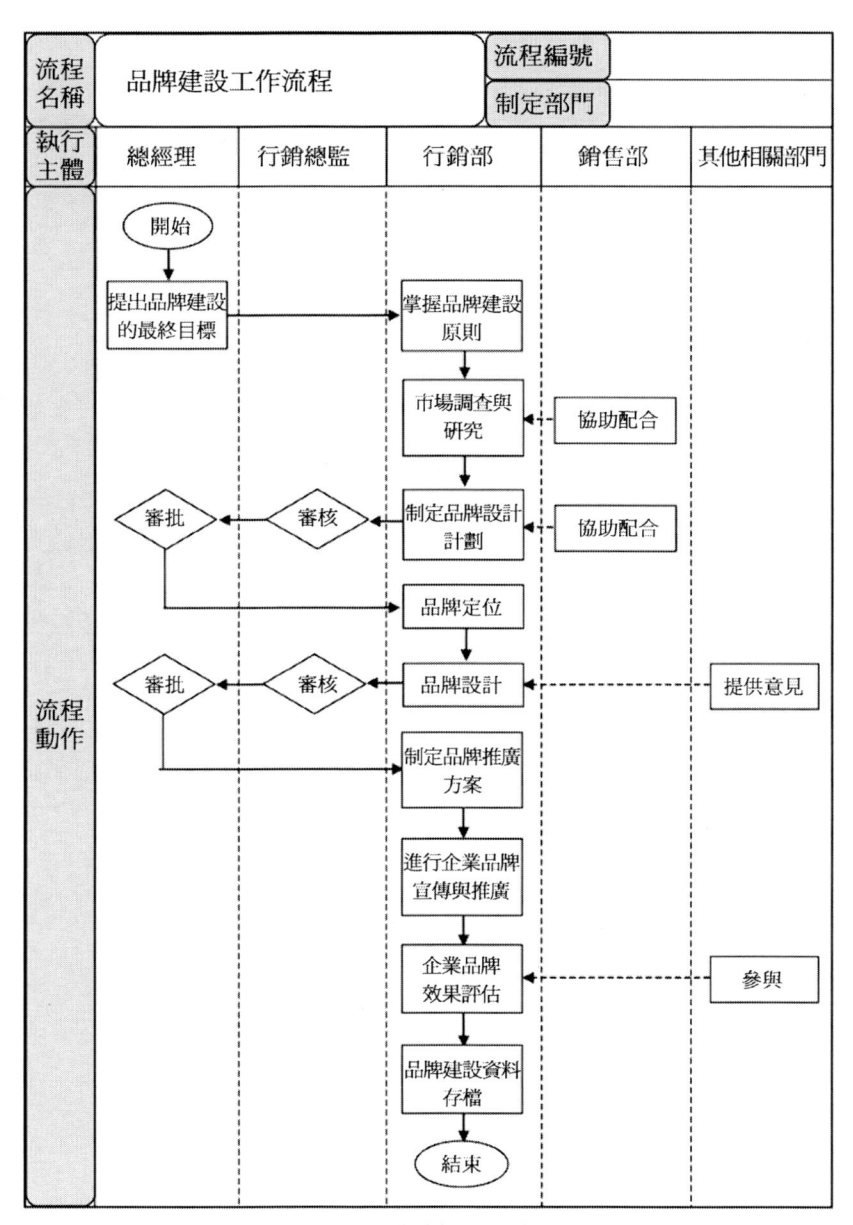

5.2.5 品牌建設工作流程

品牌建設工作流程如圖 5-6 所示：

圖 5-6 品牌建設工作流程

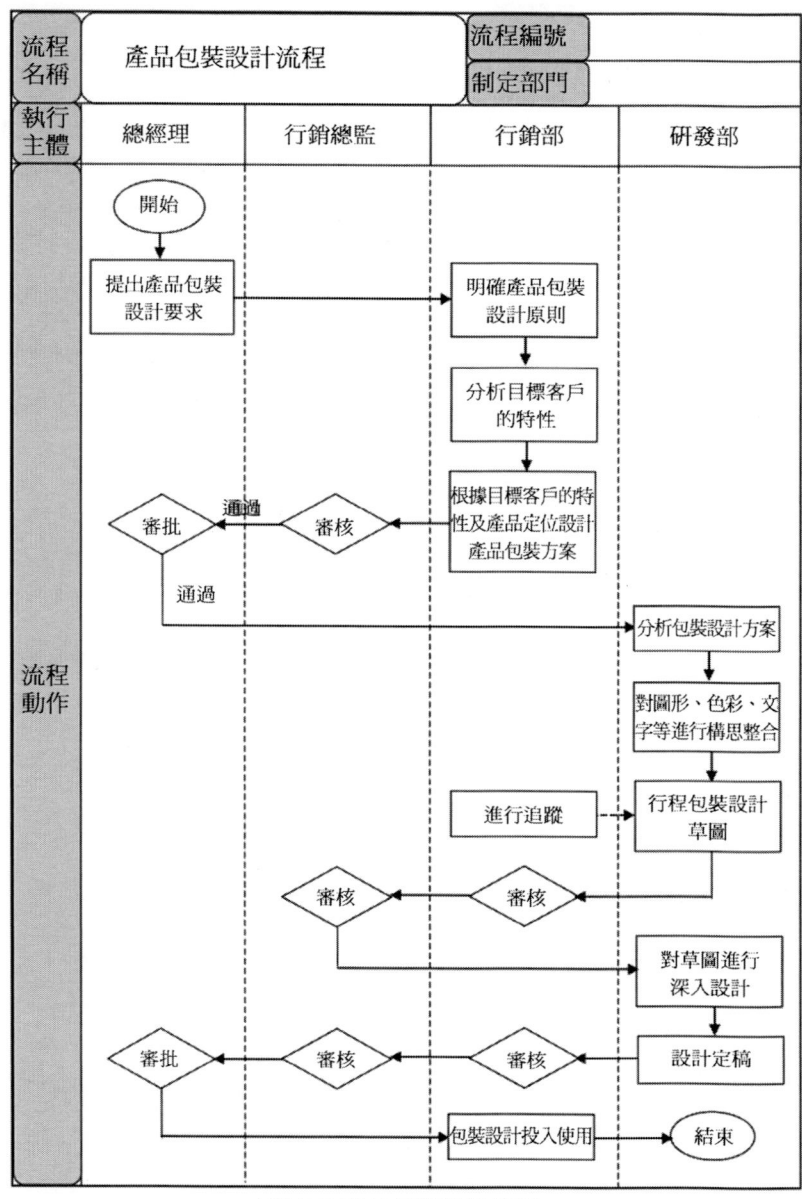

5.2.6 產品包裝設計流程

產品包裝設計流程如圖 5-7 所示：

流程名稱	產品包裝設計流程		流程編號	
			制定部門	
執行主體	總經理	行銷總監	行銷部	研發部
流程動作				

流程動作欄：

- 開始
- 提出產品包裝設計要求（總經理）
- 明確產品包裝設計原則（行銷部）
- 分析目標客戶的特性
- 根據目標客戶的特性及產品定位設計產品包裝方案
- 審核（行銷總監）→ 通過 → 審批（總經理）→ 通過
- 分析包裝設計方案（研發部）
- 對圖形、色彩、文字等進行構思整合
- 進行追蹤（行銷部）──→ 行程包裝設計草圖（研發部）
- 審核 ← 審核
- 對草圖進行深入設計
- 設計定稿
- 審核 → 審核 → 審批
- 包裝設計投入使用 → 結束

圖 5-7 產品包裝設計流程

5.3 產品品牌管理標準

5.3.1 產品品牌管理業務工作標準

確定明確的產品品牌管理工作標準,有利於行銷部依據工作標準的事項及要求開展工作,從而順利達成既定的工作成果或目標。企業產品品牌管理業務的工作標準如表 5-2 所示。

表 5-2 產品品牌管理業務工作標準

工作事項	工作依據與規範	工作成果或目標
產品管理	●企業市場定位、企業現有產品名錄、企業調查資料、企業產品市場分析報告、企業新產品上市計劃與目標等 ●產品決策工作流程、產品組合策劃流程、產品策劃管理制度	(1) 產品市場分析及時率達100% (2) 產品策劃方案通過率達100% (3) 新產品上市銷售額達___元以上
品牌管理	●品牌市場調查情況、消費者對品牌的認可度、企業品牌的美譽度及知名度等 ●品牌定位工作流程、品牌形象設計流程、品牌建設工作流程、品牌建設管理制度	(1) 品牌定位準確、合理 (2)品牌推廣計劃完成率達100% (3)品牌知名度達___% (4)消費者忠誠度達___%
包裝管理	●企業產品的特性、目標消費群的特性、包裝費用預算、包裝費用明細等 ●產品包裝設計流程、產品包裝使用管理流程、產品包裝設計方案、包裝生產規定、包裝操作辦法、產品包裝管理制度	(1)包裝設計方案編制及時率達100% (2)包裝設計一次性通過率達100% (3)包裝質檢合格率達100% (4)包裝成本預算達成率低於___%

5.3.2 產品品牌管理業務績效標準

行銷部可根據產品品牌管理業務內容，分別提煉產品品牌管理業務的考核指標與標準。產品品牌管理業務具體的績效標準如表 5-3 所示。

表 5-3 產品品牌管理業務績效標準

工作事項	評估指標	評估標準
產品管理	產品市場分析及時率	1. 產品市場分析及時率＝$\dfrac{\text{按時進行產品市場分析的次數}}{\text{應進行產品市場分析次數析及時率}} \times 100\%$ 2. 產品市場分析及時率應達到___%，每降低___%，扣___分；低於___%，本項不得分
	產品策劃方案通過率	1. 產品策劃方案通過率＝$\dfrac{\text{產品策劃方案通過的數量}}{\text{策劃方案編制總數量}} \times 100\%$ 2. 產品策劃方案通過率應達到___%，每降低___%，扣___分；低於___%，本項不得分
	新上市產品銷售額	1. 新上市產品銷售額：考核期內，新上市產品的銷售收入總額 2. 新上市產品銷售額達___元以上，得滿分；銷售額在___元～___元之間，得___分；銷售額低於___元，本項不得分
品牌管理	品牌定位合理性	1. 品牌定位調查未按時完成，定位分析不夠準確，品牌市場定位不準確，得___分 2. 品牌定位調查按時完成，定位分析基本準確，品牌市場定位準確，得___分 3. 品牌定位調查按時完成，定位分析準確、及時，品牌市場定位準確，得___分
	品牌推廣計劃完成率	1. 品牌推廣計劃完成率＝$\dfrac{\text{完成的品牌推廣計劃數量}}{\text{計劃提交的品牌推廣計劃數量}} \times 100\%$ 2. 品牌推廣計劃完成率應達到___%，每降低___%，扣___分；低於___%，本項不得分

5.3 產品品牌管理標準

表5-3(續)

品牌管理	品牌知名度	1. 品牌知名度 = $\dfrac{調查總數中記住企業品牌的人數}{調查的目標市場消費者總數} \times 100\%$ 2. 品牌知名度應達到___%，每降低___%，扣___分；低於___%，本項不得分
	消費者品牌忠誠度	1. 顧客重複購買次數在___次以下，顧客購買平均時間在___分鐘以上，顧客價格敏感度較高，對產品品質問題持嚴格的態度，得___分 2. 顧客重複購買次數在___次至___次之間，顧客購買平均時間在___分鐘至___分鐘之間，顧客價格敏感忠誠度一般，對產品品質問題持中立的態度，得___分 3. 顧客重複購買次數在___次以上，顧客購買平均時間少於___分鐘，顧客價格敏感度低，對產品品質問題持寬容的態度，得___分
包裝管理	包裝設計方案編制及時率	1. 包裝設計方案編制及時率 = $\dfrac{及時編制包裝方案次數}{應編制包裝方案次數} \times 100\%$ 2. 包裝設計方案編制及時率應達到___%，每降低___%，扣___分；低於___%，本項不得分
	包裝設計一次性通過率	1. 包裝設計一次性通過率 = $\dfrac{包裝設計一次性通過的次數}{包裝設計總次數} \times 100\%$ 2. 包裝設計一次性通過率應達到___%，每降低___%，扣___分；低於___%，本項不得分
	包裝成本預算達成率	1. 包裝成本預算達成率 = $\dfrac{實際費用}{預算費用} \times 100\%$ 2. 包裝成本預算達成率應低於___%，每增加___個百分點，扣___分；高於___%，本項不得分

5.4 產品品牌管理制度

5.4.1 制度解決問題導圖

產品品牌管理制度主要能夠從產品策劃、品牌建設、產品商標、產品包裝、產品上市五個方面解決產品品牌管理的相關問題，具體解決問題導圖如圖 5-8 所示。

產品品牌制度解決問題：

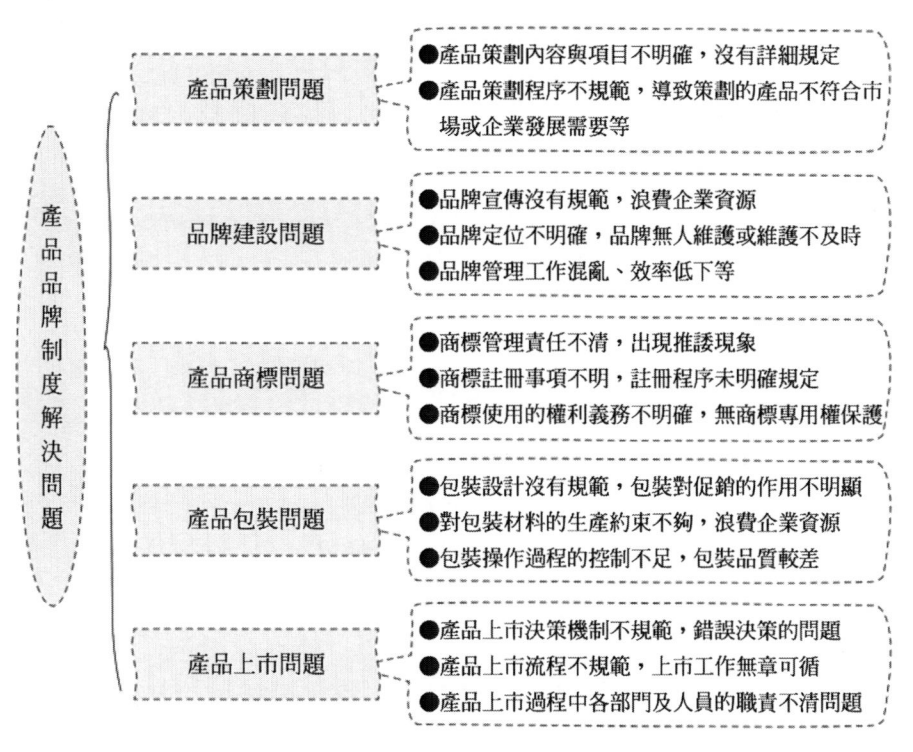

- **產品策劃問題**
  - 產品策劃內容與項目不明確，沒有詳細規定
  - 產品策劃程序不規範，導致策劃的產品不符合市場或企業發展需要等

- **品牌建設問題**
  - 品牌宣傳沒有規範，浪費企業資源
  - 品牌定位不明確，品牌無人維護或維護不及時
  - 品牌管理工作混亂、效率低下等

- **產品商標問題**
  - 商標管理責任不清，出現推諉現象
  - 商標註冊事項不明，註冊程序未明確規定
  - 商標使用的權利義務不明確，無商標專用權保護

- **產品包裝問題**
  - 包裝設計沒有規範，包裝對促銷的作用不明顯
  - 對包裝材料的生產約束不夠，浪費企業資源
  - 包裝操作過程的控制不足，包裝品質較差

- **產品上市問題**
  - 產品上市決策機制不規範，錯誤決策的問題
  - 產品上市流程不規範，上市工作無章可循
  - 產品上市過程中各部門及人員的職責不清問題

圖 5-8 產品品牌管理制度解決問題導圖

5.4.2 產品策劃管理制度

產品策劃管理制度如表 5-4 所示：

表 5-4 產品策劃管理制度

制度名稱	產品策劃管理制度		編號	
執行部門		監督部門		編修部門	

第一章 總則

第1條 目的。

為了加強產品策劃管理工作，建立規範的策劃工作秩序，提高策劃工作水準，特制定本制度。

表5-4(續)

第2條 適用範圍。

本制度適用於本公司產品方案的策劃、修改與實施管理工作。

第3條 職責劃分。

1. 行銷部經理、行銷總監、總經理負責產品策劃方案的審核審批。

2. 策劃主管負責產品策劃方案的策劃及修改。

3. 策劃專員負責產品策劃資料的收集。

第二章 產品策劃的基本內容

第4條 產品組合策劃。

產品組合策劃包括產品定位、產品特色、產品品質、產品品牌與形象、產品包裝、產品使用與售後服務等內容的策劃。

第5條 價格組合策劃。

價格組合策劃包括價位、折扣、定價、付款條件等內容的策劃。

第6條 銷售通路組合策劃。

銷售通路組合策劃包括客戶區隔、銷售地點、行銷通路與網路、中間商、零售商、倉儲與配送、庫存量、商圈等內容的策劃。

第7條 促銷組合策劃。

促銷組合策劃包括與客戶溝通、廣告宣傳、促銷活動、公共關係、受理投訴等內容的策劃。

第8條 效益預測策劃。

效益預測策劃包括投入分析、收益分析、效益預測等內容的策劃。

第三章 產品策劃程序

第9條 確定策劃的目標和內容。

1. 策劃主管應根據策劃需要和現有資源資訊，判斷產品變化的趨勢，確定可能實現的目標和預算結果。

2. 策劃主管應根據公司行銷活動的需要確定產品策劃的主題。

第10條 資料收集。

表5-4(續)

　　產品策劃資料收集分成第一手資料收集和第二手資料收集兩部分，策劃專員應做好資料收集工作。

　　1. 第一手資料搜集，包括進行市場調查、召開座談會、參加產品介紹會等。

　　2. 第二手資料搜集，包括查找文獻和統計報表、銷售報表、財務報表、經營計畫等。

第11條　資料分析。

　　策劃主管應對收集的各種資料進行系統整理和綜合分析，判斷市場變化的趨勢，在市場預測的基礎上，找到產品策劃的重點。

第12條　設計策劃方案。

　　1. 策劃主管在產品策劃目標及重點的指導下，根據收集到的公司和市場資訊，設計、選擇能產生最佳效果的資源配置與行動方案。

　　2. 策劃主管需要運用各種不同的方法進行構想，並對構思進行分解、歸納、判斷，從而最終確定行銷策略，擬定策劃方案。

第13條　編制行銷策劃費用預算。

　　為了實現產品策劃目標，策劃主管應根據策劃方案進行產品策劃預算，估算出每一項具體活動的費用。產品策劃費用預算主要包括三個方面，具體如下圖所示。

項目	說明
市場調查費用	市場調查費用不足會造成調查資料失真、調查結果錯誤等後果，公司要根據市場調查的規模大小和難易程度預估市場調查所需的費用
資訊收集費用	主要包括資料檢索、資料購買及複印、資訊諮詢、資訊處理等資訊收集活動引發的費用。資訊收集的規模越大、收集難度越高，資訊收集費用就越多
人力資源成本	指產品策劃過程中所投入的人力成本，它一般按照產品策劃人員的工資標準和投入的時間進行計算

策劃費用預算項目

第14條　策劃方案的溝通優化。

表5-4(續)

1. 策劃主管就產品策劃方案與行銷部的員工及其他部門員工進行討論，收集產品策劃方案改善建議並參照建議進行優化。

2. 策劃主管將初步優化的產品策劃方案報行銷部經理、行銷總監、總經理審核審批，並收集產品策劃方案改善建議。

3. 策劃主管根據行銷部經理、行銷總監、總經理的改善建議，對產品策劃方案進行優化。

第15條 策劃方案的實施與改進。

1. 策劃主管將完成的產品策劃方案發放給相關部門和人員執行，並監督方案的執行情況。

2. 產品策劃執行人員將產品策劃方案的執行情況及時報告給策劃主管，策劃主管根據實際情況對產品策劃方案進行調整。

第16條 策劃方案的實施效果評量。

產品策劃方案實施完畢後，策劃主管要根據實施結果對策劃方案進行評量，確認方案的０優點和弱點，吸取經驗教訓，以便改進後續工作。

第五章 附則

第17條 本制度由行銷部制定和解釋，報行銷總監、總經理批准後實行，修改或終止時亦同。

第18條 本制度自頒布之日起執行。

編制日期		審核日期		批准日期	
修改標記		修改處數		修改日期	

5.4.3 品牌建設管理制度

品牌建設管理制度如表 5-5 所示：

表 5-5 品牌建設管理制度

制度名稱	品牌建設管理制度		編號	
執行部門		監督部門		編修部門	

第一章 總則

第1條 目的。

為加強公司的品牌管理，促進品牌建設的發展，更好地塑造公司品牌形象，擴大公司的知名度和信譽度，特制定本制度。

第2條 適用範圍。

本制度適用於本公司品牌的規劃、宣傳、推廣、塑造、監控和維護工作。

第3條 職責分工。

1. 各業務部門負責做好公司品牌的對外宣傳工作，樹立公司良好的品牌形象。
2. 行銷部負責做好公司品牌形象設計及品牌推廣策劃工作。
3. 公司所有員工都有義務為維護公司品牌的良好形象做貢獻。

第4條 術語解釋。

本制度所指的品牌是一種名稱、名詞、標記、符號或圖形設計，或它們的組合運用，目的是藉以辨認某個公司的產品或服務，並使其區別於競爭對手。

第二章 品牌規劃管理

第5條 展開品牌調查。品牌主管應組織調查人員對消費者進行品牌整體認知的市場調查。

第6條 對品牌進行診斷定位。

品牌主管應對產品品牌進行診斷定位，診斷定位內容需包括下圖所示的五個方面。

表5-5(續)

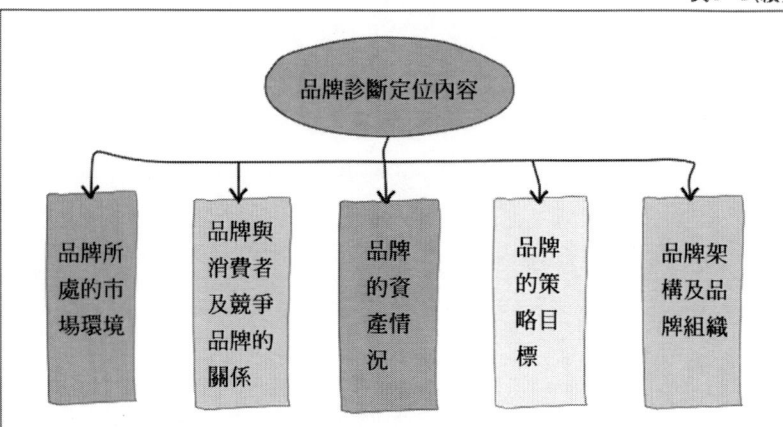

```
         品牌診斷定位內容
   ┌──────┬──────┬──────┬──────┐
品牌所處  品牌與消費  品牌的   品牌的   品牌架構
的市場環  者及競爭  資產情   策略目   及品牌組
境       品牌的關係 況       標       織
```

品牌診斷定位內容

第7條 規劃品牌願景和目標。

品牌主管應規劃公司的品牌願景和目標，明確品牌未來的發展方向。

第8條 提煉品牌核心價值。

提煉品牌的核心價值應遵循以下三大原則：

1. 品牌核心價值應有鮮明的個性。
2. 品牌核心價值要能撥動消費者心弦。
3. 品牌核心價值要有包容性，為今後品牌延伸預埋伏筆。

第三章 品牌的宣傳與推廣

第9條 品牌市場定位。

品牌主管應瞭解公司品牌的市場位置和在消費者心目中的位置，然後根據市場情況和競爭情勢來確定品牌的競爭優勢，並制定出明確的目標，為品牌的策略規劃建立充分的依據。

第10條 品牌策略規劃。

品牌主管在進行品牌策略規劃時，需解決以下問題。

1. 採取何種手段以及何時達成品牌的既定目標。
2. 如何確定品牌的發展步驟。

表5-5(續)

3. 如何測定品牌的資產價值。

4. 如何維護品牌的良性發展。

5. 如何保證策略的有效執行。

第11條 品牌形象設計。

品牌主管在進行品牌形象設計時,重點是設計品牌的視覺形象,包括品牌名稱、內涵、符號、字體、色彩、形象代表等相關內容,使之具備能直觀、準確表達品牌內涵的條件。

第12條 品牌宣傳。

品牌主管在制定品牌策略之後應開展品牌宣傳工作,宣傳方式主要包括兩種。

1. 公司自身的廣告、公共關係宣傳。

(1) 可透過電視、報紙、雜誌、網路等廣告手段對品牌進行宣傳,擴大品牌的知名度和美譽度。

(2) 可透過參加各種社會機構、組織主辦的各種公共活動,對外宣傳公司品牌。

2. 客戶對公司的宣傳。確保產品品質,讓客戶放心購買公司產品,客戶在使用公司產品後作出滿意的評價,促進公司品牌的宣傳。

第13條 品牌互動。

品牌主管透過關注消費者從品牌中獲得的利益和對於品牌的態度及變化,可以掌握品牌的發展動態,諸如消費者對品牌的認知程度、品牌提供的利益是否符合消費需求、品牌知名度等指標的變化程度等,從而維護品牌的健康成長。

第四章 品牌塑造管理

第14條 人員形象塑造公司品牌。

1. 銷售人員和客服人員。銷售人員和客服人員直接面對客戶,其形象、談吐、氣質與品牌的契合度會影響品牌形象的塑造,所以公司所有銷售、客服等人員應當努力提高自身素質和專業修養,提升服務水準,塑造品牌在客戶心中的良好形象。

表5-5(續)

2. 其他人員。公司其他人員的形象會間接影響客戶，更影響公司的潛在客戶，所以這些人員應提高綜合能力和素質，在一定程度上提升公司形象。

第15條 產品品質塑造公司品牌。

公司各部門均應秉承產品品質第一的原則，開展生產經營活動，嚴格把關品質，用產品品質贏得顧客，提高品牌的知名度和美譽度。

第16條 擴大產品線塑造公司品牌。

產品管理部門應努力擴大產品線、增加產品類型並保持產品在市場的佔有率，透過多產品品牌策略來提高公司品牌的知名度。

第五章 品牌監控與維護管理

第17條 品牌的監控。

1.品牌主管對公司品牌進行即時監控，專注品牌的市場發展情況並適時地採取相應措施。

2.品牌主管根據市場監控情況撰寫品牌分析報告並交行銷總監、總經理審閱。

3.品牌主管根據公司總裁的意見和建議，並結合市場情況，不斷完善公司品牌策略。

第18條 品牌的維護。

品牌主管針對外部環境的變化對品牌形象、市場定位和品牌價值進行維護。

第六章 附則

第19條 本制度由行銷部制定，經公司總經理審批後執行。

第20條 本制度自發布之日起生效。

編制日期		審核日期		批准日期	
修改標記		修改處數		修改日期	

5.4.4 產品商標管理制度

產品商標管理制度如表 5-6 所示：

表 5-6 產品商標管理制度

制度名稱	產品商標管理制度		編號	
執行部門		監督部門		編修部門

第一章 總則

第1條 為規範公司產品商標的使用，保護公司無形資產，樹立和維護公司信譽，加強智慧財產權的管理，根據國家的商標法以及其他相關法律法規，特制定本制度。

第2條 本制度適用於本公司產品商標的註冊、使用、商標專用權的保護等工作。

第3條 本制度所指商標是在中華民國境內已經申請註冊的商標。

第一章 總則

第4條 按商標法的規定，公司應依法辦理商標註冊申請、延展、變更、使用許可等手續，以取得商標專用權。

第5條 商標的註冊申請，除公司自行提出申請外，也可以委託社會商標服務機構代為申請，但須與之簽訂委託代理合約，提交符合其要求的全部資料，明確的申請日期，及時瞭解審批進度和相關資訊。

第6條 對商標註冊申請過程中出現的異常情況，如異議、被初步駁回、不受理等，應及時向主管上司彙報，採取有效措施予以解決。

第7條 凡需增添註冊商標，必須由商標管理小組決定，經審定商標全部內容後，即可申請註冊。

第8條 商標註冊獲准後，由商標管理小組建立商標檔案，管理其設計稿、印刷件和註冊證件，接受商標查詢，維護商標信譽，監督和檢查商標的使用情況。

表 5-6 (續)

策劃費用預算項目

第9條 公司產品商標的使用許可權歸公司統一行使，未經公司許可，其他任何人均無權使用。

第10條 經公司授權的法人和非法人組織與其他單位合作舉辦活動、臨時使用「XX」名稱時，應預先書面上報總經理，獲得批准後方可使用。

第11條 對所註冊的商標在使用過程中應做到註冊商標與印製商標標識完全一致。

第12條 公司在使用產品商標過程中，不得自行改變核准註冊的文字、圖形及其組合，不得擅自擴大商標的使用範圍。

第13條 如確實需要擴大註冊商標的使用領域，應透過申報的形式由公司智慧財產權管理辦公室確定後，採取新註冊商標的形式解決，不得在未核定使用的商品或服務範圍使用註冊商標並打上註冊標記。

第14條 商標的使用必須按公司下達的計劃生產，按規定程序領取，未經批准不得擅自發放。

第15條 商標標識由專人保管，並建立出入庫台賬，對報廢商標的銷毀要做記錄。

第16條 公司有下列情形之一的，除法律法規另有規定外，應當委託商標評估機構進行商標評估。

1. 轉讓商標。
2. 以商標權投資。
3. 其他依法需要進行商標評估的。

第17條 公司許可他人使用產品商標，應當與之簽訂產品商標使用許可合約，並在合約中明確使用該商標的義務和不使用該商標的責任。

第18條 商標許可使用者的權利和義務。

1. 商標許可使用者的權利。
(1) 在產品或包裝、說明書上使用「XX」商標。
(2) 使用商標進行產品廣告宣傳。
2. 商標許可使用者的義務。
(1) 維護商標所代表的產品的特質、品質和市場信譽，保證產品品質

表5-6(續)

穩定。

(2) 接受商標管理指導小組對產品或服務品質的不定期檢測和商標使用的監督。

(3) 指定專人負責商標標識的管理、使用工作,確保商標標識不失控、不挪用、不流失,不得向他人轉讓、出售商標標識,不得許可他人使用該商標,否則按有關法律法規承擔相應法律責任。

(4) 及時向商標管理領導小組反映消費者和服務對象對「XX」產品商標的認知情況。

第四章 商標專用權的保護

第19條 公司在經營管理中,發現有侵犯或可能侵犯本公司註冊商標的行為時,應及時向公司智慧財產權管理辦公室彙報。對於嚴重的商標侵權行為,應在公司智慧財產權管理辦公室的統一指揮下採取應對措施。

第20條 根據反映的有關商標問題,商標管理領導小組有權對各部門、各分公司進行調查,配合工商行政管理機關對商標管理工作進行檢查和糾紛處理。

第21條 發現侵犯「XX」商標專用權行為,並及時向商標管理領導小組舉報的個人,經核實後,由商標管理領導小組給予適當獎勵。

第22條 對侵犯註冊商標專用權的行為,本公司將按法定程序予以追究。

第五章 附則

第23條 本制度由行銷部制定,經公司總經理審批後執行。

第24條 本制度自發布之日起生效。

編制日期		審核日期		批准日期	
修改標記		修改處數		修改日期	

5.4.5 產品包裝管理制度

產品包裝管理制度如表 5-7 所示：

表 5-7 產品包裝管理制度

制度名稱	產品包裝管理制度		編號	
執行部門		監督部門		編修部門	

第一章 總則

第1條 目的。

為了規範公司的產品包裝管理，降低產品包裝的費用，提高公司產品的銷售量，特制定本制度。

第2條 適用範圍。

本制度適用於本公司產品包裝設計、生產及操作管理與包裝費用控制工作。

第二章 包裝設計管理

第3條 提出設計方案。

包裝的設計由行銷部先提出設計方案，交行銷總監、總經理審批後交研發部進行設計。

第4條 包裝設計原則。

行銷部、研發部進行產品包裝設計前，應遵循以下原則。

包裝設計原則

原則	具體說明
可靠性原則	包裝要便於產品儲存和辨認，同時在商品運輸過程中能夠保護商品，便於商品運輸
適當性原則	包裝應充分考慮包裝產品的特性，根據被包裝產品的物態、形狀、堅固度和重量選擇包裝造型
藝術性原則	包裝設計應力求美化產品，符合消費者的審美要求
經濟性原則	在符合行銷策略的前提下，應降低包裝的成本，進而降低產品成本

表5-7(續)

第5條 設計追蹤。

行銷部應對設計過程進行追蹤,對設計結果進行審核後交行銷總監審批。

第6條 委託設計。

如果內部條件不足時,個別包裝的設計可委託外部單位進行,但需由公司的設計人員負責追蹤,研發部經理審批。

第三章 包裝生產管理

第7條 內部生產。

包裝生產由生產部負責。生產計劃主管應做好包裝的生產計劃,盡量做到與產品生產同步。

第8條 委外加工。

產品包裝中如需要委外加工,則應遵循以下程序。

1. 委託加工的決定、變更和終止,須由生產部將目的、原因、規格、計劃數量、預算等以書面形式呈生產總監核准後,轉呈總經理決定。
2. 總經理審批後,轉採購部聯絡洽詢合作廠商。
3. 採購部代表公司與合作廠商簽訂委外加工協議。
4. 委外加工完畢後,由品管部對加工成品或半成品進行驗收,交倉儲部保管。

第四章 包裝操作管理

第9條 實施產品包裝作業。

1. 包裝材料準備完成後,包裝工廠在生產部的管控下,進行產品包裝工作。
2. 裝配人員應嚴格按照包裝作業指導書進行包裝作業。

第10條 包裝作業注意事項。

1. 產品進行包裝前應經防潮、防黴、防鏽、乾燥、清潔等處理。
2. 發現不符合品質要求的包裝物應予以剔除。
3. 清點產品的合格證、說明書等資料,不得缺少。

表 5-7(續)

第11條 包裝產品檢驗。

1. 包裝過程按相應規定實施自檢、互檢和專職檢驗員檢驗，並填寫相應的包裝記錄。

2. 品管部對產品包裝品質按相應標準實施抽樣檢驗。

3. 包裝後的成品需經品管部檢驗人員簽字驗收後才可辦理入庫手續。

第五章 包裝費用管理

第12條 包裝費用預算。

行銷部根據生產計劃、包裝製品價格等資料，預先對計劃期內各項包裝費用的水準及其降低的程度進行規定。它是對包裝活動進行指導、監督、控制、考核和評價的重要依據。

第13條 包裝費用控制。

行銷部透過監督和及時修正偏差，使各種包裝費用的支出都合理地控制在包裝費用計劃的範圍內。

第14條 包裝費用分析。

行銷部應對公司包裝費用形成情況進行分析與評價，從而在保質保量的前提下，尋找進一步降低包裝費用的方向和途徑。

第六章 附則

第13條 本制度由行銷部制定、解釋與修訂。

第14條 本制度自頒布之日起執行。

編制日期		審核日期		批准日期	
修改標記		修改處數		修改日期	

5.4.6 產品上市管理制度

產品上市管理制度如表 5-8 所示：

表 5-8 產品上市管理制度

制度名稱	產品上市管理制度		編號	
執行部門		監督部門	編修部門	

第一章 總則

第1條 目的。

為規範產品上市各階段工作，保證新產品順利上市並有良好的市場業績，提高公司的經濟效益和管理水準，特制定本制度。

第2條 適用範圍。

本制度適用於本公司新產品上市的準備、推廣、評估、變更等工作。

第二章 產品上市前的準備工作管理

第3條 市場調查。

1. 新產品上市前，行銷部需做好市場調查工作，調查內容主要包括以下五個方面。

(1) 宏觀環境的調查，如相關政策、當地人口、經濟、地域分布情況等。

(2) 市場環境分析，如市場對該產品的需求狀況如何、市場上同類產品的銷售狀況、品牌狀況等資訊。

(3) 客戶的調查，包括客戶的需求和期望、購買能力、消費心理、習慣及行為。

(4) 競爭對手的調查，如競爭對手同類產品的銷售情況、推廣通路、售後服務情況等。

(5) 媒體的調查，如電視、報紙、戶外、網路以及其他的媒體的分布特徵、同類產品的媒體組合策略、目標受眾接受媒體資訊的特點等。

2. 市場調查後，行銷部市場調查人員應對調查資料進行整理與分析，並對產品上市後的市場銷售情況、顧客滿意度、顧客忠誠度、市場前景等進

表5-8(續)

行預測和規劃。

　　第4條　制訂產品上市推廣計劃。

　　產品上市前，行銷部應根據相關資料分析和市場前景預測擬定產品的上市推廣計畫，其具體內容應包括如下四個方面。

　　1. 選定推廣物件。

　　2. 確定推廣宣傳的媒體。本公司可選擇的宣傳推廣媒體主要有以下四種。

　　(1) 電視台投放廣告。

　　(2) 網路投放廣告。

　　(3) 戶外廣告。

　　(4) 召開代理商商品說明會及訂貨會。

　　3. 新產品樣品的選擇、確定與分配。

　　4. 新產品推廣階段劃分及投入產出目標等。

　　第5條　撰寫產品上市推廣策劃案。

　　行銷部應在產品上市推廣實施前撰寫新產品上市推廣策劃案，該策劃案應包括產品策略、廣告策略、促銷策劃、事件行銷等內容。產品上市推廣策劃案撰寫資料主要來源於以下四個方面：

　　1. 市場調查報告。

　　2. 其他部門搜集的產品、通路、市場與競爭者的相關資訊情報等。

　　3. 廣告公司提供的廣告宣傳創意點，以及整體年度預算的廣告提案。

　　4. 相關部門及廠商提供的產品技術與原材料來源資訊等。

第三章　新產品上市管理

　　第6條　產品上市推廣。

　　為了做好產品推廣工作，提高產品的知名度和銷售額，行銷部應積極展開以下兩個方面的推廣活動：

　　1. 召開新聞發布會，向有關媒體發布關於產品上市的消息。

　　2. 按照產品上市推廣策劃方案實施產品的鋪貨、促銷工作。具體應開展以下工作：

　　(1) 以巡迴的方式造訪各地，與當地老客戶保持聯繫。

表5-8(續)

(2) 不間斷地以小組名義和個人名義拜訪客戶、郵寄掛曆、發賀年卡、寄信等，與客戶保持廣泛而經常性的聯繫。

(3) 定期或不定期開展或參與各種推廣活動，如展示會、博覽會、交易會、展銷會等。

(4) 做好銷售點櫥窗展示工作，，具體包括以下四個方面的內容：

1負責櫥窗展示人員的教育。

2選好櫥窗展示的商品。

3對櫥窗展示的費用進行預算。

4觀察顧客在商場、超市、專賣店裡的行走路線及在櫥窗前的停留時間，對櫥窗的設計、位置規劃進行調整。

第7條 產品上市工作評估。

1. 行銷部應對新產品上市工作的推行情況、新產品上市銷售情況等進行總結，並呈報行銷總監。

2. 行銷總監需要根據行銷部提交的總結報告，結合自身所掌握的數據資料，從下列五個方面對新產品上市工作進行評估。

(1) 新產品賣點是否鮮明、獨樹一幟。

(2) 新產品上市的經費投入是否充分，是否專款專用。

(3) 新產品上市前的資料收集是否全面，市場調查工作執行地是否徹底。

(4) 新產品上市宣傳的媒體選擇是否合適。

(5) 新產品的銷售情況是否達到預期的效果等。

第8條 產品上市工作調整。

行銷總監根據產品上市評估情況，對產品上市工作進行嚴格把控，並根據評估報告及時作出調整，確保上市工作有序、有目標開展，具體應依照以下要求進行調整。

1. 新產品在前期市場投放後，如果市場反映效果不錯，就要加大對新產品的投入力度，推動產品儘快走向成熟，降低產品的費用率；如果市場反應不佳，就應及時調查原因，有針對性地調整推廣方式，如加大媒體投放量、調整促銷策略等。

2. 如果新產品上市後銷量穩步增長，就要對該產品細分規格，形成多

表5-8(續)

規格、多品種的產品群,促進產品的發展。

第四章 附則

第9條 本制度由行銷部制定,經公司總經理審批後執行。

第10條 本制度自發布之日起生效。

編制日期		審核日期		批准日期	
修改標記		修改處數		修改日期	

第 6 章 產品價格管理業務·流程·標準·制度

6.1 產品價格管理業務模型

6.1.1 產品價格管理業務工作導圖

　　產品價格管理是指對產品價格進行定價管理和價格調整管理的一系列業務的總稱。產品價格管理業務工作導圖的具體描述如圖 6-1 所示。

工作內容	內容說明
產品定價管理	● 依據企業的生產經營狀態、產品生產成本、產品性能、市場競爭需求狀況等對產品進行合理定價
產品調價管理	● 根據已掌握的產品銷售狀況、產品的供求狀況等適時對產品價格進行調整，以最大限度的提高企業的經營效益及市場佔有率

圖 6-1 產品價格管理業務工作導圖

6.1.2 產品價格管理主要工作職責

產品價格管理主要包括產品定價管理和產品價格調整管理兩大工作事項。企業員工應當全面瞭解行銷部在產品價格管理方面的職責分工。具體說明如表 6-1 所示。

表 6-1 產品價格管理工作職責說明表

工作職責	職責具體說明
產品定價管理	1. 選擇合理的價格調查方法，客觀地收集、記錄、整理有關產品價格的相關資訊，編制價格調查報告 2. 根據市場條件、企業經營發展目標以及產品的生產成本等對產品價格進行預測和分析，並確定產品的最終價格 3. 對定價產品的市場狀況進行追蹤管理，並將各類資訊進行整理匯總後反映給相關主管及部門，以便制定相應的策略及措施等

表6-1(續)

工作職責	職責具體說明
產品調價管理	1. 對產品價格進行調查、分析，確定調價的必要性及調價幅度 2. 擬訂、上報產品價格調整方案，審批通過後組織實施 3. 對進行價格調整後的產品進行追蹤管理，確定價格調整決策的合理性等

6.2 產品價格管理流程

6.2.1 主要流程設計導圖

在設計產品價格管理的主要流程時，企業應著重從產品定價、產品調價兩方面進行整體設計，以保證價格管理水平符合產品銷售狀況等。產品價格管理主要流程設計如圖 6-2 所示。

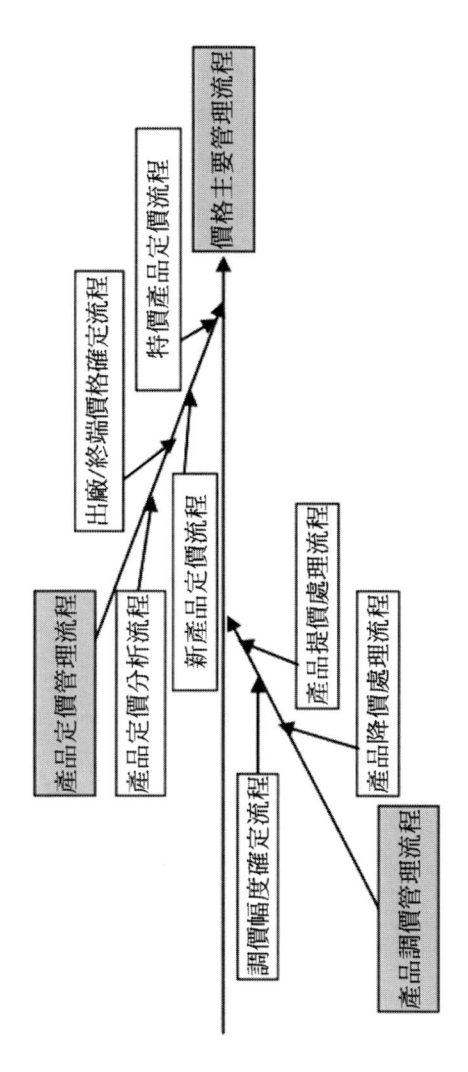

圖 6-2 產品價格管理主要流程設計導圖

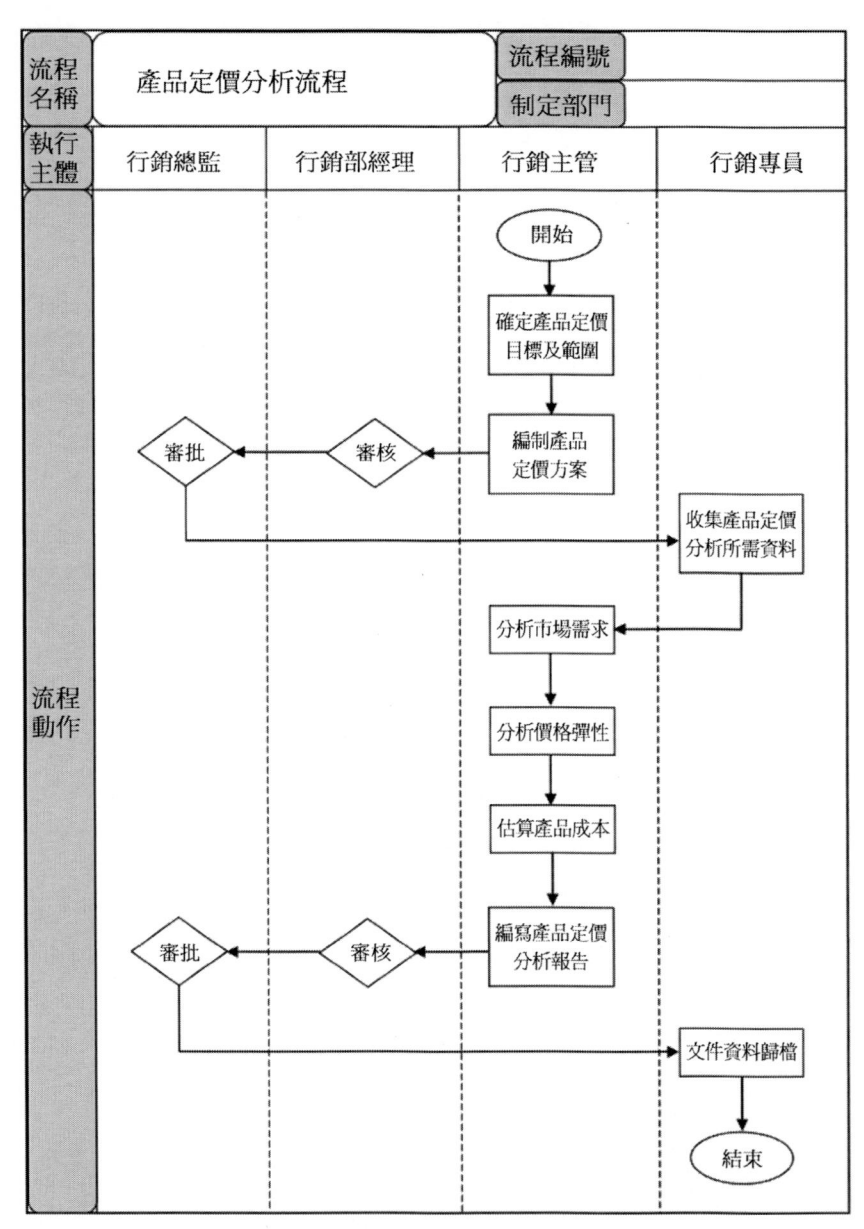

6.2.2 產品定價分析流程

產品定價分析流程如圖 6-3 所示：

流程名稱	產品定價分析流程		流程編號	
			制定部門	
執行主體	行銷總監	行銷部經理	行銷主管	行銷專員
流程動作			開始 ↓ 確定產品定價目標及範圍 ↓ 編制產品定價方案 ← 審核 ← 審批 ↓ 收集產品定價分析所需資料 ↓ 分析市場需求 ↓ 分析價格彈性 ↓ 估算產品成本 ↓ 編寫產品定價分析報告 ← 審核 ← 審批 ↓ 文件資料歸檔 ↓ 結束	

圖 6-3 產品定價分析流程

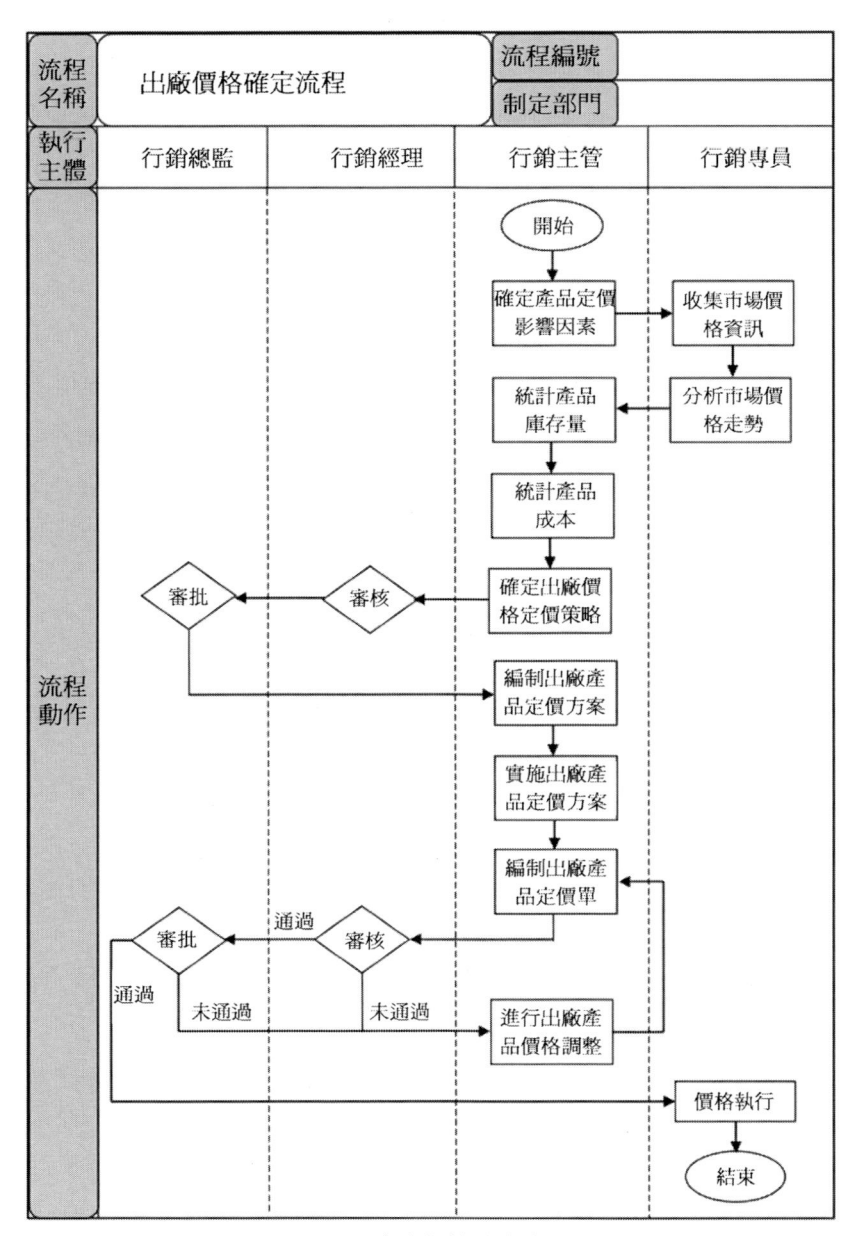

6.2.3 出廠價格確定流程

出廠價格確定流程如圖 6-4 所示：

圖 6-4 出廠價格確定流程

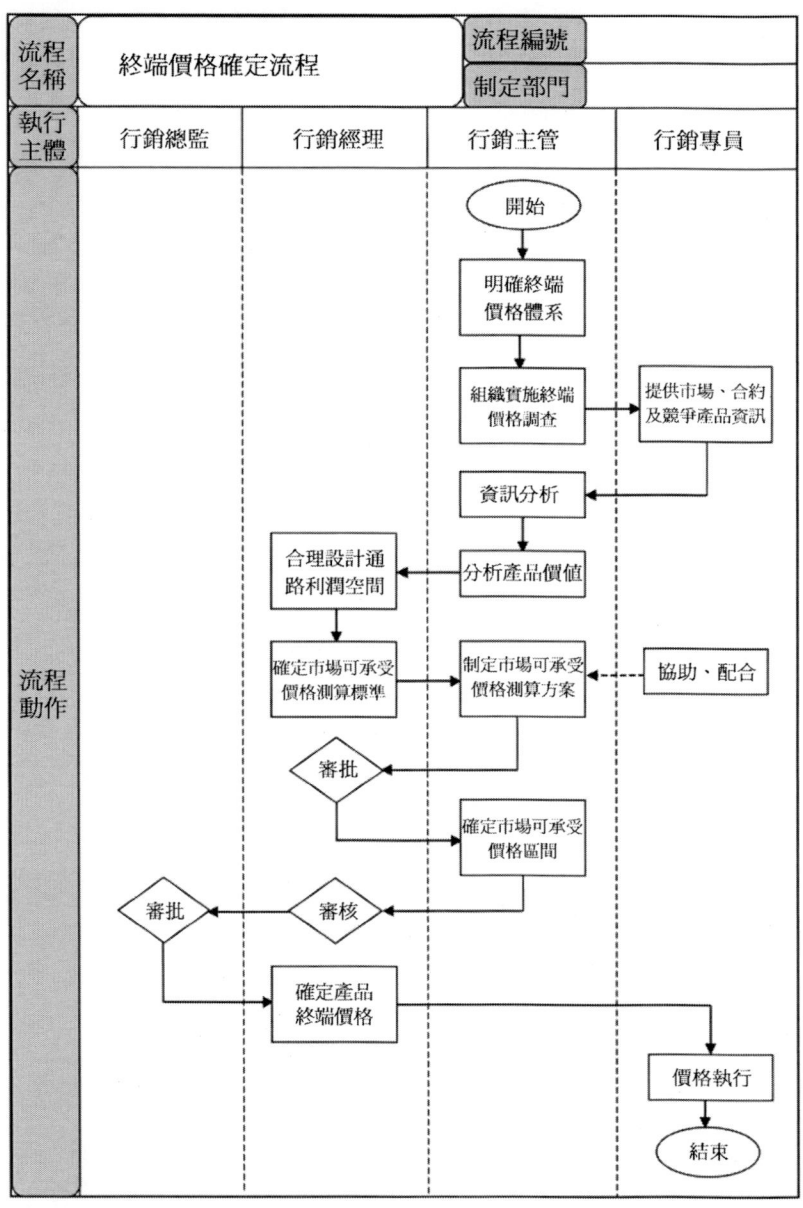

6.2.4 終端價格確定流程

終端價格確定流程如圖 6-5 所示：

流程名稱	終端價格確定流程		流程編號	
			制定部門	
執行主體	行銷總監	行銷經理	行銷主管	行銷專員
流程動作			開始 → 明確終端價格體系 → 組織實施終端價格調查 → 資訊分析 → 分析產品價值 → 制定市場可承受價格測算方案 → 審批 → 確定市場可承受價格區間	提供市場、合約及競爭產品資訊
	審批	合理設計通路利潤空間 → 確定市場可承受價格測算標準 → 審核 → 確定產品終端價格		協助、配合 → 價格執行 → 結束

圖 6-5 終端價格確定流程

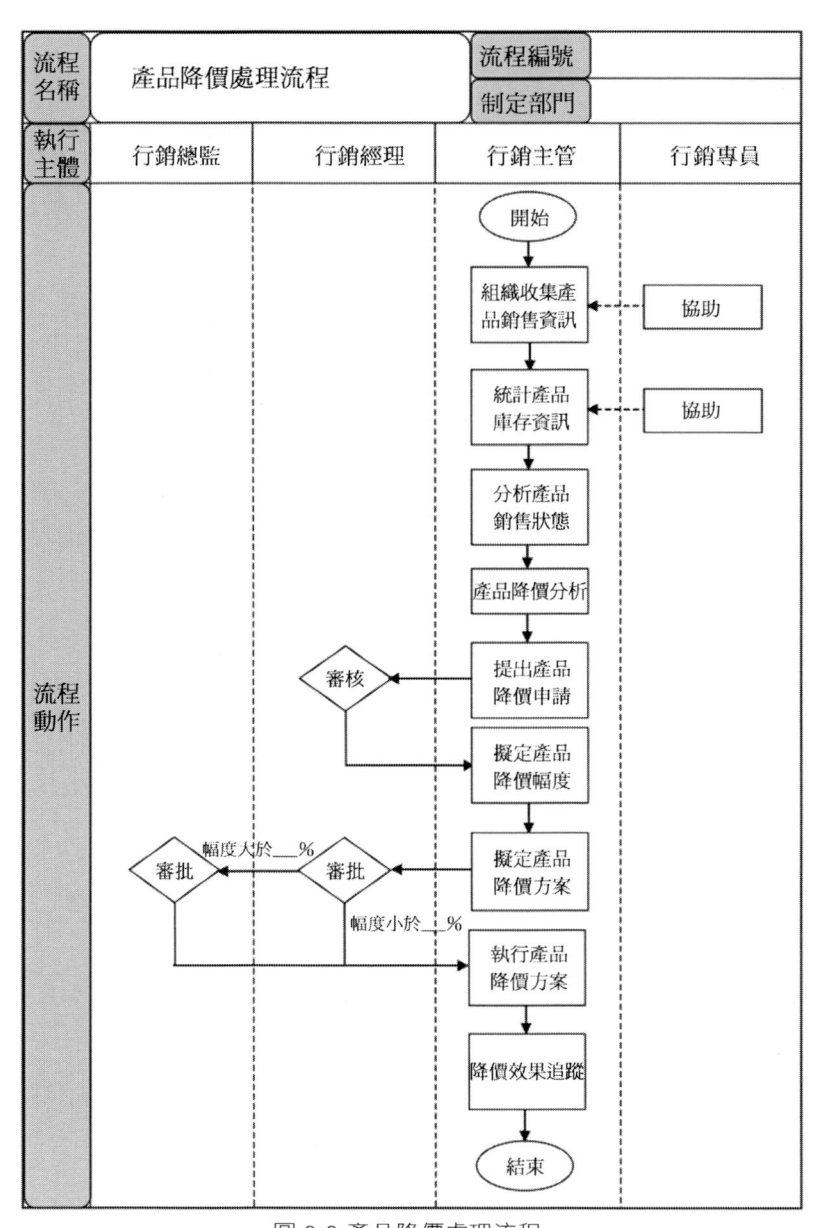

6.2.5 產品降價處理流程

產品降價處理流程如圖 6-6 所示：

流程名稱	產品降價處理流程		流程編號	
			制定部門	
執行主體	行銷總監	行銷經理	行銷主管	行銷專員
流程動作			開始 → 組織收集產品銷售資訊 → 統計產品庫存資訊 → 分析產品銷售狀態 → 產品降價分析 → 提出產品降價申請 →（審核）→ 擬定產品降價幅度 →（審批：幅度大於__%／幅度小於__%）→ 擬定產品降價方案 → 執行產品降價方案 → 降價效果追蹤 → 結束	協助／協助

圖 6-6 產品降價處理流程

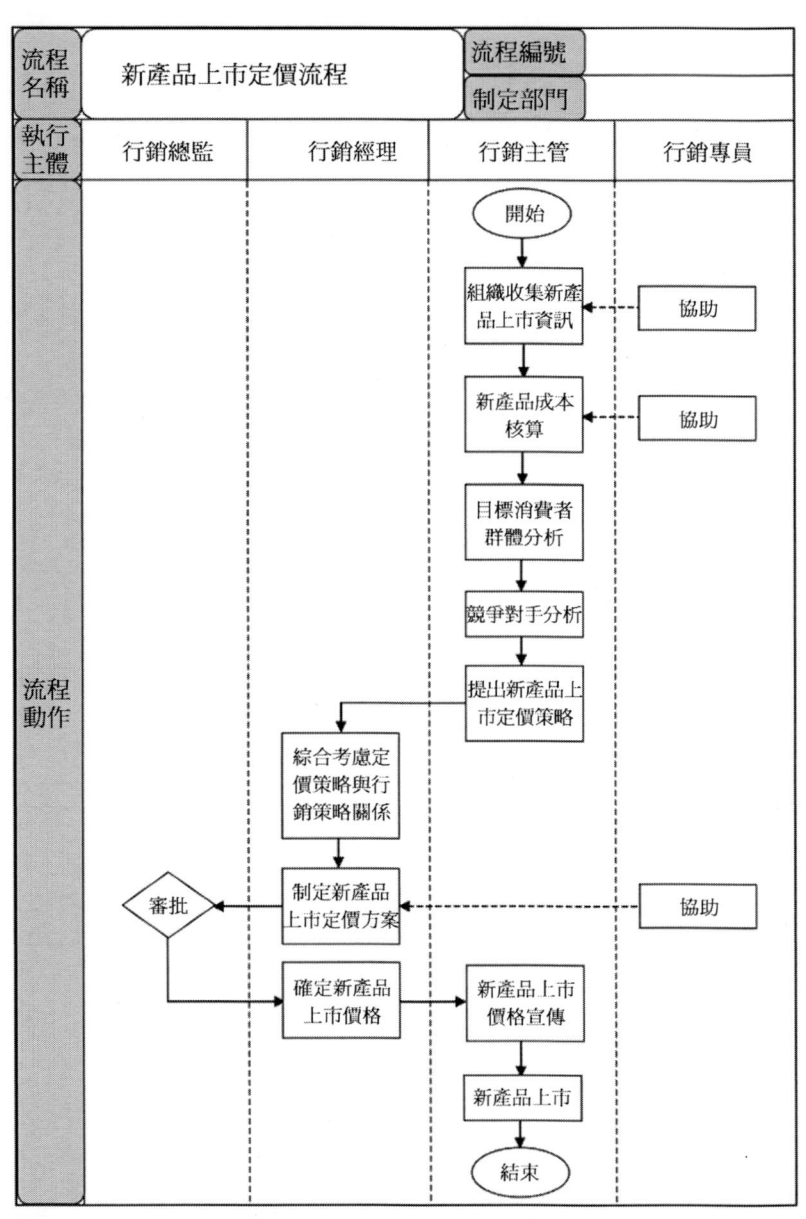

6.2.6 新產品上市定價流程

新產品上市定價流程如圖 6-7 所示：

流程名稱	新產品上市定價流程		流程編號	
			制定部門	
執行主體	行銷總監	行銷經理	行銷主管	行銷專員
流程動作			開始 → 組織收集新產品上市資訊 → 新產品成本核算 → 目標消費者群體分析 → 競爭對手分析 → 提出新產品上市定價策略	協助 協助
	審批	綜合考慮定價策略與行銷策略關係 → 制定新產品上市定價方案		協助
		確定新產品上市價格	新產品上市價格宣傳 → 新產品上市 → 結束	

圖 6-7 新產品上市定價流程

6.3 產品價格管理標準

6.3.1 產品價格管理業務工作標準

為了更好地完成各項價格管理工作,企業應從產品價格調查、價格預測與分析、產品定價、價格調整管理等方面制定工作標準。在設計工作標準時,企業可參照表 6-2 所示的工作標準進行合理設計。

表 6-2 產品價格管理業務工作標準

工作事項	工作依據與規範	工作成果或目標
產品定價管理	● 產品市場調查分析報告、產品價格調查資料、產品價格分析預測報告、產品生產成本分析報告、產品市場需求狀況調查報告 ●產品定價分析流程、產品定價管理制度	(1) 產品價格分析報告編制及時率達100% (2) 產品定價及時率達100% (3) 價格動態監測率達＿＿% (4) 產品價格追蹤資訊回饋及時率達100%
產品調價管理	●產品價格動態變化統計資料、產品市場佔有率、產品價格調整追蹤報告 ●產品價格調整管理流程、產品價格調整管理制度	(1)產品價格調整及時率達100% (2)產品價格調整追蹤率達＿＿%

6.3.2 產品價格管理業務績效標準

為了提高企業產品價格管理水平,企業應對產品價格管理業務進行績效考核。在設計績效考核標準時,企業可參照表 6-3 所示的內容,從產品定價管理、產品調價管理等方面進行設計。

表 6-3 產品價格管理業務績效標準

工作事項	評估指標	評估標準
產品定價管理	產品價格分析率	1. 產品價格分析率 = $\dfrac{\text{進行價格分析的產品品種數}}{\text{企業產品品種總數}} \times 100\%$ 2. 產品價格分析率應達到___%，每降低___%，扣___分；低於___%，本項不得分
	產品終端價格確定及時率	1. 產品終端價格確定及時率 = $\dfrac{\text{產品終端價格及時確定的次數}}{\text{產品終端價格確定的次數}} \times 100\%$ 2. 產品終端價格確定及時率應達到___%，每降低___%，扣___分；低於___%，本項不得分
	產品定價及時率	1. 產品定價及時率 = $\dfrac{\text{產品定價及時的次數}}{\text{產品定價的總次數}} \times 100\%$ 2. 2. 產品定價及時率應達到___%，每降低___%，扣___分；低於___%，本項不得分
	產品價格追蹤次數	每月產品價格追蹤次數應達到___次以上，每降低___次，扣___分；低於___次，本項不得分
產品調價管理	產品價格調整決策及時率	1. 產品價格調整決策及時率 = $\dfrac{\text{產品價格調整決策及時的次數}}{\text{產品價格調整決策的次數}} \times 100\%$ 2. 產品價格調整決策及時率應達到___%，每降低___%，扣___分；低於___%，本項不得分
	單位價格調整成本	1. 單位價格調整成本是指產品價格調整過程中產品費用的算數平均數 2. 單位價格調整成本應低於___元；每增加___元，扣___分，高於___元，本項不得分

6.4 產品價格管理制度

6.4.1 制度解決問題導圖

為了確保產品定價科學化，符合市場規律及產品定位，企業應建立健全價格管理各項工作制度。具體來說，企業設計價格管理制度，可解決如圖 6-8 所示的三大問題。

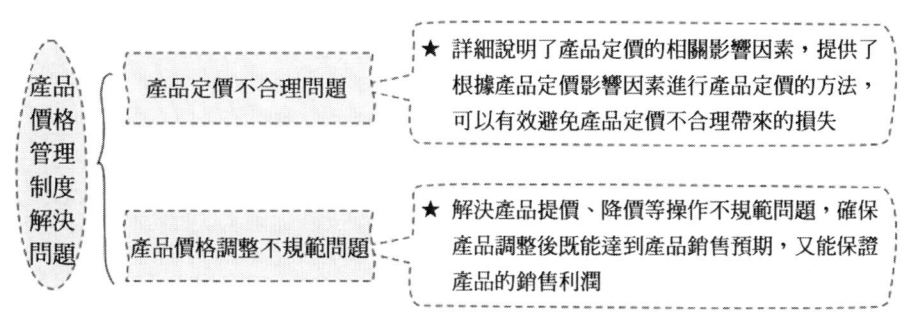

產品價格管理制度解決問題：
- 產品定價不合理問題 ★ 詳細說明了產品定價的相關影響因素，提供了根據產品定價影響因素進行產品定價的方法，可以有效避免產品定價不合理帶來的損失
- 產品價格調整不規範問題 ★ 解決產品提價、降價等操作不規範問題，確保產品調整後既能達到產品銷售預期，又能保證產品的銷售利潤

圖 6-8 產品價格管理制度解決問題導圖

6.4.2 產品定價管理制度

產品定價管理制度如表 6-4 所示：

表 6-4 產品定價管理制度

制度名稱	產品定價管理制度		編號	
執行部門		監督部門	編修部門	

第一章 總則

第1條 目的。

為了加強產品定價管理，使產品定價科學化、合理化，促進產品經營市場健康發展，特制定本制度。

第2條 適用範圍。

本制度適用於公司產品定價管理的相關工作，包括產品價格調查、產品

價格分析與預測、產品價格確定等。

第二章 產品定價的影響因素分析

第3條 公司整體行銷目標分析。

與產品定價有關的行銷目標有：維持公司生存，爭取目標利潤的最大化，保持和擴大產品的市場佔有率等。透過對行銷目標的分析，可確定定價策略與定價技巧。

第4條 產品成本分析。

產品成本是產品價格的最低限度。在分析這一因素時，公司應對產品的原材料費用、加工費用、運輸費用、儲存費用等進行綜合計算，以確定產品的最終成本。

第5條 產品組合策略分析。

在分析這一影響因素時，公司應將產品定價策略與產品的整體設計、銷售和促銷決策以及相關產品的銷售促銷決策等進行整體分析，形成一個協調的產品定價組合。

第6條 市場需求分析。

市場需求決定產品的最高價格。在進行市場需求分析時，公司應首先做好市場需求調查工作，透過分析調查資料確定產品的市場需求量等，從而為產品定價確定最高標準。

第7條 競爭因素分析。

在分析競爭因素時，公司應對市場上主要競爭對手產品價格進行調查與分析，確認本公司產品的主要優劣勢，以便參照競爭對手的產品價格制定本公司產品的價格。

第三章 產品定價的方法

第8條 成本導向定價法。

1.成本導向定價法是根據產品成本和公司合理的利潤水準來訂定產品價格的定價法。

表6-4(續)

2. 基本計算公式為：價格＝固定成本＋變動成本＋毛利。

3. 一般來說，當需求旺盛時，需保持一定的利潤水準，並適當降低客戶購買費用，可運用該方法。

第9條 需求導向定價法。

1. 需求導向定價法是根據市場需求狀況和消費者對產品的依賴程度來確定價格的定價方法，以該方法確定的價格比較有彈性。

2. 一般來說，當競爭加劇，需求降低，產品定位需強化時，可運用該方法。

第10條 競爭導向定價法。

1. 競爭導向定價法是公司透過研究競爭對手的生產條件、服務狀況、價格水準等因素，依據自身的競爭實力，參考成本和供需狀況來確定產品價格的方法。

2. 採用該方法時，應避免惡性降價競爭。

第四章 產品定價的程序

第11條 產品價格調查。

市場調查人員負責對產品市場進行調研，收集市場資訊、競爭對手相同或類似產品資訊、客戶需求資訊等，並將上述資訊交與行銷主管。

第12條 定價分析預測。

行銷主管根據產品定價的影響因素和本公司產品的特點，對市場調查資料進行統計分析，對銷售進行預測，從而制定產品定價的幾種方案，交由行銷部經理進行審核。

第13條 選擇定價方案。

行銷部經理組織公司市場、採購、財務等部門主管及以上人員對各定價方案進行評審，並選擇最佳定價方案，交由公司總經理進行審批。

第14條 確定產品價格。

公司總經理對定價方案進行審批，確定產品價格。

第15條 產品價格審批與執行。

產品價格確定後，行銷主管將確定後的價格告知財務人員和市場人員，

表6-4(續)

並組織各部門共同執行。					
第五章 附則					
第16條 本制度由行銷部制定,經總經理審批後執行。					
第17條 本制度自頒布之日起生效。					
編制日期		審核日期		批准日期	
修改標記		修改處數		修改日期	

6.4.3 價格調整管理制度

價格調整管理制度如表 6-5 所示：

表 6-5 價格調整管理制度

制度名稱	價格調整管理制度		編號	
執行部門		監督部門	編修部門	
第一章 總則				
第1條 目的。 為規範公司產品價格管理工作,根據市場需要對產品價格進行適當調整,以保證公司產品價格具有市場競爭力,使公司得到最大的經濟效益,特制定本制度。 第2條 適用範圍。 本制度適用於對公司產品進行調價的管理工作,包括選擇調價時機、提出調價申請、擬定調價方案等。 第3條 職責劃分。 1. 總經理負責提出調價的改進意見和建議,並審批確定調價方案。 2. 行銷部負責進行產品價格的市場調查,並詳細提供產品銷售的資料及競爭對手的產品銷售資料,為價格調整提供依據。 3. 財務部與行銷部共同參與產品調價的研究、測算及調價方案的編寫等。				

表6-5(續)

第二章 價格調整的方法及條件

第4條 價格調整方法。

　　價格調整的方法有兩種,即提高價格和降低價格,行銷部在選擇具體方法時應根據產品價格實際情況進行選擇。

第5條 價格調整條件。

價格調整時,行銷部必須保證產品價格符合以下條件之一或者組合。具體條件說明如下表所示。

價格調整條件說明表

價格調整條件	條件說明
成本上升或下降	(1) 原材料成本上升或下降時　(2) 人工成本上升或下降時
市場供需變化	(1) 供不應求,價格上調　　(2) 供大於求,價格下調
有新的競爭對手進入時	(1) 低端產品價格下調,以便於競爭 (2) 高端產品根據實際情況,可上調也可下調
銷售季節變化時	(1) 進入銷售旺季,產品價格應稍微上調 (2) 進入銷售淡季,產品價格應稍微下調 (3) 節假日產品熱銷,可上調也可下調
新的技術應用時	(1) 老產品價格應下調 (2) 應用新技術的新產品價格應上調
政策或外部環境發生變化時	(1) 政府政策會波及到企業產品時 (2) 國際市場發生變化時 (3) 某類事件突發時
銷售策略變化時	(1) 為了迅速回籠資金 (2) 為了讓利於經銷商、代理商和零售商 (3) 為了推出新產品
區域因素	(1) 某一區域特別暢銷或者滯銷時 (2) 某一區域消費群體的經濟收入稍高或稍低時 (3) 某一區域消費者對本產品已形成嗜好時
生產和經營原因	(1) 生產供不應求時,可以提高產品價格 (2) 經營地點或銷售通路無法在短時間擴大,而消費者需求增大時,也可以考慮提價

表6-5(續)

第三章 價格調整的實施程序

第6條 價格調整調查。

行銷部定期追蹤產品的銷售狀況,並對產品價格進行市場調研,詳細記錄關於產品價格的銷售資料及競爭對手的產品價格銷售資料,為價格調整提供依據。

第7條 價格調整分析。

行銷部對市場調查所得資料進行整理與匯總,分析公司是否需要進行價格調整等。如需要進行價格調整,行銷部應提交「產品價格調整申請」,如不需要調整,行銷部應繼續對市場狀況進行監察。

第8條 提交產品價格調整申請。

1. 行銷部根據市場狀況,提出產品價格調整申請,並將「產品價格調整申請」「市場產品價格調查報告」提交總經理審批。

2. 產品調價申請審批通過後,行銷部負責具體的產品調價推動工作。

第9條 確定價格調整幅度。

1. 行銷部對需調價的產品的市場狀況、同類產品價格、銷售情況作出綜合分析,提出價格調整的建議區間。

2. 財務部應負責分析各項銷售財務資料,並協助行銷部擬訂調價幅度。

3. 訂定產品價格調整幅度應主要參照以下五種方法。

(1) 地域性產品調價的幅度應根據當地的行銷資料訂定。

(2) 競爭產品的調價幅度應根據競爭對手的價格策略制定。

(3) 因產品成本原因進行調價,調價的幅度應根據同業標準和成本上漲的幅度訂定。

(4) 因突發事件進行價格調整,調整的幅度大小要考慮到產品的供給數量。

(5) 當推出新產品準備取代舊產品時,對產品調價的幅度要考慮到新舊產品的差異性。

第10條 擬訂產品價格調整方案。

價格調整幅度確定後,行銷部應編制「產品價格調價方案」,報總經理審批後執行。在擬訂調價方案時,行銷部應綜合考慮以下五種情況:

1. 新價格區間的銷量敏感性分析預測。

表6-5(續)

2. 產品調價後競爭對手產品的價格反應及市場銷量預測。
3. 產品調價後的行銷策略。
4. 產品調價後的未來調價空間。
5. 公司現有產品的市場組合。

第11條 執行調整後價格。

「產品價格調整方案」審批通過後，行銷部應具體執行調整後的產品價格，並對價格調整過後的產品市場反應進行監測，以做好下一次價格調整的準備工作。

第四章 產品連續調價管理

第12條 產品連續提價。

1. 如果某一類產品在一定的地域內已經成為大眾消費者的共同消費品，且產品在第一次提價後仍不影響銷量，行銷部可以申請二次提價。
2. 二次提價的幅度應該根據第一次提價的具體行銷資料確定，同時要考慮到市場和行銷環境的變化以及競爭對手進入的情況。
3. 產品在二次提價後，行銷部應時刻關注銷售的變化，以便及時調整策略。

第13條 產品連續降價。

1. 如果產品第一次降價後，對需求的拉動不大，行銷部應考慮二次降價或與其他的產品做組合銷售，以達到變相調價的目的。
2. 如果產品繼續降價，行銷部需要根據第一次降價後的銷售資料決定降價的幅度。

第五章 附則

第14條 本制度由行銷部負責制定和修改，經總經理審批後執行。
第15條 本制度自頒布之日起生效。

編制日期		審核日期		批准日期	
修改標記		修改處數		修改日期	

6.4.4 促銷價格管理制度

促銷價格管理制度如表 6-6 所示：

表 6-6 促銷價格管理制度

制度名稱	促銷價格管理制度		編號	
執行部門		監督部門	編修部門	

第1條 目的。

為了更好地對產品促銷價格進行管理，提高公司促銷活動的銷售額及利潤，充分調動客戶的購買欲望，特制定本制度。

第2條 適用範圍。

本制度適用於促銷價格管理的相關工作，主要包括促銷估價、促銷定價管理等。

第3條 管理職責。

在促銷價格管理活動中，公司各部門的主要職責如下所示。

促銷價格管理職責說明表

部門	管理職責
總經理	對產品的促銷價格進行最終決策，並監督促銷價格的執行
行銷部	進行產品促銷調查，為促銷價格的確定及管理提供基礎性依據
財務部	提供公司財務狀況資訊，確定公司是否具有承擔利益損失的能力等
生產部	提供產品的生產成本資訊及產品的性能優勢等，為促銷價格制定提供基礎性依據

第4條 術語解釋。

促銷價格是公司暫時地將其產品價格定得低於目錄價格，有時甚至低於成本，從而達到促進銷售的目的。

第5條 促銷分析。

行銷部應隨時對產品的市場銷售情況進行監控，並定期進行產品價格分析。

表6-6(續)

  第6條　產品銷售前景預測和分析。

  透過產品分析，行銷部應對產品銷售前景進行預測和分析，並根據公司的整體行銷目標等確定是否需要進行產品促銷等。

  第7條　確定促銷範圍及數量。

  如需進行產品促銷，行銷部應確定參加促銷的產品及各產品的促銷數量等，報總經理審批。

  第8條　選擇促銷價格定價方式。

  促銷審批通過後，行銷部應根據促銷產品性能及數量等確定促銷產品價格。在確定促銷產品價格時，行銷部可採用以下四種方法確定促銷產品價格。

促銷產品價格定價方式說明表

促銷定價方式	方式說明
招徠定價	將某幾種產品的價格定得特別低，以招徠顧客前來購買正常價格的產品
特別事件定價	利用開業慶典或開業紀念日或節假日等時機，降低某些產品的價格，以吸引更多的顧客
現金回饋	在特定的時間內購買企業產品的顧客給予現金折抵，以清理存貨，減少積壓
心理折扣	在產品銷售初期給產品制定很高的價格，然後大幅度降價出售，刺激顧客購買

  第9條　產品促銷估價。

  1. 選擇促銷價格定價方式後，行銷部應組織對促銷產品進行促銷估價。

  2. 在進行促銷估價時，財務部應提供公司的財務狀況資訊，確認使用某一促銷價格時，公司是否有能力承擔相應的利益損失等。

  3. 生產部負責向行銷部提供產品的生產成本資訊等，說明促銷產品的主要性能及優勢等，為行銷部對產品進行促銷估價提供依據。

  第10條　促銷價格的確定。

  1. 促銷估價工作結束後，行銷部應綜合各部門的意見以及公司財務能力等，確定促銷產品的促銷價格，編制估價單交由公司總經理審批。

  2. 公司總經理根據公司的生產經營銷售狀況等組織各部門對促銷價格

表6-6(續)

> 進行討論和分析,確定產品的最終促銷價格。
>   3. 最終促銷價格確定後,行銷部負責對最終價格進行執行。在促銷價格的執行中,行銷部應收集客戶對價格的滿意度及相關意見等,以改進促銷價格制定管理工作。
>   第11條 本制度由行銷部負責制定和修改,經總經理審批後執行。
>   第12條 本制度自頒布之日起生效。

編制日期		審核日期		批准日期	
修改標記		修改處數		修改日期	

第 7 章 產品促銷管理業務·流程·標準·制度

7.1 產品促銷管理業務模型

7.1.1 產品促銷管理業務工作導圖

通常來說，企業的產品促銷管理業務主要包括促銷計劃管理、促銷活動管理、促銷效果評估管理、促銷成本管理、促銷人員管理等業務。產品促銷管理業務的工作導圖如下圖 7-1 所示。

工作內容	內容說明
促銷計劃管理	● 依據歷年促銷業績、本年度促銷目標以及促銷預算、產品庫存狀況等進行制訂
促銷活動管理	● 根據促銷計畫制定促銷活動方案，並按照方案開展各項促銷活動，同時對促銷活動現場進行監督和控制
促銷效果評估管理	● 根據促銷活動的展開情況及主要業績等對促銷活動效果進行評估，以進一步改進促銷工作
促銷成本管理	● 對促銷活動產生的各項成本費用進行合理控制，以降低單位產品的促銷成本，提高企業的促銷收益
促銷人員管理	● 對促銷人員、臨促人員進行培訓與考核，以提高促銷團隊的工作能力及工作業績等

圖 7-1 產品促銷管理業務工作導圖

7.1.2 產品促銷管理主要工作職責

產品促銷管理是行銷部在銷售環節需要重點控制的事項之一。行銷部可參照表 7-1 所示的職責說明加強對產品促銷工作及產品促銷人員的管理，以確保促銷活動順利實施，在降低促銷成本的同時，順利實現企業促銷目標。

表 7-1 產品促銷管理工作職責說明表

工作職責	職責具體說明
促銷計劃管理	1. 統計分析企業內外部資訊，根據企業發展策略、促銷目標，以往各個年度及各個促銷階段的促銷業績及市場狀況，制訂各階段的產品促銷計劃，並監督執行 2. 對產品促銷市場進行追蹤監控，及時掌握促銷市場動態，以便根據促銷產品庫存狀況、企業的相關資源以及市場條件的變化等對計劃進行適時修訂與完善
促銷活動管理	1. 根據審批後的產品促銷計劃做好產品促銷活動的相關準備工作，包括制訂產品促銷方案、制定產品促銷預算、做好人員分工等 2. 對促銷活動過程進行監督和控制，隨時發現並處理產品促銷過程中存在的各類問題，以提高促銷工作的整體工作效率
促銷效果評估管理	1. 組織促銷人員、消費者等對促銷活動的效果進行評估，以確定產品促銷的整體效果 2. 定期召開促銷會議，統計企業各類產品的促銷額、促銷量，並對促銷中存在的問題進行研究討論 3. 組織討論、分析取得該促銷成果的經驗及教訓等，根據討論分析結果制定促銷活動改進措施，並根據促銷條件的變化等對促銷改進措施進行修改執行
促銷成本管理	1. 根據產品促銷預算對產品促銷成本進行監督和控制 2. 定期核算相關促銷成本費用，分析促銷活動專案的單位促銷成本，編制促銷成本分析報告，並對促銷成本控制措施提出有效建議
促銷人員管理	1. 對促銷人員及臨促人員進行產品促銷前的培訓，以提高促銷團隊的整體實力 2. 對促銷人員的工作業績進行評估，對工作業績優秀的促銷人員進行獎勵，以提高其工作的積極性，並帶動其他促銷人員的工作積極性

7.2 產品促銷管理流程

7.2.1 主要流程設計導圖

為了保證產品促銷活動的工作效率，企業應建立健全產品促銷管理工作的相關流程。在設計產品促銷管理主要流程設計時，企業可參照如圖 7-2 所示的設計導圖進行合理設計。

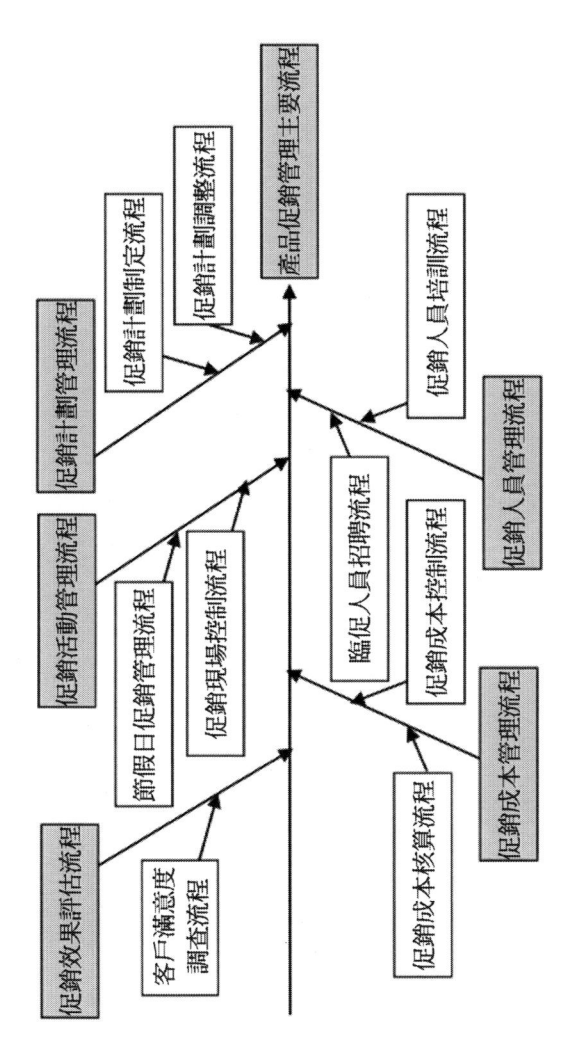

圖 7-2 產品促銷管理主要流程設計導圖

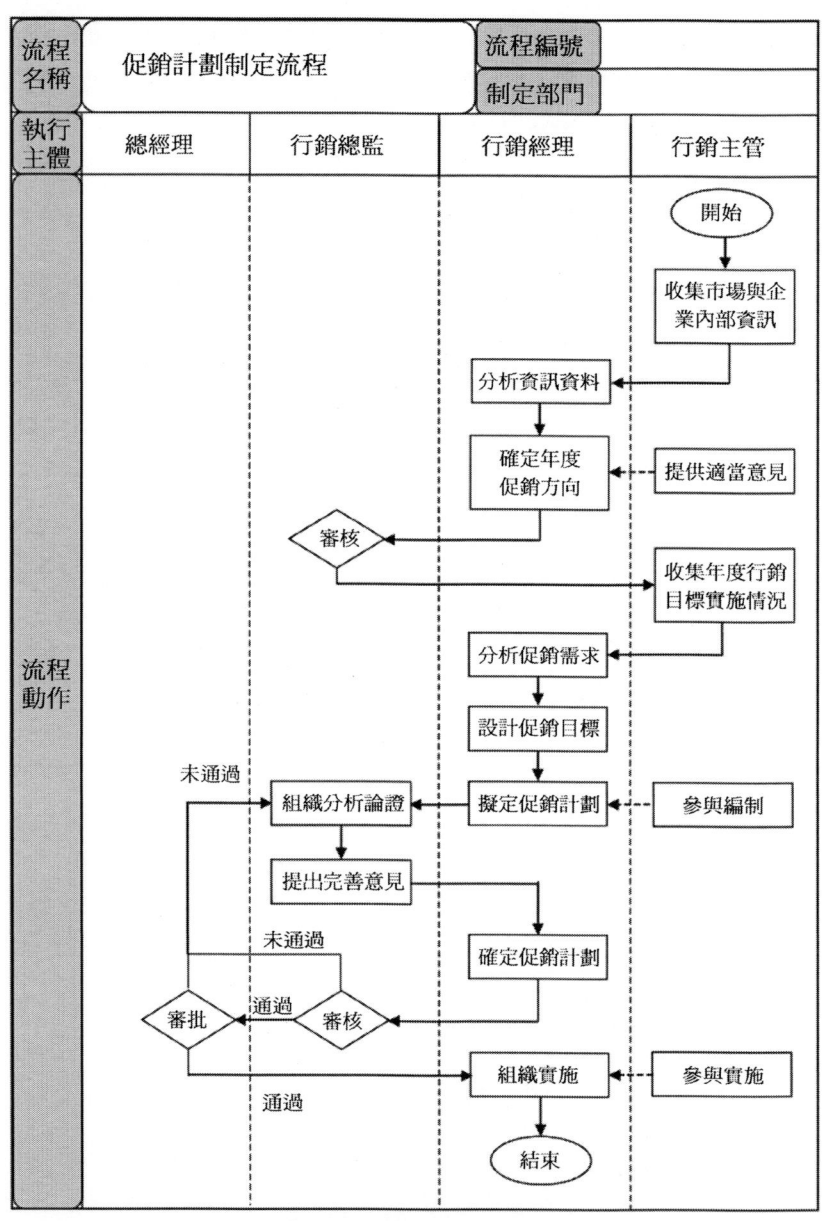

7.2.2 促銷計劃制定流程

促銷計劃制定流程如圖 7-3 所示：

流程名稱	促銷計劃制定流程		流程編號	
			制定部門	
執行主體	總經理	行銷總監	行銷經理	行銷主管

流程動作：

開始 → 收集市場與企業內部資訊 → 分析資訊資料 ← 提供適當意見 → 確定年度促銷方向 → 審核 → 收集年度行銷目標實施情況 → 分析促銷需求 → 設計促銷目標 → 擬定促銷計劃 ← 參與編制 → 組織分析論證（未通過）→ 提出完善意見 → 確定促銷計劃 → 審核（未通過／通過）→ 審批（通過）→ 組織實施 ← 參與實施 → 結束

圖 7-3 促銷計劃制定流程

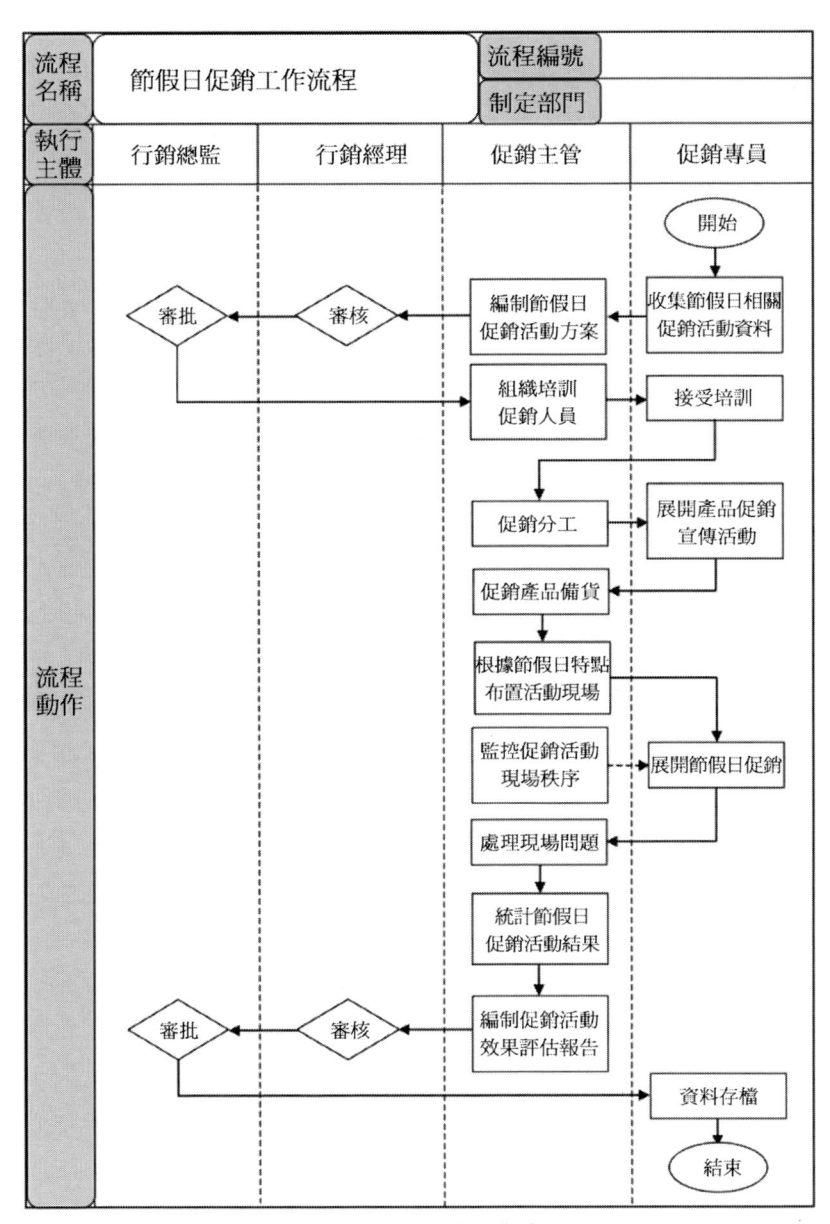

7.2.3 節假日促銷工作流程

節假日促銷工作流程如圖 7-4 所示：

圖 7-4 節假日促銷工作流程

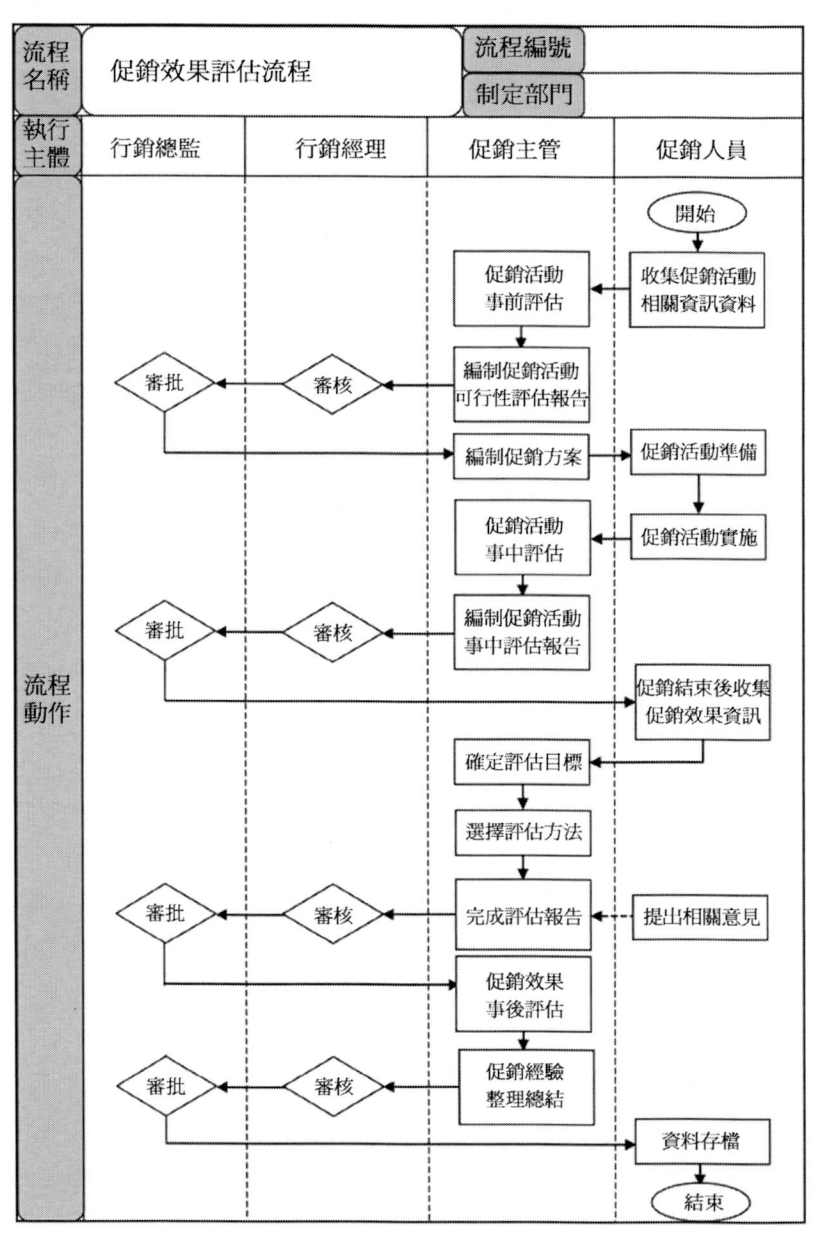

7.2.4 促銷效果評估流程

促銷效果評估流程如圖 7-5 所示：

流程名稱	促銷效果評估流程		流程編號	
			制定部門	
執行主體	行銷總監	行銷經理	促銷主管	促銷人員
流程動作				

（流程圖）

開始 → 收集促銷活動相關資訊資料 → 促銷活動事前評估 → 審核 → 審批 → 編制促銷活動可行性評估報告 → 編制促銷方案 → 促銷活動準備 → 促銷活動實施 → 促銷活動事中評估 → 編制促銷活動事中評估報告 → 審核 → 審批 → 促銷結束後收集促銷效果資訊 → 確定評估目標 → 選擇評估方法 → 完成評估報告 ← 提出相關意見 → 審核 → 審批 → 促銷效果事後評估 → 促銷經驗整理總結 → 審核 → 審批 → 資料存檔 → 結束

圖 7-5 促銷效果評估流程

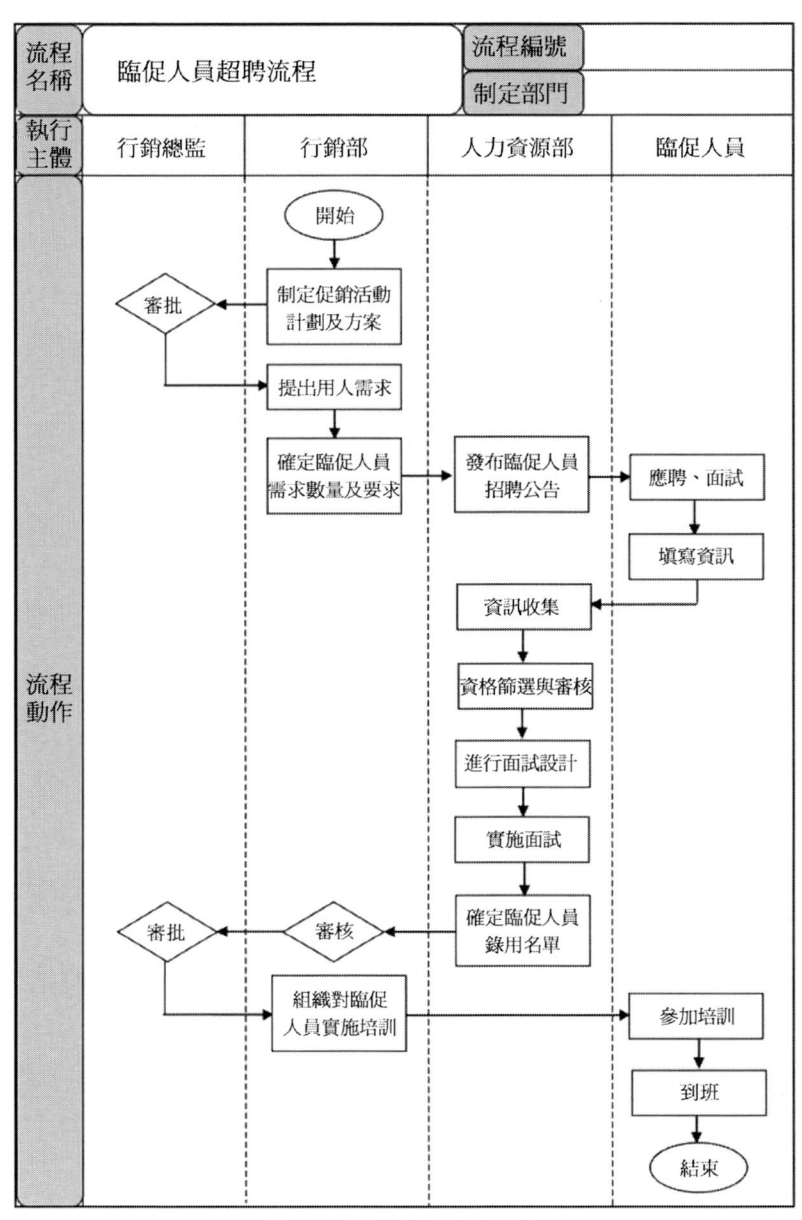

7.2.5 臨促人員招聘流程

臨促人員招聘流程如圖 7-6 所示：

流程名稱	臨促人員超聘流程		流程編號	
			制定部門	
執行主體	行銷總監	行銷部	人力資源部	臨促人員
流程動作	審批	開始 → 制定促銷活動計劃及方案 → 提出用人需求 → 確定臨促人員需求數量及要求 → 審核 → 組織對臨促人員實施培訓	發布臨促人員招聘公告 → 資訊收集 → 資格篩選與審核 → 進行面試設計 → 實施面試 → 確定臨促人員錄用名單	應聘、面試 → 填寫資訊 → 參加培訓 → 到班 → 結束

圖 7-6 臨促人員招聘流程

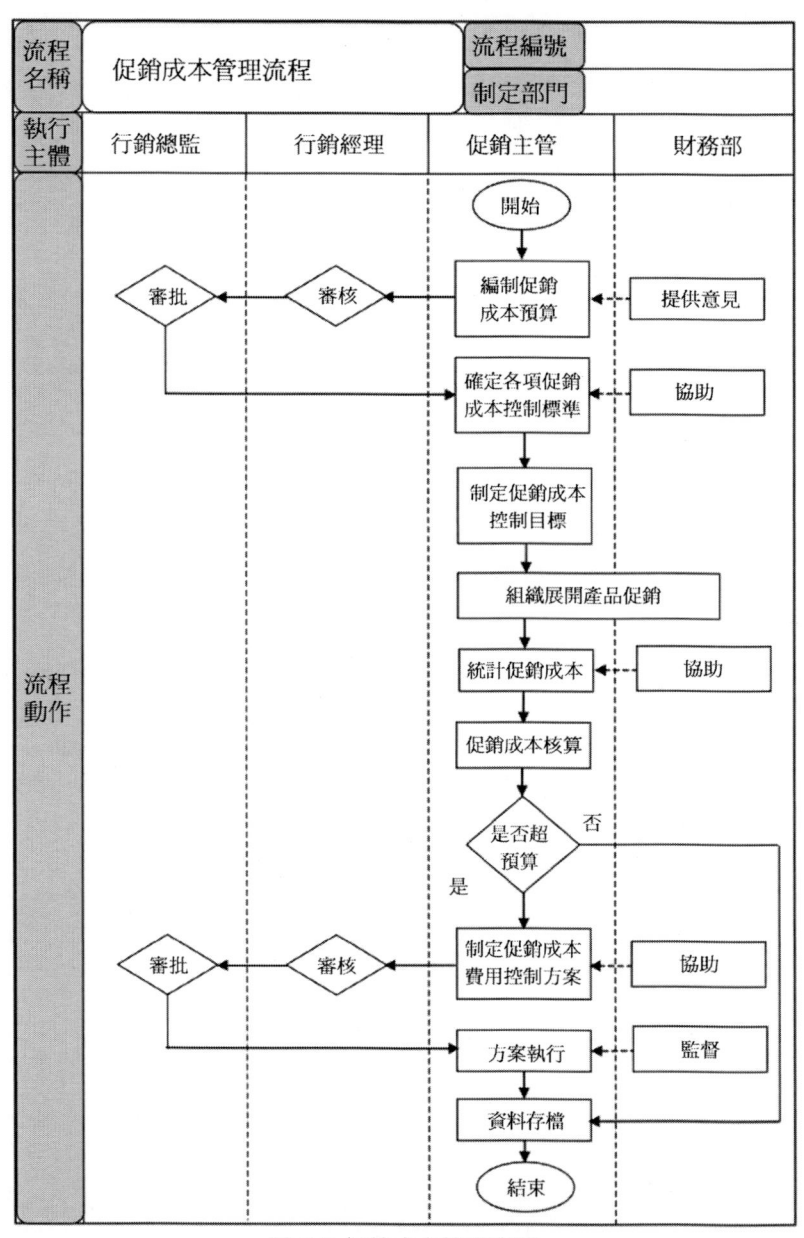

7.2.6 促銷成本管理流程

促銷成本管理流程如圖 7-7 所示：

流程名稱	促銷成本管理流程		流程編號	
			制定部門	

執行主體	行銷總監	行銷經理	促銷主管	財務部

流程動作：

開始 → 編制促銷成本預算（財務部提供意見；行銷經理審核；行銷總監審批）→ 確定各項促銷成本控制標準（財務部協助）→ 制定促銷成本控制目標 → 組織展開產品促銷 → 統計促銷成本（財務部協助）→ 促銷成本核算 → 是否超預算？

- 否 → 方案執行
- 是 → 制定促銷成本費用控制方案（財務部協助；行銷經理審核；行銷總監審批）→ 方案執行（財務部監督）

→ 資料存檔 → 結束

圖 7-7 促銷成本管理流程

7.3 產品促銷管理標準

7.3.1 產品促銷管理業務工作標準

為了保證產品促銷活動管理業務的開展狀況符合企業促銷活動的預期目標及要求,提高相關人員促銷產品的積極性及規範性,企業應設定產品促銷管理業務的各項工作標準。在設計各項工作標準時,企業可參照表 7-2 進行合理設計。

表 7-2 產品促銷管理業務工作標準

工作事項	工作依據與規範	工作成果或目標
促銷計劃管理	● 產品市場調查分析報告、企業往年度促銷狀況的分析資料、企業往年度促銷計劃、產品促銷活動方案等	(1) 促銷計劃完成率達100% (2) 促銷計劃調整及時率達100%
促銷活動管理	● 產品促銷活動方案、產品庫存狀況、產品市場調查分析相關資料、產品促銷監控管理制度等	(1) 產品促銷活動方案一次性通過率達___% (2)促銷活動現場問題解決率達100%
促銷效果評估管理	● 消費者促銷評價、產品促銷業績、各產品的促銷量及促銷利潤、促銷工作總結報告等	(1)產品促銷工作滿意度評分達___分 (2)產品促銷量達到___個
促銷成本管理	● 促銷成本費用核算管理制度、促銷成本預算表、促銷活動中產生的相應費用憑證等	(1)單位促銷成本少於___元 (2)促銷成本核算及時率達100%
促銷人員管理	● 促銷人員管理制度、促銷工作業績考核資料、臨促人員管理制度等	(1)促銷業績提高率達___% (2)促銷人員培訓合格率達100%

7.3.2 產品促銷管理業務績效標準

在對促銷管理業務進行績效考核時，企業可參照表 7-3 所示內容，從促銷計劃管理、促銷活動管理、促銷效果評估管理、促銷成本管理、促銷人員管理等方面設計績效考核標準。

表 7-3 產品促銷管理業務績效標準

工作事項	評估指標	評估標準
促銷計劃管理	促銷計劃完成率	1. 促銷計劃完成率 = $\dfrac{\text{促銷計劃完成的數量}}{\text{促銷計劃的總數量}} \times 100\%$ 2. 促銷計劃完成率應達到___%，每降低___%，扣___分；低於___%，本項不得分
	促銷計劃調整及時率	1. 促銷計劃調整及時率 = $\dfrac{\text{促銷計劃調整及時的次數}}{\text{促銷計劃調整的次數}} \times 100\%$ 2. 促銷計劃調整及時率應達到___%，每降低___%，扣___分；低於___%，本項不得分
促銷活動管理	促銷目標完成率	1. 促銷目標完成率 = $\dfrac{\text{促銷目標完成的次數}}{\text{促銷活動展開的次數}} \times 100\%$ 2. 促銷目標完成率應達到___%，每降低___%，扣___分；低於___%，本項不得分
	促銷活動現場問題解決及時率	1. 促銷活動現場問題解決及時率 = $\dfrac{\text{促銷活動現場問題及時解決的次數}}{\text{促銷現場問題的總數}} \times 100\%$ 2. 促銷活動現場問題解決及時率應達到___%，每降低___%，扣___分；低於___%，本項不得分
促銷效果評估管理	促銷效果評估及時率	1. 促銷效果評估及時率 = $\dfrac{\text{促銷效果及時評估的次數}}{\text{促銷效果評估的次數}} \times 100\%$ 2. 促銷效果評估及時率應高於___%，每降低___%，扣___分，低於___%，本項不得分

表7-3(續)

促銷成本管理	單位促銷成本	1. 促銷活動所產生促銷成本的算術平均數 2. 單位促銷成本不高於___元,每增加___元,扣___分;高於___元,本項不得分
促銷人員管理	促銷人員培訓合格率	1. 促銷人員培訓合格率＝$\frac{促銷培訓考核合格的人員數}{參加促銷培訓的人員總數} \times 100\%$ 2. 促銷人員培訓合格率應達到___%,每降低___%,扣___分;低於___%,本項不得分

7.4 產品促銷管理制度

7.4.1 制度解決問題導圖

為了保證產品促銷活動的順利開展,企業應建立健全促銷管理各項工作制度。企業設計各項促銷管理制度具體可解決的問題導圖如圖 7-8 所示。

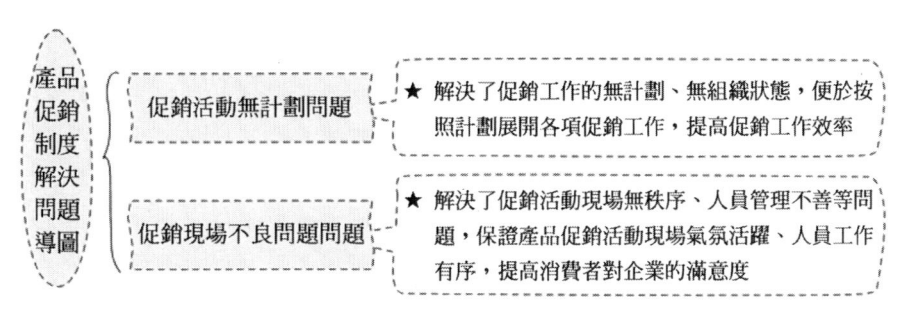

產品促銷制度解決問題導圖
- 促銷活動無計劃問題 ★ 解決了促銷工作的無計劃、無組織狀態,便於按照計劃展開各項促銷工作,提高促銷工作效率
- 促銷現場不良問題問題 ★ 解決了促銷活動現場無秩序、人員管理不善等問題,保證產品促銷活動現場氣氛活躍、人員工作有序,提高消費者對企業的滿意度

圖 7-8 產品促銷管理制度解決問題導圖

7.4.2 促銷活動管理制度

促銷活動管理制度如表 7-4 所示：

表 7-4 促銷活動管理制度

制度名稱	促銷活動管理制度		編號	
執行部門		監督部門		編修部門	

第1條 目的。

為了進一步提高產品的市場佔有率，增加本公司產品的知名度，加強公司產品各類品牌的建設管理，特制定本制度。

第2條 適用範圍。

本制度適用於產品促銷活動的相關事宜，包括制訂促銷活動計劃、編制促銷活動方案、促銷活動展開、促銷活動效果評估等工作。

第3條 管理職責。

1. 行銷總監、總經理負責批准各項促銷活動計劃、方案等，並對促銷活動過程進行監督和控制。

2. 行銷部負責具體制訂促銷活動計劃、編制促銷活動方案、展開促銷活動、評估促銷活動效果等。

3. 財務部、倉儲部等為行銷部提供促銷活動所需的相關資訊，並協助其做好各項促銷工作。

第4條 促銷需求調查。

行銷部應組織本部門成員廣泛開展市場調查活動，分析消費者、經銷商、通路供應商等對產品促銷的需求狀況等，確定各產品是否需要展開促銷活動，何種產品適宜進行促銷。

第5條 分析公司促銷條件。

市場調查工作結束後，行銷部應組織對各產品的庫存狀況及促銷狀況進行分析，確定公司現階段是否具備產品促銷的條件等。

第6條 選擇促銷方式。

行銷部應在促銷需求及促銷條件分析的基礎上，選擇合適的促銷活動方案。公司可供選擇的促銷活動方式主要有新聞發布會、商品展示會、抽獎與

表7-4(續)

摸獎、娛樂與遊戲、製造事件五種，具體說明如下表所示。

促銷活動方式說明表

促銷活動方式	方式說明
新聞發布會	● 召開新聞發布會的方式來達到促銷目的 ● 是利用媒體向目標顧客發布消息，告知商品資訊以吸引顧客積極去消費
商品展示會	● 亦可稱為「會議促銷」，每年可以定期舉行，一般透過參加展銷會、訂貨會或自己召開產品演示會等方式來達到促銷目的
抽獎與摸獎	● 顧客在買商品或消費時，對其給予若干次機會進行抽獎與摸獎 ● 這種促銷方式的形式還有刮刮樂兌獎、搖號兌獎、拉環兌獎、包裝內藏彩蛋獎等
娛樂與遊戲	● 即透過舉辦娛樂活動或遊戲，以趣味性和娛樂性吸引顧客並達到促銷的目的 ● 這種促銷活動方式主要有舉辦大型演唱會、贊助體育競技比賽、舉辦尋寶探險活動等
製造事件	● 透過製造有傳播價值的事件，使事件社會化、新聞化、熱點化，並以新聞炒作來達到促銷目的

第7條 制訂促銷活動計劃。

行銷部負責組織制訂產品促銷活動計劃並報行銷總監、總經理進行審核審批，計劃中應包含促銷活動主題、促銷活動時間、促銷活動內容等。

第8條 編制促銷活動方案。

1.促銷活動計劃通過後，行銷部應具體編制促銷活動方案，確定各個活動場所的促銷產品數量及促銷人員的安排等，以保證促銷活動的順利進行。

2.促銷活動方案應呈報行銷總監、總經理審核審批，審批通過後，由行銷部負責具體執行。

第9條 促銷活動管理。

1.行銷部根據通過後的促銷活動方案，安排促銷活動的相關事宜，包括布置促銷場0地、安排促銷人員具體工作，對臨促人員進行合理培訓等。

2.活動展開後，行銷部應隨時掌握產品的促銷狀態，嚴防缺貨，並隨

表7-4(續)

時解決產品促銷過程中產生的相關問題，以提高促銷工作的效率。

3. 活動開展後，行銷部應每天做好促銷追蹤與分析總結工作。

第10條　促銷活動效果評估。

促銷活動結束後，行銷部應及時對促銷活動過程及促銷活動效果進行總結和評估，以及時總結產品促銷的相關經驗和教訓，改進產品促銷工作。

第11條　本制度由公司行銷部負責制定與修改。

第12條　本制度自公司總經理審批通過後執行。

編制日期		審核日期		批准日期	
修改標記		修改處數		修改日期	

7.4.3 促銷現場管理細則

促銷現場管理細則如表7-5所示：

表7-5 促銷現場管理細則

制度名稱	促銷現場管理細則	編號	
執行部門		監督部門		編修部門	

第一章 總則

第1條　目的。

為了規範促銷現場管理工作，進一步提高公司的銷售業績和產品形象，使本公司在日益激烈的市場競爭中立於不敗之地，特制定本細則。

第2條　適用範圍。

本規定適用於公司促銷現場管理工作，包括促銷現場人員管理、促銷產品管理、促銷現場衛生管理等具體事項。

第3條　管理職責。

1. 行銷部負責做好促銷現場的管理和監督工作，以保證良好的促銷現場秩序。

2. 財務部、後勤部等協助做好促銷現場管理工作，其中財務部負責做好促銷收銀工作，後勤部負責做好秩序的維護工作。

表7-5(續)

第4條 促銷現場管理原則。

促銷現場管理必須遵循以下三項原則，具體說明如下表所示。

促銷現場管理原則說明表

促銷現場管理原則	原則具體說明
規範、高效	透過對促銷現場的整理、整頓，將產品及促銷品進行定置定位的擺放，打造一個整潔明亮的環境，其目的是要保證促銷現場的高效、規範
自己動手	充分激發員工的創造性，鼓勵員工自己動手改造促銷現場的環境，讓員工對促銷現場進行創造和維護，提高員工對促銷工作的積極性
安全	安全是促銷現場管理的前提。在促銷活動現場，各相關人員均需要重視安全，以保障員工生命健康安全，最大限度避免發生事故，減少公司不必要的損失

第二章 促銷現場人員管理

第5條 促銷現場人員儀表規範。

促銷現場人員要求儀容儀表端正，佩戴統一的「促銷員」名牌，並按促銷著裝要求進行著裝。

第6條 促銷現場人員打卡規定。

促銷現場人員上、下班應走員工通道，並打卡記錄出勤情況，嚴禁代人打卡或請人代打卡。

第7條 促銷人員工作規範。

促銷人員在促銷現場應遵守以下工作規範。

1.嚴禁在促銷場所內高聲說笑、嬉戲追逐或勾肩搭背。

2.上班時間，嚴禁在更衣室以外區域更衣或在休息室以外其他區域進食。

3.必須按時參加公司舉辦的有關培訓活動，如有特殊情況必須以書面形式請假。

4.嚴禁擅自曠職、離開負責區域、購物、聚集閒聊、倚靠貨架、踩坐商品、辦理私事及從事其他行銷促銷活動及影響公司形象行為。

表7-5(續)

5. 嚴禁促銷人員與顧客及同事爭吵、打架、鬥毆；嚴禁恐嚇、威脅促銷場所管理人員。

6. 嚴禁攜帶、使用試用品，嚴禁偷竊、私下贈送任何物品。違者將按公司防損條例從嚴處理。

第三章 促銷品管理

第8條 促銷品管理原則。

行銷部應在促銷方案中明確規定促銷品的數量、規格及發放方案，並嚴格按照方案執行。

第9條 促銷品領取登記管理。

促銷品的發放應統一管理，統一發放。領用人員應在「促銷品領用登記表」上登記並簽字。具體的「促銷品領用登記表」的格式如下所示。

促銷品領用登記表

序號	名稱	規格	單位	數量	領用人	領用日期	備註
1							
2							
3							

第10條 促銷品發放管理。

1. 現場發放促銷品時，行銷部應安排專門的促銷人員負責發放，顧客領取時請其簽名確認。

2. 收銀人員負責對促銷品的發放過程進行監督。

第11條 剩餘促銷品管理。

1. 對於各賣場剩餘的促銷品，促銷人員應該統一收集、匯總，上交公司行銷部管理人員。

2. 促銷人員不得私自拿用促銷品，違者視情況罰款＿＿元至＿＿元，情節嚴重者將與其解除勞動關係。

表7-5(續)

第四章 促銷現場安全管理

第12條 重大促銷活動報備。

當促銷活動涉及促銷品範圍較廣、價格優惠幅度非常大、易造成客流大量增加或遇重大慶典等時，行銷部必須提前___日將活動舉辦時間地點、活動內容、促銷形式和安全管理措施向當地警方報備，爭取得到當地警方的重視和支援。

第13條 促銷活動安防準備。

1. 在舉辦重大促銷活動前，應重點確保現場安全，落實相關安全負責人和負責區域，安排充足的安全保衛力量（可向當地警方申請警力支援，也可在區域內進行防損力量調度）。

2. 在舉行促銷活動前，行銷部必須制定促銷現場保安和應急疏散預案。

第14條 落實促銷活動安全防範措施。

在展開促銷活動時，行銷部應與後勤部共同落實以下安全防範措施。

1. 避免集中擺放促銷商品，分散設置促銷區域（儘量選擇開闊地域），周圍避免設置障礙物，保證各疏散通道暢通。

2. 從商場入口到促銷區域，人流線路上的電扶梯、通道口、樓梯等應設置專人駐守，由其負責人員疏導和安全提示。

3. 熱門促銷區域應安排人員設置好顧客排隊的入口和出口，不得重疊和交叉，以利於快速通過。

4. 做好各種促銷活動的宣傳工作，應在明顯處公布促銷內容、促銷時間、促銷方式以及促銷位置，廣告或宣傳資訊應保持與現場實際情況一致，以免發生混亂。

5. 針對限量促銷的商品可另行發放票據和憑證，並保證商品的促銷數量與宣傳資訊相符，避免顧客集中哄搶。

6. 對於限時促銷的商品，要做到數量充足，保全人員準時到位。

7. 一些零散、需稱重的商品應提前包裝、稱好，這樣有利於快速發放。對於易碎商品應安排專人發放。

8. 促銷活動贈品發放和換購商品應避免與促銷商品在同一區域進行，應另行安排場地發放（盡可能在收銀區和出口以外），同時做好宣傳和指引

表7-5(續)

工作。

9. 促銷活動開始前，行銷部及後勤部人員要檢查商場出入口、安全出口、門窗、電扶梯等相關設備設施是否完好，各區域地面是否有積水或不利於疏散的障礙物。

10. 後勤部人員應在促銷場所開門前先行到達入口外，將顧客與入口門隔開一段距離，避免開門時客流一起湧入，發生顧客摔倒、碰撞擠傷或撞擊捲簾門、玻璃門現象。

第15條 安全隱患及事故處理。

1. 當客流量大增、電扶梯載客量接近飽和時，應安排人員截流，有其他通道的，引導顧客從其他通道進入。避免電扶梯超負荷出現故障，或擁擠導致扶梯玻璃損壞扎傷顧客。

2. 一旦發生顧客受傷事故，應第一時間將傷者帶離現場送往醫院治療，並維持現場秩序，防止意外再次發生。

第五章 促銷現場衛生管理

第16條 促銷前現場衛生管理。

促銷前，促銷人員應進行＿＿分鐘以上的衛生清潔工作，保證促銷現場乾淨、整潔。

第17條 促銷活動過程衛生管理。

在促銷活動進行的過程中，促銷人員應聯絡專門的清潔人員保持現場的乾淨、衛生，及時清理顧客遺留的果皮、紙屑等垃圾。

第18條 促銷活動後促銷現場衛生管理。

在促銷活動結束之後，促銷人員應清潔促銷現場，保證促銷現場的乾淨、整潔，從而給促銷場地管理者留下好的印象，以便於下次促銷活動的舉辦。

第六章 附則

第19條 本細則由公司行銷部制定、修改及解釋。

表7-5(續)

第20條 本細則經總經理審批後方可執行。					
編制日期		審核日期		批准日期	
修改標記		修改處數		修改日期	

7.4.4 促銷人員管理制度

促銷人員管理制度如表 7-6 所示：

表 7-6 促銷人員管理制度

制度名稱	促銷人員管理制度		編號	
執行部門		監督部門	編修部門	

第一章 總則

第1條 目的。

為進一步規範促銷人員行為，提升促銷團隊整體工作業績及工作效率，維護公司形象，特制定本制度。

第2條 適用範圍。

本制度適用於促銷人員管理的相關事宜，包括促銷人員紀律管理、接待管理、儀容儀表管理等。

第二章 促銷人員紀律管理

第3條 促銷人員需按公司規定準時上下班，不得遲到、早退。遲到或早退＿＿分鐘以內，罰款＿＿元，遲到或早退超過＿＿分鐘以內，罰款＿＿元。

第4條 促銷人員在促銷現場必須佩帶公司的工作卡，著公司統一制服，並保持制服整潔。

第5條 促銷人員不得在促銷現場進食任何產品或零食、飲料，不得抽菸。

第6條 促銷人員在促銷期間不得無故請假。遇有特殊情況時，促銷人員應提前填寫「請假單」，說明請假的必要性及時間，必要時應提供相關證

表7-6(續)

明材料,並報有關上司審批通過後方可休假。

第三章 促銷人員接待管理

第7條 促銷人員應提前準備促銷產品資料,並主動迎接客戶。

第8條 促銷人員在接待客戶時,應時刻保持微笑。

第9條 促銷人員不得挑選客戶,不得冷落客戶,需隨時解答客戶疑問。

第10條 嚴禁促銷人員拒絕客戶,嚴禁促銷人員以任何理由中斷接待正在接待中的客戶。

第11條 促銷人員不得同時接待兩組不同的客戶,不得在客戶面前爭搶客戶。

第12條 接待客戶完畢,促銷人員應目送客戶離開。

第13條 客戶購買促銷產品後,促銷人員應做好相應的記錄工作,以回訪客戶對產品的意見及建議等。

第四章 促銷人員儀容儀表管理

第14條 男促銷人員儀容儀表管理。

1. 上班時,必須著統一的制服、深色襪子和黑色皮鞋。
2. 頭髮長度不能遮額,兩側不能過耳,後面不能蓋衣領。
3. 不得留鬍鬚,鬍子要刮乾淨。
4. 指甲應保持清潔,修剪整齊,不可留長指甲。

第15條 女促銷人員儀容儀表管理。

1. 上班時,必須著公司統一制服,深色襪子和黑色皮鞋,不得穿露趾鞋上班。
2. 保持頭髮梳理整潔,瀏海不能過眉,兩側要露耳,過肩長髮及頭髮蓬鬆者要紮起。
3. 上班時要化淡妝,雙手保持清潔且不得塗指甲油,指甲要修剪整齊不藏污垢,不超過＿＿公釐。
4. 不得佩帶過多或誇張的飾物。

表7-6(續)

第五章 促銷人員考核管理

第16條 促銷人員考核主要是對促銷人員在促銷期間的工作態度及工作業績進行考核，以作為促銷獎金發放的依據等。

第17條 對促銷人員進行考核時，公司應設置統一的工作態度及工作業績考核指標，以保證考核的公正性與公平性。

第18條 在實施考核時，促銷人員不得虛報自身的工作業績。一經發現虛報工作業績者，公司按情節嚴重程度，從嚴處理。

第19條 促銷人員的工作態度資訊及資料由促銷主管提供。促銷主管不得徇私舞弊、對考核結果進行暗箱操作，一旦發現，從嚴處理。

第20條 考核結束後，公司應及時將考核結果告知促銷人員。促銷人員確認考核結果無誤後，進行簽字確認。如對考核結果有異議，應及時向相關部門及人員反映。

第六章 附則

第21條 本制度由公司行銷部制定、修改及解釋。

第22條 本制度經由總經理審批通過後，自＿＿年＿＿月＿＿日生效。

編制日期		審核日期		批准日期	
修改標記		修改處數		修改日期	

7.4.5 臨促人員管理規定

臨促人員管理規定如表 7-7 所示：

表 7-7 臨促人員管理規定

制度名稱	臨促人員管理規定		編號	
執行部門		監督部門		編修部門	

第1條 目的。

為規範臨促人員的招聘、培訓工作，確保臨促人員能遵守公司相關規章制度，規範、積極地進行促銷，特制定本規定。

表7-7(續)

第2條 適用範圍。

本規定適用於本公司臨時招聘的促銷人員。

第3條 臨促人員招聘管理。

1. 本公司臨促人員的招聘標準為年齡18～25歲，女生160cm以上，男生170cm以上，形象好，氣質佳，態度積極，性格開朗，有親和力。

2. 本公司臨促人員的招聘對象一般為在校大學生或以往在本公司或同行業擔任過臨促的人員。

第4條 臨促人員培訓管理。

行銷部應提前做好臨促人員的職前培訓工作，確保其明白促銷任務、促銷時間、促銷產品、促銷話術、促銷政策、促銷紀律、促銷行為規範及特殊事件處理方法等，提高其促銷積極性及技巧，保障其能有序地執行促銷工作。

第5條 臨促人員現場管理。

1. 遵守促銷商場的規章制度。

2. 相關紀律要求、接待要求、儀容儀表要求等，參照本公司《促銷人員管理制度》中對促銷人員的規定執行。

3. 臨促人員薪酬發放原則是按日記薪、週結算，由促銷主管將促銷人員的出勤記錄及業績定期報送財務部進行核算、發放。

第6條 本制度由公司行銷部制定、修改，其解釋權亦歸行銷部所有。

第7條 本制度自___年___月___日實施生效。

編制日期		審核日期		批准日期	
修改標記		修改處數		修改日期	

第 8 章 行銷通路管理業務·流程·標準·制度

8.1 行銷通路管理業務模型

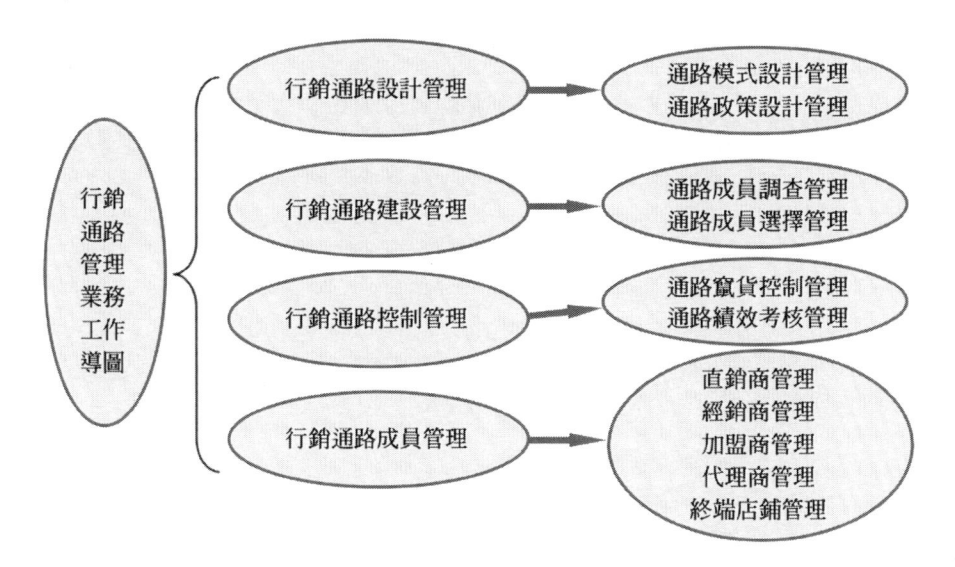

8.1.1 行銷通路管理業務工作導圖

　　行銷通路管理工作的有序開展有助於提高企業市場占有率，降低通路運營風險，保證企業行銷目標的順利實現。圖 8-1 為企業行銷通路管理業務工作導圖。

```
                    ┌─ 行銷通路設計管理 ──→ 通路模式設計管理
                    │                      通路政策設計管理
                    │
                    ├─ 行銷通路建設管理 ──→ 通路成員調查管理
行銷通路             │                      通路成員選擇管理
管理業務    ────────┤
工作導圖             ├─ 行銷通路控制管理 ──→ 通路竄貨控制管理
                    │                      通路績效考核管理
                    │
                    │                      直銷商管理
                    │                      經銷商管理
                    └─ 行銷通路成員管理 ──→ 加盟商管理
                                            代理商管理
                                            終端店鋪管理
```

圖 8-1 行銷通路管理業務工作導圖

8.1.2 行銷通路管理主要工作職責

行銷通路的管理工作主要由行銷部承擔，該部門的主要職責說明如表 8-1 所示。

表 8-1 行銷通路管理工作職責說明表

工作職責	職責具體說明
行銷通路設計管理	1. 根據調研結果，對消費者服務需求進行分析，並據此確認通路設計目標和設計的限制因素 2. 明確企業進行行銷通路設計的主要任務，對影響通路結構的因素進行評估，選擇適用於企業的通路結構 3. 匯總相關資訊，編制行銷通路設計方案，報上級領導審批後，修改和完善
行銷通路建設管理	1. 收集通路資訊，建立通路備選資料庫 2. 確定通路的甄選原則及標準，並據此確定通路市場的開發順序 3. 做好通路的開發與維護，選擇適合的通路成員，建立行銷通路
行銷通路控制管理	1. 劃分通路控制內容，確定行銷通路控制標準 2. 對通路運行情況進行監督、控制，及時發現通路成員在行銷過程中存在的問題，並提出、論證、落實解決辦法 3. 對通路成員的竄貨事實進行認定後擬定處理方案，經審批通過後，監督通路成員落實處理方案，並做好通路竄貨控制效果的評估與改善 4. 確定通路績效考核物件、考核內容、考核方法，實施通路績效考核，並做好考核結果匯總、應用及考核報告的編制工作
行銷通路成員管理	1. 根據企業經營理念尋找通路成員，並及時審核申請者提交的資料，將備選通路成員名單提交行銷經理審核，審核通過後簽訂有效合約 2. 負責通路成員的培訓、銷售任務分配、日常維護管理、績效考核與改進等工作

8.2 行銷通路管理流程

8.2.1 主要流程設計導圖

行銷通路管理主要流程導圖具體如圖 8-2 所示。

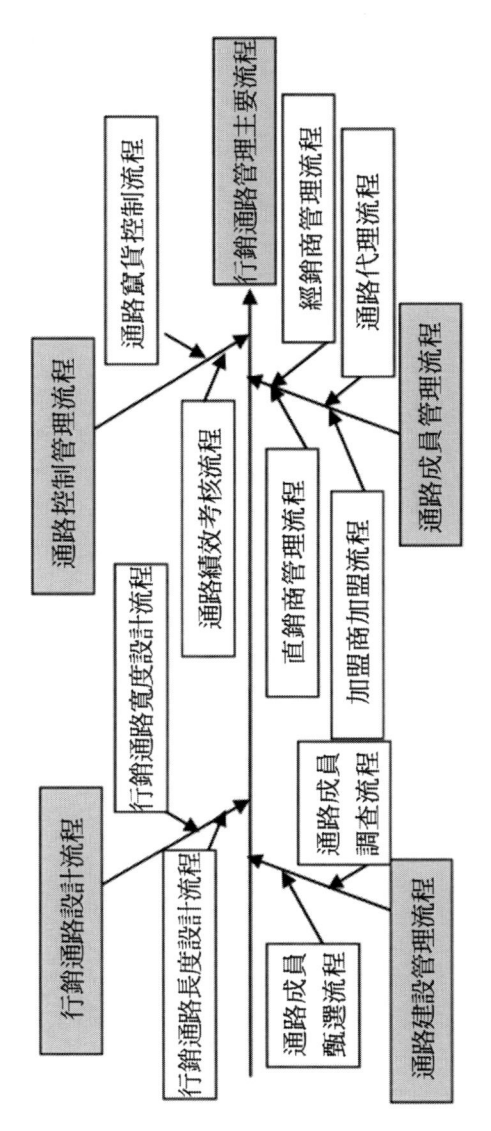

圖 8-2 行銷通路管理主要流程設計導圖

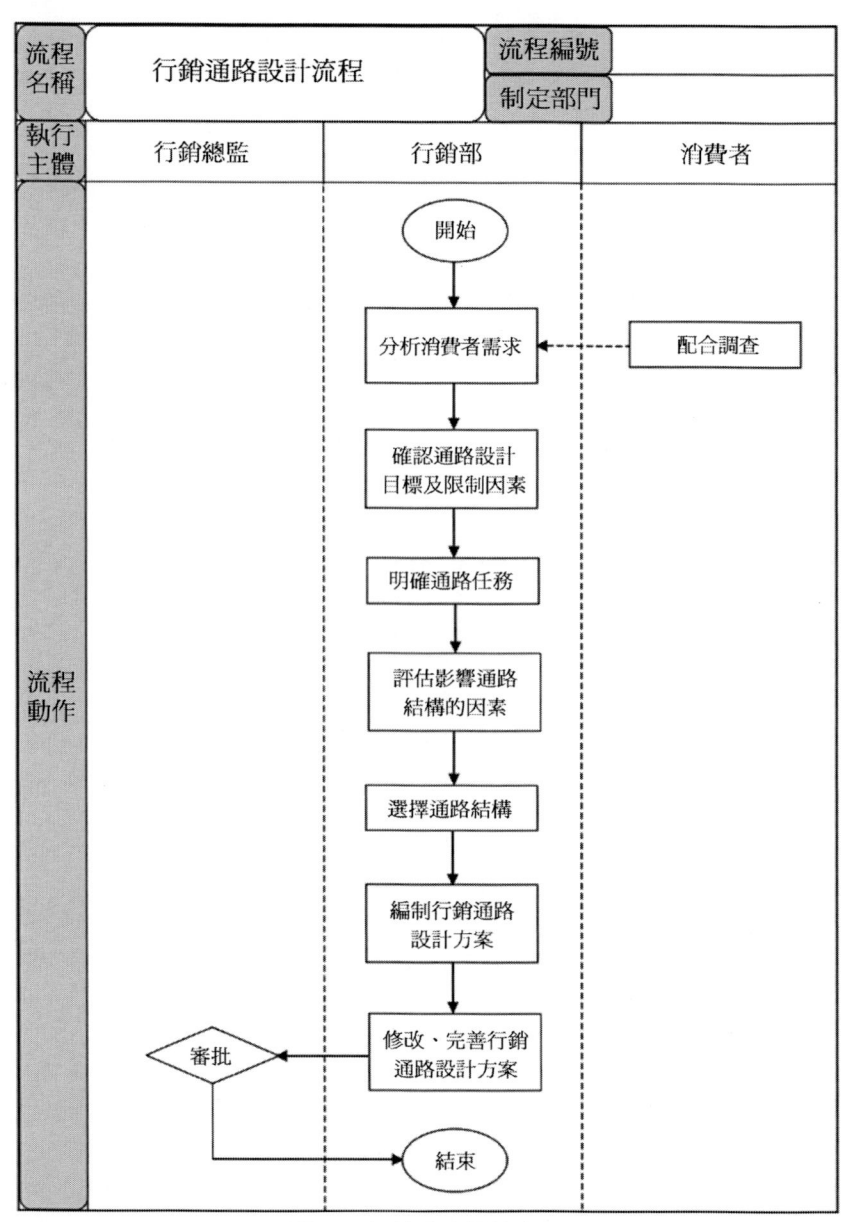

8.2.2 行銷通路設計流程

行銷通路設計流程如圖 8-3 所示：

流程名稱	行銷通路設計流程		流程編號	
			制定部門	
執行主體	行銷總監	行銷部		消費者
流程動作	審批	開始 → 分析消費者需求 → 確認通路設計目標及限制因素 → 明確通路任務 → 評估影響通路結構的因素 → 選擇通路結構 → 編制行銷通路設計方案 → 修改、完善行銷通路設計方案 → 結束		配合調查

圖 8-3 行銷通路設計流程

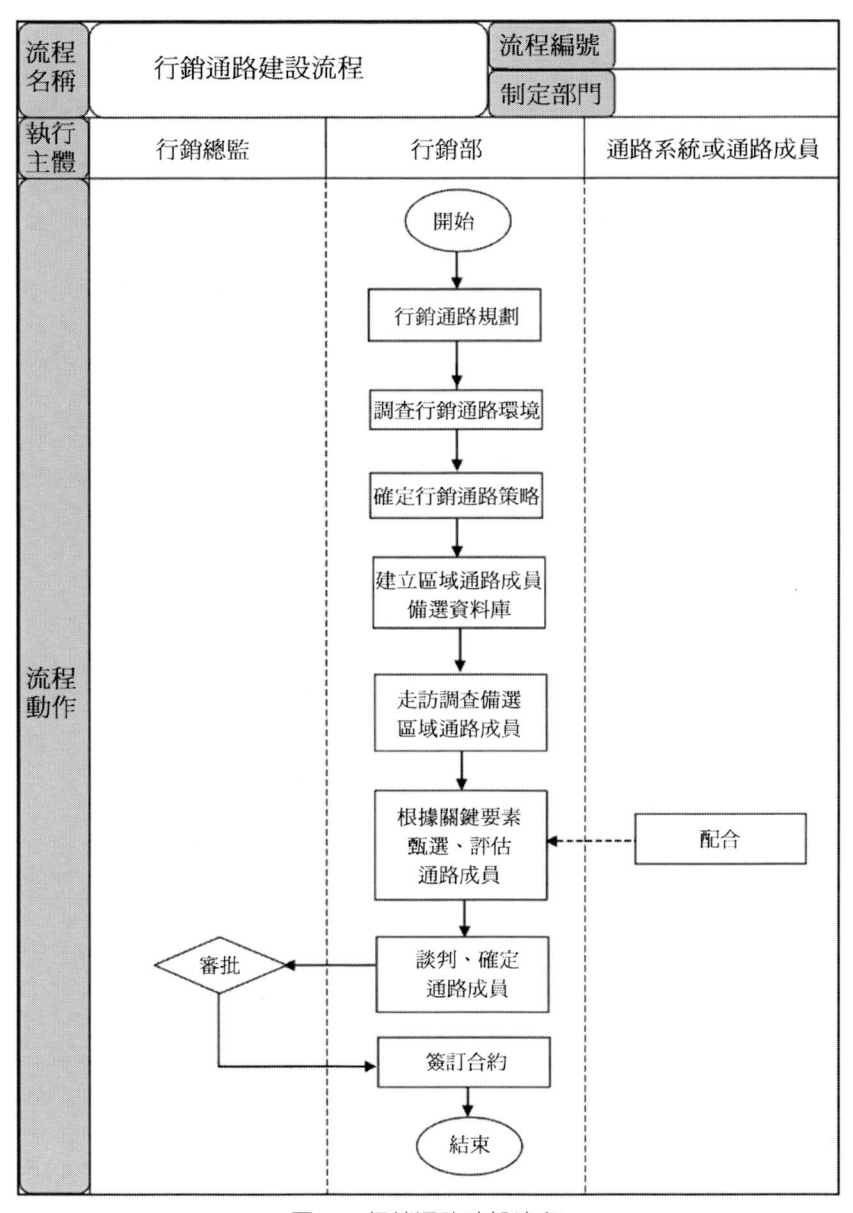

8.2.3 行銷通路建設流程

行銷通路建設流程如圖 8-4 所示：

流程名稱	行銷通路建設流程	流程編號	
		制定部門	
執行主體	行銷總監	行銷部	通路系統或通路成員
流程動作	審批	開始 → 行銷通路規劃 → 調查行銷通路環境 → 確定行銷通路策略 → 建立區域通路成員備選資料庫 → 走訪調查備選區域通路成員 → 根據關鍵要素甄選、評估通路成員 → 談判、確定通路成員 → 簽訂合約 → 結束	配合

圖 8-4 行銷通路建設流程

第 8 章 行銷通路管理業務·流程·標準·制度

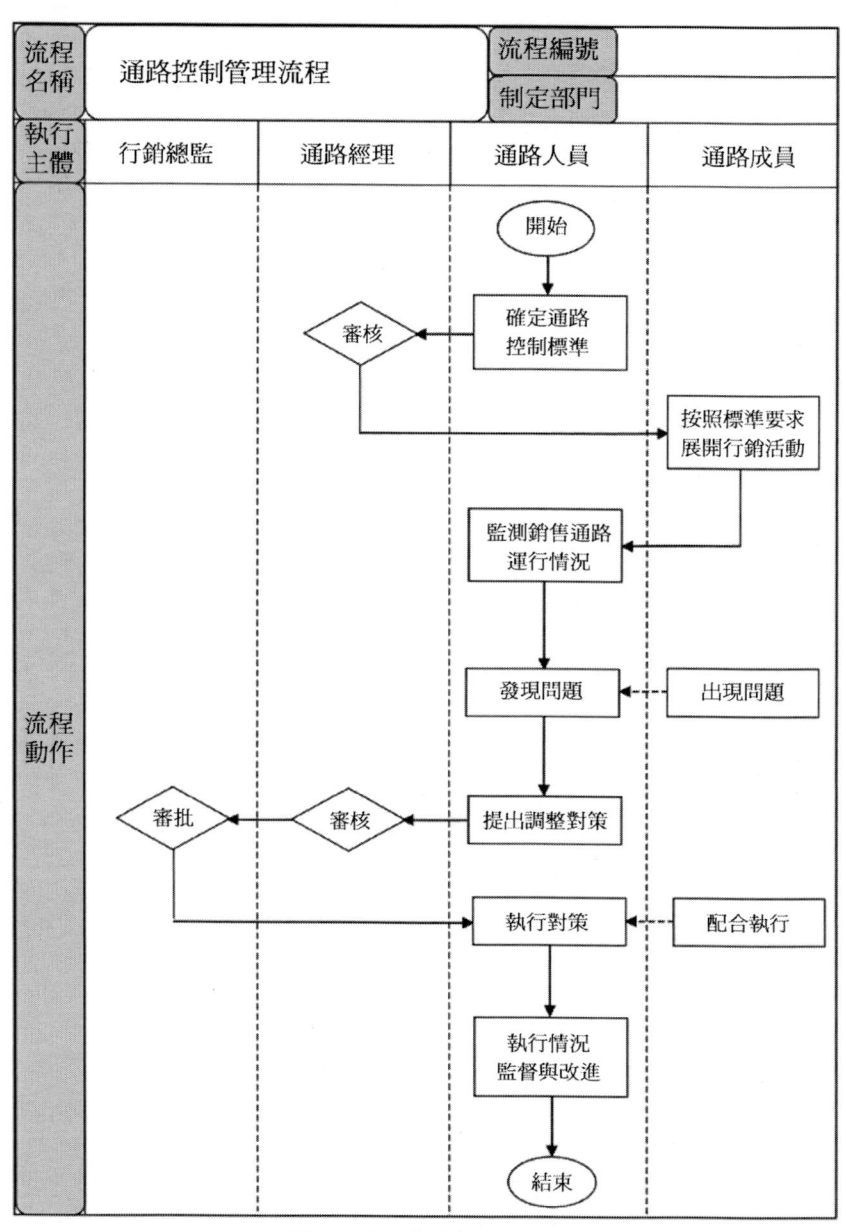

8.2.4 通路控制管理流程

通路控制管理流程如圖 8-5 所示：

流程名稱	通路控制管理流程		流程編號	
			制定部門	
執行主體	行銷總監	通路經理	通路人員	通路成員
流程動作			開始 → 確定通路控制標準 → 審核 → 按照標準要求展開行銷活動 → 監測銷售通路運行情況 → 發現問題 ← 出現問題 → 提出調整對策 → 審核 → 審批 → 執行對策 ← 配合執行 → 執行情況監督與改進 → 結束	

圖 8-5 通路控制管理流程

170

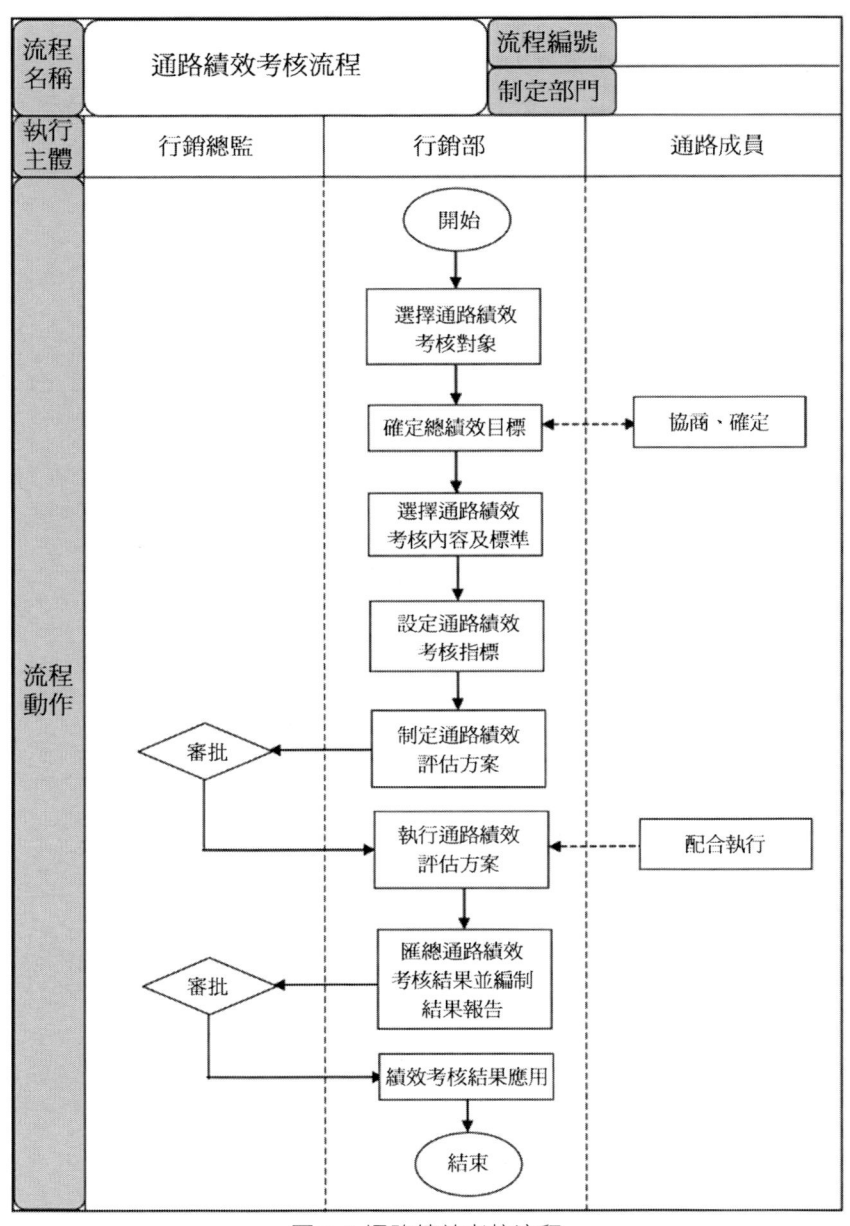

8.2.5 通路績效考核流程

通路績效考核流程如圖 8-6 所示：

流程名稱	通路績效考核流程	流程編號	
		制定部門	
執行主體	行銷總監	行銷部	通路成員
流程動作	審批／審批	開始 → 選擇通路績效考核對象 → 確定總績效目標 → 選擇通路績效考核內容及標準 → 設定通路績效考核指標 → 制定通路績效評估方案 → 執行通路績效評估方案 → 匯總通路績效考核結果並編制結果報告 → 績效考核結果應用 → 結束	協商、確定／配合執行

圖 8-6 通路績效考核流程

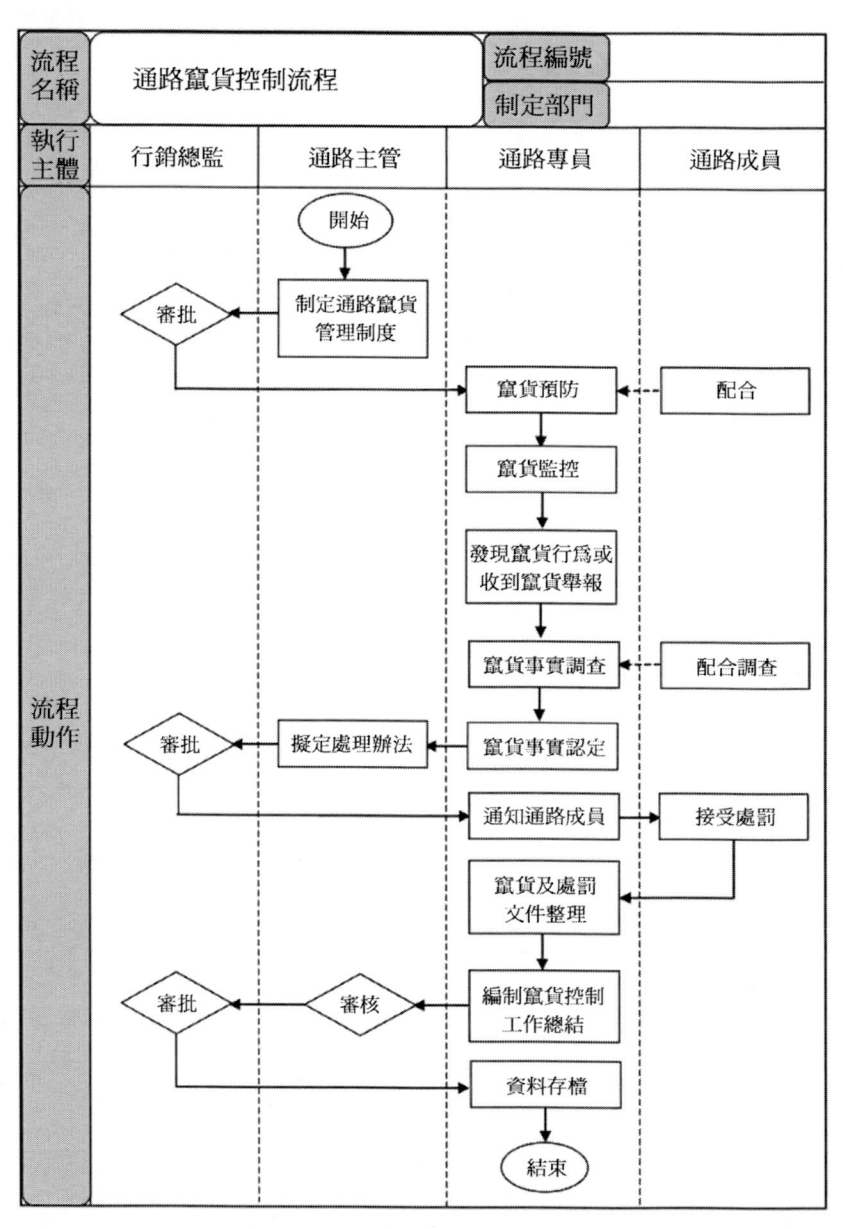

8.2.6 通路竄貨控制流程

通路竄貨控制流程如圖 8-7 所示：

流程名稱	通路竄貨控制流程		流程編號	
			制定部門	

執行主體	行銷總監	通路主管	通路專員	通路成員

流程動作：

- 開始
- 制定通路竄貨管理制度 → 審批
- 竄貨預防 ← 配合
- 竄貨監控
- 發現竄貨行為或收到竄貨舉報
- 竄貨事實調查 ← 配合調查
- 擬定處理辦法 → 竄貨事實認定
- 審批
- 通知通路成員 → 接受處罰
- 竄貨及處罰文件整理
- 審批 → 審核 → 編制竄貨控制工作總結
- 資料存檔
- 結束

圖 8-7 通路竄貨控制流程

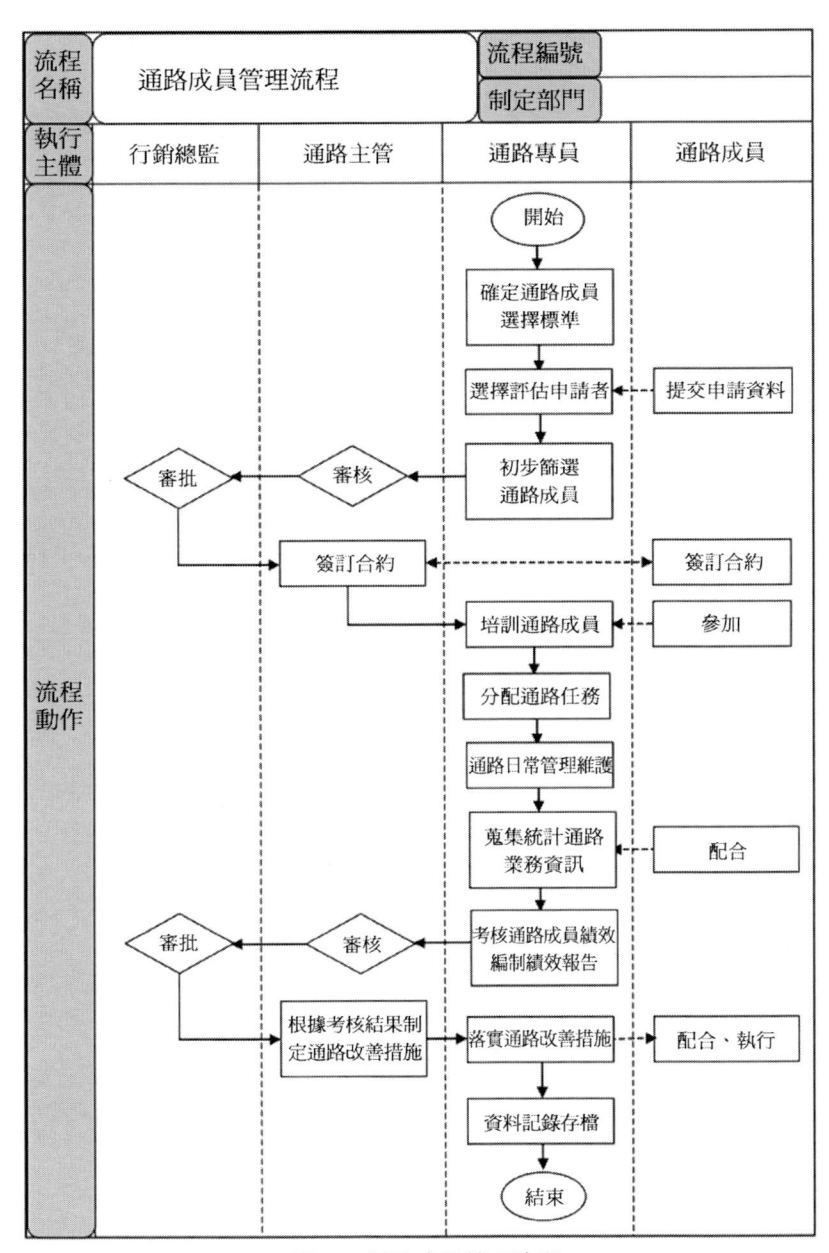

8.2.7 通路成員管理流程

通路成員管理流程如圖 8-8 所示：

流程名稱	通路成員管理流程		流程編號	
			制定部門	
執行主體	行銷總監	通路主管	通路專員	通路成員
流程動作	審批 ←	審核 ←	開始 → 確定通路成員選擇標準 → 選擇評估申請者 → 初步篩選通路成員	← 提交申請資料
		簽訂合約 ←	→ 培訓通路成員 → 分配通路任務 → 通路日常管理維護 → 蒐集統計通路業務資訊	簽訂合約 參加 配合
	審批 ←	審核 ←	考核通路成員績效編制績效報告	
		根據考核結果制定通路改善措施 →	落實通路改善措施 → 資料記錄存檔 → 結束	配合、執行

圖 8-8 通路成員管理流程

173

8.3 行銷通路管理標準

8.3.1 行銷通路管理業務工作標準

為實現行銷通路管理的各項工作目標，行銷部應按照以下工作標準執行各項行銷通路管理業務。具體各項業務的工作標準如表 8-2 所示。

表 8-2 行銷通路管理業務工作標準

工作事項	工作依據與規範	工作成果或目標
行銷通路設計管理	● 行銷通路設計方案 ● 市場調查管理辦法、行銷通路設計管理制度	(1) 行銷通路設計工作完成及時率達到100% (2) 行銷通路設計方案編制合理，1次性通過審核
行銷通路建設管理	● 行銷通路建設規範 ● 經銷商選擇與維護制度	(1) 通路建設目標選取準確 (2) 行銷通路建設工作完成率為100% (3) 通路合約 100% 簽訂
行銷通路控制管理	● 行銷通路績效考核方法、標準 ● 通路竄貨管理制度、通路控制管理制度、行銷通路績效評估制度	(1) 嚴格按照企業標準執行通路運行檢測工作 (2) 竄貨調查及時率達到100% (3) 竄貨處理辦法擬定及時率為100% (4) 績效考核物件、指標選取全面性、準確性均為100% (5) 績效考核工作完成及時率為100%
行銷通路成員管理	● 通路成員選擇標準 ● 通路成員管理制度	(1) 通路成員備選名單一次性通過審核 (2) 通路成員的檔案管理、供貨管理、廣告支援、日常培訓等工作按時保質完成 (3) 通路成員績效考核及時率達到100%

8.3.2 行銷通路管理業務績效標準

企業根據以下評估指標和評估標準對行銷通路管理工作的執行情況進行評估，具體績效標準如表 8-3 所示。

表 8-3 行銷通路管理業務績效標準

工作事項	評估指標	評估標準
行銷通路設計管理	行銷通路設計方案合理性	1. 行銷通路設計方案不符合本企業實際情況，缺乏經濟性和控制性，本項不得分 2. 行銷通路設計方案基本適應本企業實際情況，有一定的經濟性和控制性，得___分 3. 行銷通路設計方案符合本企業實際情況，有較強的經濟性和控制性，得___分
	行銷通路設計工作完成及時率	1. 行銷通路設計工作完成及時率＝$\frac{\text{及時完成的行銷通路設計工作量}}{\text{行銷通路設計的總工作量}} \times 100\%$ 2. 行銷通路設計工作完成及時率應達到__%，每降低___個百分點，扣___分；低於___%，本項不得分
行銷通路建設管理	通路市場開發順序準確性	1. 未按照事先制定的標準對通路市場進行開發，開發順序混亂，本項不得分 2. 根據開發難度和重要性對通路市場進行劃分，大部分通路市場開發順序準確，得___分 3. 按照「先易後難、先重點後一般」的原則進行通路市場開發工作，保證通路市場開發順序準確無誤，得___分
	行銷通路建設工作完成率	在計劃期內完成行銷通路建設工作，工作無拖延，每延遲___個工作日，扣___分；延遲超過___個工作日，本項不得分

表8-3(續)

行銷通路控制管理	通路控制標準一次性審核通過率	通路控制標準審核一次性通過，每多修改一次，扣___分，超過___次未能通過，本項不得分
	竄貨處理辦法擬定及時率	1. 竄貨處理辦法擬定及時率＝$\dfrac{\text{及時擬定的串貨處理辦法}}{\text{需擬定的串貨處理辦法}} \times 100\%$ 2. 竄貨處理辦法擬定及時率應達到___％，每降低___％，扣___分；低於___％，本項不得分
	通路績效考核結果報告編制及時率	在___個工作內完成對績效考核結果報告的編制工作，每延遲___個工作日，扣___分；超過___個工作日，此項不得分
	通路成員評估全面性	透過通路成員市場覆蓋能力、盈利能力、溝通能力、回款及時度等指標對通路成員進行全面評估，每缺少一個評估指標，扣___分，缺少3個及以上評估指標，本項不得分
行銷通路成員管理	通路銷售任務分配合理性	1. 通路銷售任務分配時，未考慮企業行銷政策及通路成員的銷售能力，本項不得分 2. 分配通路銷售任務時，僅參考通路成員的銷售能力，未考慮到企業本年度行銷政策，得___分 3. 在分配通路銷售任務時綜合考慮企業行銷政策及行銷通路成員的銷售能力，得___分
	通路業務資訊統計及時率	1. 通路業務資訊統計及時率＝$\dfrac{\text{實際完成的通路業務資訊統計量}}{\text{計劃完成的通路業務資訊統計總量}} \times 100\%$ 2. 通路業務資訊統計及時率應達到___％，每降低___％，扣___分；低於___％，本項不得分

8.4 行銷通路管理制度

8.4.1 制度解決問題導圖

行銷通路管理制度可以明確各通路商的職責,規範各通路的行為,防止通路成員之間的惡性競爭,維護企業良好的市場通路格局,提升通路的總體業績,提高企業銷量及市場占有率。具體的行銷通路制度解決問題如圖 8-9 所示。

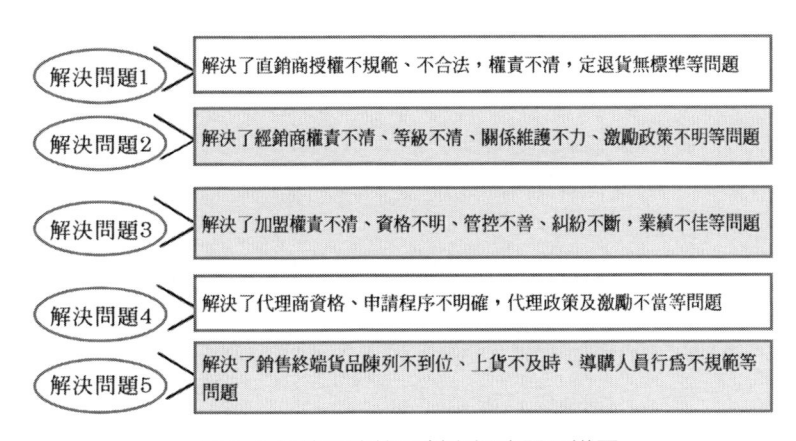

- 解決問題1:解決了直銷商授權不規範、不合法,權責不清,定退貨無標準等問題
- 解決問題2:解決了經銷商權責不清、等級不清、關係維護不力、激勵政策不明等問題
- 解決問題3:解決了加盟權責不清、資格不明、管控不善、糾紛不斷、業績不佳等問題
- 解決問題4:解決了代理商資格、申請程序不明確,代理政策及激勵不當等問題
- 解決問題5:解決了銷售終端貨品陳列不到位、上貨不及時、導購人員行為不規範等問題

圖 8-9 行銷通路管理制度解決問題導圖

8.4.2 直銷商管理制度

直銷商管理制度如表 8-4 所示:

表 8-4 直銷商管理制度

制度名稱	直銷商管理制度	編號	
執行部門		監督部門		編修部門	

第一章 總則

第1條 目的。

為進一步明確直銷商的權利及職責,規範直銷業務,促進直銷商之間建立和諧的關係,保障直銷商的合法利益,依據《直銷管理條例》,特制定本

表8-4(續)

制度。

第2條 適用範圍。

本制度適用於公司與直銷商之間的關係管理，也適用於各直銷商之間的關係管理。

第3條 名詞解釋。

直銷商，是指本公司招募的，將產品直接銷售給消費者的人員等。

第二章 直銷商授權

第4條 直銷商的必備條件。

1. 年齡需滿18週歲，身體健康，具有完全民事行為能力。
2. 具有基本的電腦操作能力。

第5條 直銷商申請。

1. 欲申請為直銷商，必須由已經被授權為直銷商者推薦。
2. 申請人必須填寫「直銷申請書」，且向公司提交完整、有效的資料。

第6條 直銷商申請核准。

1. 一對夫婦只能擁有一個直銷權。
2. 接受申請或不接受申請，公司都會以書面形式通知申請者及推薦人。

第7條 直銷續約。

1. 直銷權時限以年為單位或者至該年度末為止。
2. 擬續約的直銷商應在直銷時限到期前1個月填寫「續約申請書」報公司審核，審核通過後將繼續擔任直銷商。

第三章 直銷商權利及職責

第8條 直銷商權利。

1. 公司應與直銷商簽訂「直銷商合約」，合約中應明確直銷商的權利與義務。
2. 公司應對直銷商進行培訓，培訓合格的，發放「直銷員證」。
3. 直銷商在與公司約定的範圍內開展直銷活動，銷售公司產品並獲取

表8-4(續)

報酬

第9條 直銷商職責及義務。

1. 直銷商應自行準備一至數台連線互聯網的電腦，線上與實體店同步開展銷售活動。

2. 直銷商應積極配合本公司的市場宣傳活動，同時，向本公司提供相關的市場資訊。

3. 直銷商應嚴格遵守本公司的銷售流程要求，為客戶提供規範、準確、方便的銷售服務。

4. 直銷商不得在任何零售場所（如商店、攤位、市場）銷售或展示產品。直銷商不得在知情狀況下將產品或業務輔助品給予任何人在零售場所轉售。

5. 出售產品時，直銷商必須交給顧客送貨單。送貨單中應載明產品名稱、產品數量、直銷商姓名、地址、電話。

第四章 直銷訂貨管理

第10條 直銷商編號。

每一位直銷商均有一個固定編號，以便互相聯絡、存檔及訂貨時使用。

第11條 直銷商訂貨。

直銷商訂貨的方式主要有四種，具體如下圖所示。

直銷商訂貨的方式	說明
向推薦人取貨	填寫「向推薦人購貨訂單」（三聯式），連同貨款交予推薦人，依指定的時間、地點取貨
向公司或倉庫直接訂貨	填寫「直銷購貨訂單」（三聯式），將此表單與貨款寄至公司，公司收到貨款後發貨，或直接將購貨訂單填好，帶著貨款至倉庫自行提貨
電話訂貨	電話至公司將所需的產品告知公司，將貨款以電匯／轉帳方式匯至指定銀行，公司即可發貨
網路訂貨	在網路銷售系統中填寫訂單並傳送至公司，將貨款以轉帳方式匯至指定銀行，公司即可發貨

直銷商訂貨的方式

表8-4(續)

第12條 顧客退貨處理。

1. 當顧客向原售貨的直銷商退還貨物或要求免費更換產品時，直銷商不得與顧客爭論，應先把錢退還給顧客或讓其更換產品，並須詢問顧客對產品不滿意的原因，將原因記錄於送貨單。

2. 如果顧客要求退貨，直銷商必須向顧客取回送貨單、發票，並將送貨單、發票連同退貨申請書一併退回公司。

第五章 附則

第13條 本制度由行銷部制定，經總經理批准後執行。

第14條 本制度條款有與國家相關法律法規相衝突的，以國家法律法規為準。

第15條 本制度未完善之處，參照有關制度規範執行。

編制日期		審核日期		批准日期	
修改標記		修改處數		修改日期	

8.4.3 經銷商管理制度

經銷商管理制度如表 8-5 所示：

表 8-5 經銷商管理制度

制度名稱	經銷商管理制度		編號	
執行部門		監督部門	編修部門	

第一章 總則

第1條 目的。

為了規範對經銷商的選擇、評估與管理，確保公司經銷業務的長足發展，特制定本制度。

第2條 適用範圍。

本制度適用於與公司簽訂了正式經銷合約的經銷商。

表8-5(續)

第3條 經銷商的管理原則。

1. 平等、互惠的原則。
2. 誠信守法、實現雙贏的原則。
3. 長久合作、優勢互補的原則。
4. 日常管理與定期評價相結合的原則。

第二章 經銷商的權利與義務

第4條 經銷商的權利。

1. 在授權範圍內享有公司產品品牌的使用權。
2. 在授權範圍內銷售公司的所有產品並獲取報酬。
3. 享有公司提供的相關培訓，以提高業務能力和管理水準。
4. 有權享受公司提供的產品銷售及售後方面的技術支援。
5. 公司提供的其他權利。

第5條 經銷商的義務。

1. 經銷商從事轄區內公司產品的推廣與銷售。
2. 根據公司的要求規範設計和裝修辦公場所。
3. 維護公司的品牌形象，抵制假冒偽劣產品。
4. 維護產品價格體系的穩定、統一。
5. 遵守公司的相關規定，規範銷售行為，為客戶提供及時、周到的服務。
6. 定期走訪客戶，及時收集、整理、反映市場相關資訊，保證資訊流暢通。
7. 公司規定的其他義務。

第三章 經銷商的選擇與評估

第6條 經銷商的選擇程序。

經銷商的選擇程序如下圖所示。

表8-5(續)

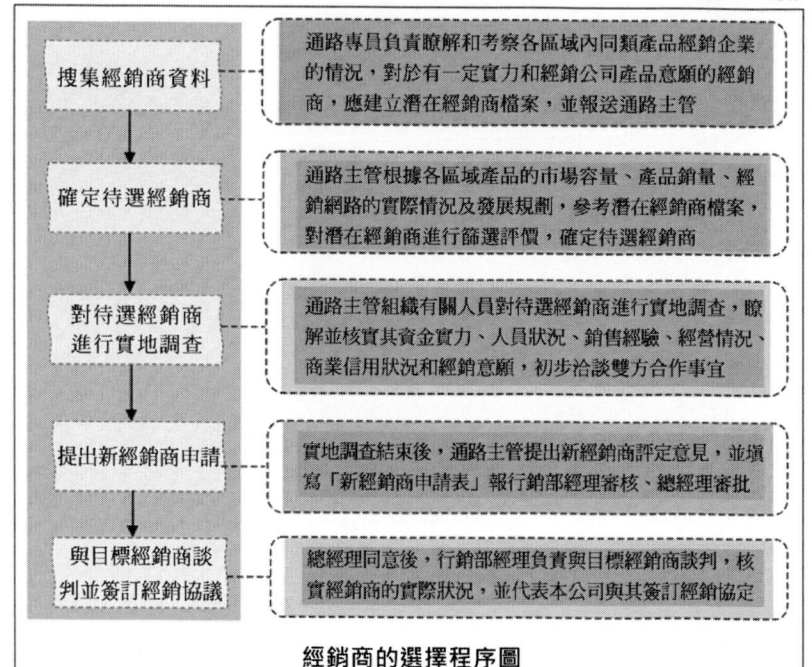

流程	說明
搜集經銷商資料	通路專員負責瞭解和考察各區域內同類產品經銷企業的情況,對於有一定實力和經銷公司產品意願的經銷商,應建立潛在經銷商檔案,並報送通路主管
確定待選經銷商	通路主管根據各區域產品的市場容量、產品銷量、經銷網路的實際情況及發展規劃,參考潛在經銷商檔案,對潛在經銷商進行篩選評價,確定待選經銷商
對待選經銷商進行實地調查	通路主管組織有關人員對待選經銷商進行實地調查,瞭解並核實其資金實力、人員狀況、銷售經驗、經營情況、商業信用狀況和經銷意願,初步洽談雙方合作事宜
提出新經銷商申請	實地調查結束後,通路主管提出新經銷商評定意見,並填寫「新經銷商申請表」報行銷部經理審核、總經理審批
與目標經銷商談判並簽訂經銷協議	總經理同意後,行銷部經理負責與目標經銷商談判,核實經銷商的實際狀況,並代表本公司與其簽訂經銷協定

經銷商的選擇程序圖

第7條 經銷商的評估。

1. 甲級經銷商的標準。

(1) 經銷商必須是獨立的企業法人單位或持有法人委託書的二級法人單位,具有獨立的帳號,能獨立行使對外經營業務。

(2) 經銷商必須具備2年以上的同類產品銷售經驗,在當地同行業中具有一定的知名度及影響力。

(3) 經銷商必須具備較強的資金實力,良好的財務狀況及商業信用,註冊資金100萬元以上。

(4) 經銷商必須具有不低於100平方公尺的銷售場地和營業場所。

(5) 經銷商必須擁有5名以上的銷售人員。

(6) 願意承擔一定的銷售任務。

(7) 經銷商必須具有積極的合作態度。

(8) 經銷商必須遵守雙方在商業和技術上的保密規定。

表8-5(續)

(9) 經銷商願意接受並遵守本公司的規章制度。
2. 乙級經銷商的標準。
(1) 經銷商必須是獨立的企業法人單位或持有法人委託書的二級法人單位，具有獨立的帳號，能獨立行使對外經營業務。
(2) 經銷商必須具備1年以上的同類產品銷售經驗，在當地同行業中具有一定的知名度及影響力。
(3) 經銷商必須具備較強的資金實力，良好的財務狀況及商業信用，註冊資金250萬元以上。
(4) 經銷商必須具有不小於50平方公尺的銷售場地和營業場所。
(5) 經銷商必須擁有3名以上的銷售人員。
(6) 經銷商必須具有積極的合作態度。
(7) 經銷商必須遵守雙方在商業和技術上的保密規定。
(8) 經銷商願意接受並遵守本公司的規章制度。
第8條 已有經銷商的年度評估。
1. 通路主管對所有的經銷商應每年進行一次評估，全面總結該經銷商的全年經營情況、合作情況等，並填製「經銷商年度評估表」報行銷部經理審核。
2. 評估時間原則上為次年的第1個工作週，具體時間由行銷部安排。
3. 行銷部經理綜合各區經銷商的年度評估情況，填寫「經銷商調整報告」，並報送行銷總監審核、總經理審批。總經理審批同意後，行銷部經理對經銷商進行相應的調整，通路主管配合實施有關調整。

第四章 經銷商的日常管理

第9條 定期拜訪。
1. 通路專員對所負責區域的經銷商定期進行拜訪，瞭解經銷商營運情況，追蹤並協助其開展各項業務，確保每週不少於一次的深度訪談，同時填寫「經銷商每週拜訪表」和「經銷商每月庫存報表」報送上級。
2. 通路主管、行銷部經理應經常與經銷商進行電話溝通，並確保每季度的拜訪數量不少於一次。

表8-5(續)

第10條 培訓與監督。

1.通路專員組織經銷商的銷售人員參與本公司的培訓，並及時給予現場業務指導，以便其高品質地完成公司的各項銷售任務。

2.通路專員應嚴格監督經銷商履行與公司簽訂的各項合約，確保經銷商完成銷售目標。

3.通路專員對連續三個月以上未完成任務的經銷商應提出調整方案，並報上級審批後執行。

第11條 資訊傳達與反映。

1. 通路專員應準確、及時地向經銷商傳達公司的銷售政策、策劃方案及產品資訊等，並做好政策及方案的解釋工作，確保經銷商準確理解，積極配合。

2. 通路專員應對經銷商合作過程中的合約執行情況及營運狀況定期進行評估，並將評估結果反映給行銷部經理，根據行銷部經理的意見進行處理。

第五章 供貨與款項結算

第12條 供貨結算方式。

本公司原則上對經銷商實行現款結算，全額支付制度，即經銷商將全額貨款轉入本公司帳戶，本公司在收到經銷商貨款後，由物流部組織發貨。

第13條 供貨價格。

1. 本公司對甲、乙級經銷商實行完全統一的出貨價格。

2. 經銷商的供貨價格方案由行銷部制訂，並上報行銷總監審核，經公司總經理審批後實施。

3.新方案沒有公布前，所有經銷商業務一律按既定價格方案執行。

第14條 返利政策。

對於未嚴重違反本公司相關制度政策的各經銷商，按每年度完成的銷量結果，享受不同等級的年終返利政策。返利政策的制定標準如下所示。

1.完成任務的甲級經銷商比乙級經銷商享受的返利點數或額度應更高，以保證激勵的效果。

2.同一級別的經銷商，完成情況較好的應獲得更多返利，完成情況較差的則相對降低返利點數或額度。

表8-5(續)

第六章 經銷商的保密規定

第15條 經銷商在與公司合作過程中應保守公司的商業秘密。保密範圍包括以下三個方面的內容。

1. 公司與經銷商簽署的合約、協定、備忘錄和訂單等商業文件內的一切資訊。

2. 公司與經銷商合作期間,向經銷商提供的公司產品價格、政策、技術、市場研究等商業資訊。

3. 經銷商與公司合作過程中瞭解到的技術秘密、市場秘密、財務秘密、管理秘密以及其他秘密。

第16條 未經公司書面同意,經銷商不得對外公布或向第三方透漏本公司的任何保密資訊。

第17條 如經銷商違反以上規定,公司將視情況輕重進行處罰並追究相關責任。

第七章 經銷協議的終止與續簽

第18條 本公司與經銷商所簽訂的經銷協議有效期一般為一年。

第19條 經銷協議期滿,如雙方不予續簽的,需於合約期滿前一個月以書面形式通知對方。雙方進行財務和物資清算後,即可終止協議。

第20條 經銷協議期滿,經銷商希望繼續簽訂經銷協議,需於合約期滿前一個月提出書面申請,由公司根據協議有效期期間經銷商的表現確定是否繼續簽訂協定。

第八章 附則

第21條 本制度由行銷部負責制定及解釋。

第22條 本制度自＿＿年＿＿月＿＿日起實施。

編制日期		審核日期		批准日期	
修改標記		修改處數		修改日期	

8.4.4 加盟商管理制度

加盟商管理制度如表 8-6 所示：

表 8-6 加盟商管理制度

制度名稱	加盟商管理制度	編號	
執行部門		監督部門		編修部門	

第一章 總則

第1條 目的。

為了進一步擴大公司的連鎖機構規模，形成規模效應，並對各加盟店進行科學規範的管理，特制定本制度。

第2條 適用範圍。

本公司一切與連鎖加盟經營管理有關的活動，均需按照本制度執行。

第二章 連鎖加盟管理規定

第3條 加盟條件。

1. 連鎖加盟店的投資人可以是自然人或法人，具體規定如下。

(1) 自然人：無不良財務記錄，有實際投資經驗，個人資信度良好，且個人資產在25萬元以上。

(2) 法人：合法經營，無不良經營記錄，公司淨資產不低於50萬元。

2. 提供面積為100平方公尺以上的辦公室或店面作為經營場所。

3. 與已加盟的會員不直接競爭，相隔距離在___公尺以上為原則，有無競爭關係由本公司認定。

4. 認同本公司的企業文化，以誠信為本，不急功近利。

5. 願意接受本公司的統一管理。

6. 有客戶服務意識和團隊合作精神。

第4條 合作方式。

合作方有意向加入到本公司的發展事業中，並以資金或部分有形資產入股的形式合作。

表8-6(續)

1. 投資與股份所占比例：合作方投入資金（含有形資產淨值）所占股份為49%；本公司投入資金（包括有形資產和無形資產），所占股份為51%。

2.管理形式：按照股份制性質執行公司的各項管理工作。

第5條 費用標準。

由公司行銷部透過實地考察並對市場情況進行分析後，按如下項目收取費用。

1. 保證金：加盟單位在導入公司品牌後的使用、維護保證金。

2. 加盟費：公司品牌導入、商標使用許可、無形資產共用的綜合收費。

3. 三年管理費：公司在加盟單位加盟前期協助其組建機構、啟動市場、培訓員工等方面投入及正常運作過程中的追蹤管理投入。

4. 人力資源輸出費：根據加盟單位需要，公司輸出的人力資源工資、社保及其他福利待遇費用。

第6條 加盟商的權利與職責。加盟商的權利與職責如下表所示。

加盟商的權利與職責

加盟商的權利與職責

加盟商的權利	加盟商的職責
☆ 使用「XX」的商號、商標經營店鋪 ☆ 使用「XX」的商標做廣告宣傳活動 ☆ 經銷公司自己開發的商品 ☆ 實行內外包裝統一，並採用共同管理方式 ☆ 接受公司的經營技術、裝修等指導，並按指導要領營業 ☆ 接受經挑選的統一商品及物品的供給，並使用統一的訂貨單 ☆ 參加公司統一舉辦的宣傳廣告，促進銷售及其他的共同活動 ☆ 接受公司提供的必要情報	☆ 按期按量向公司繳納加盟費用 ☆ 服從公司的統一管理和協調 ☆ 按照公司連鎖營運規則營運 ☆ 維護公司的品牌美譽度 ☆ 使用公司統一的CI形象

第三章 連鎖加盟商營運管理規定

第7條 商品供給方法。

1.在加盟店經銷的商品中，至少有50%以上商品要從本公司進貨，以達

表 8-6(續)

到進貨集中化。

2. 商品的供給，原則上依公司所定的定期配送系統配給。

第8條 貨款結算日期。

加盟店每月1日至月底所進的貨款，於次月5日前匯送至公司指定的銀行，或將支票寄至公司。

第9條 退換貨處理。

1. 由公司所供給的商品，原則上不予退貨。

2. 公司承認的退貨期限內的特定品，可調換。

3. 調換、退貨所需的運費及其他損失，如公司無過失，其費用由加盟店負擔。

第10條 加盟店的保密責任。

加盟店不得將公司的計畫、營運、活動等的實況及內容洩漏給他人，特別是對以下事項應保守秘密，如有違反，造成本公司或其他加盟店損害的，當事人應負責賠償。

1. 經銷商品及物品類的採購廠商、價格、進貨條件

2. 加盟店的詳細經營內容，包括進貨、銷售、資金等方面的具體內容

3. 其他本公司指定的事項。

第11條 加盟店禁止行為。

1. 將從公司所進的商品提供給非加盟店。

2. 加入本公司以外的同業加盟店。

3. 毀損本公司的名譽。

4. 將公司所送的文件、情報（無正當理由）提供給他人。

第12條 解除加盟契約。

加盟店有下列各項事由時，公司可與其解除加盟契約。

1. 加盟店無正當理由，不服從公司管理規定時。

2. 加盟店的經營連續虧損六個月以上，經公司行銷部確認無法改善經營狀態時。

3. 加盟店經營者申請破產，或受強制執行，或執行保全處分，或拒絕往來處分時。

表8-6(續)

4. 加盟店經營者與他人發生經濟糾紛，導致加盟店的經營會受影響時。

5. 對公司的債務履行不及時，雖經勸告仍不履行時。

第13條 加盟店除名。

有下列事由時，公司有權將該加盟店除名。

1. 加盟店對本制度有重大違反時。

2. 加盟店出現明顯有損本公司的信用的行為時。

3. 加盟店妨礙本公司正常的連鎖營運時。

第14條 加盟店退出加盟契約。

1. 加盟店無論何時，均可退出本連鎖組織，但解除加盟契約應至少提前三個月以書面形式通知公司。

2. 加盟店欲與本公司解除加盟契約，需將以下事項處理完畢。

(1) 遵從公司指示，將店鋪內外所有的加盟店名稱撤除或抹除。

(2) 遵從公司指示，將經售商品、價格表及其他本公司送付的物品、文件送還。

(3) 配合公司對指定的商標商品進行回收，其回收價格應服從公司的規定。

(4) 對公司或其他加盟會員的債務要立即償還。

(5) 實施上列各項所需一切費用，由加盟店負擔。

(6) 由於解除契約，對本公司產生具體損害時，應予以賠償。

第五章 附則

第15條 關於加盟店的營運，本制度或另訂的各種規則中無規定時，由公司斟酌決定。

第16條 本制度由行銷部制定、解釋及修改，自發布之日起執行。

編制日期		審核日期		批准日期	
修改標記		修改處數		修改日期	

8.4.5 代理商管理制度

代理商管理制度如表 8-7 所示：

表 8-7 代理商管理制度

制度名稱	代理商管理制度		編號	
執行部門		監督部門		編修部門

第1條　目的。

為加強對全國代理商的統一管理，規範各級代理商行為，確保公司產品在各代理區域的順利銷售，特制定本制度。

第2條　適用範圍。

本制度適用於本公司各級代理商。

第3條　代理區域。

各級代理商業務範圍只限合約內的代理區域。代理商如欲在指定範圍以外的區域進行銷售活動，應事先與公司聯絡，取得書面認可。

第4條　代理商的申請條件。

申請成為本公司代理商的企事業單位或個人應符合如下條件，具體如下表所示。

代理商的申請條件

代理商	申請條件
省級代理商	1. 必須是可以獨立承擔民事責任的企業，註冊資金250萬元以上 2. 企業信譽優良，在當地有很好的行業資源和客戶基礎 3. 有專門而穩定的銷售團隊，能按季度完成銷售任務 4. 熟悉本公司產品，認同本公司理念，支持本公司的市場通路策略 5. 具有敬業精神和良好的服務意識，能為本地的客戶提供相應的服務和支援 6. 簽訂協議時，首批進貨金額不低於＿＿萬元，並承諾每年不低於＿＿萬元的銷售額
市級代理商	1. 必須是可以獨立承擔民事責任的企業，註冊資金100萬元以上 2. 企業信譽良好，有較好的客戶資源和商業銷售經驗，能按季度完成銷售任務 3. 具備為最終用戶提供售後服務、培訓及技術支援的能力 4. 簽訂協議時，首次進貨額不低於＿＿萬元，並承諾每年不低於＿＿萬元的銷售額

表 8-7(續)

縣級代理商	1. 必須是可以獨立承擔民事責任的企業或個人 2. 信譽良好，在當地有一定的客戶資源 3. 簽訂協定時，首次進貨金額不低於10萬元，並承諾每年不低於___萬元的銷售額

第5條 代理商的申請步驟。

代理商的申請步驟如下圖所示。

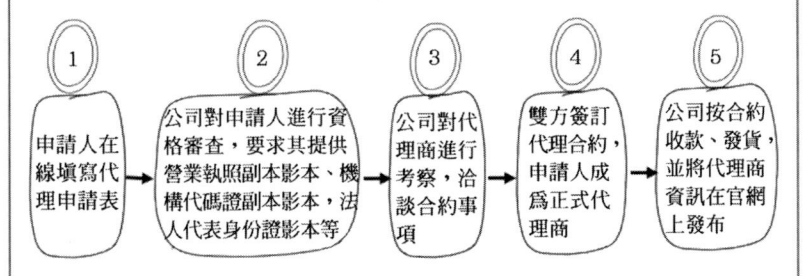

① 申請人在線填寫代理申請表 → ② 公司對申請人進行資格審查，要求其提供營業執照副本影本、機構代碼證副本影本，法人代表身份證影本等 → ③ 公司對代理商進行考察，洽談合約事項 → ④ 雙方簽訂代理合約，申請人成為正式代理商 → ⑤ 公司按合約收款、發貨，並將代理商資訊在官網上發布

代理商的申請步驟

第6條 代理產品及服務。

代理商所經營的產品及服務必須是由本公司所提供的相關產品及服務，具體內容以本公司與代理商所簽署的代理協定規定為準。

第7條 經銷處設置。

代理商可在自己的責任範圍內設置經銷處及代辦處等，但在設置之前須與本公司聯絡，獲得書面認可。

第8條 首次進貨說明。

代理商的首次進貨款不予退還。

第9條 產品銷售價格。

公司發貨給代理商的產品價格與代理商出售給顧客的產品價格，必須依照本公司規定的價格政策進行。

第10條 代理政策。

1. 訂貨與供貨：遵循先訂貨後發貨的原則向代理商供貨。
2. 結算方式：付款方式為電匯或支票，款到發貨。

表8-7(續)

3.運輸：若客戶未指定物流公司，一概走公司長期合作的物流企業。

4.宣傳資料：依據訂購產品的數量，隨貨提供相應的宣傳品及產品資料。

5.政策變化：在代理銷售期間，由於本公司在產品及市場政策等方面發生變化，將提前通知代理商並與代理商協商解決由於政策變化而產生的問題。

第11條 代理商培訓。

1.本公司將不定期對代理商進行技術培訓和銷售培訓，並在受訓人員通過考試後，頒發培訓證書。

2.代理商也可以到本公司總部來接受現場培訓指導，其費用自理。

第12條 銷售獎勵。

代理商在協定有效期內，超額完成年度最低銷售額，本公司對超額部分除支付規定的佣金外，另給予額外獎勵。具體獎勵辦法由行銷部制定。

第13條 代理商的義務及禁止事項。

1. 代理商在代理期間需盡職推廣本公司產品。

2. 代理商負責代理區域的產品代理和用戶開發，不准跨區域銷售。

3. 代理商發展的經銷商由各代理商自行負責管理，代理商有義務將發開發的經銷商、經銷處等名單匯總到公司。

4. 代理商要及時向本公司彙報當地銷售情況及市場預測，提交客戶名冊、銷售報告等資料。

5. 代理商不得複製、洩露代理產品資訊給用戶外的任何第三方使用，不得自行開發或協助第三方開發與本公司產品類似的產品。

6. 代理商必須嚴守公司有關的商業機密，不得將在合作中所獲知的本公司的商業資料與客戶資料洩露給第三得知。

7. 代理商應努力提高服務水準，不得損害本公司的形象和聲譽，不得用欺騙或非法的方法來銷售產品。

第14條 停止服務。

協定期間代理商如有違約情況發生，本公司有權單方面解除代理協定。如因代理商違約而造成本公司損害的，本公司保留依據相關法律法規要求其賠償的權利。

第15條 本制度由行銷部負責制定、解釋及修訂。

8.4 行銷通路管理制度

第 16 條 本制度經公司總經理審批透過後，自下發之日起實施。

編制日期		審核日期		批准日期	
修改標記		修改處數		修改日期	

8.4.6 終端店鋪管理制度

終端店鋪管理制度如表 8-8 所示：

表 8-8 終端店鋪管理制度

制度名稱	終端店鋪管理制度		編號	
執行部門		監督部門	編修部門	

第一章 總則

第1條 目的。

為提高公司的銷售業績及顧客滿意度，對本公司銷售終端店鋪的產品陳列、鋪貨、員工行為等進行規範，特制定本制度。

第2條 適用範圍。

本制度適用於公司行銷部對銷售終端的管理。

第二章 終端鋪貨陳列管理

第3條 新終端的導入。

1. 新終端的導入是行銷業務人員的日常工作之一，對導入的新終端要小心照顧，培養信心，加快回款。

2. 新終端的開發應以方便消費者就近購買為依據。

3. 對新終端，行銷業務人員應做到少供貨、多跑動、多照顧。

第4條 終端的溝通。

1. 業務人員必須詳細瞭解終端營業員的基本情況、喜好、習慣等，建立終端營業員檔案。

2. 業務人員必須向營業員詳細介紹產品知識，使其熟練掌握。

表 8-7（續）

表8-8(續)

3.業務人員應利用合法手段對營業員進行公關，促進與營業員的感情交流，使其願意推薦公司產品。

第5條 終端鋪貨要求。

4. 終端鋪貨人員負責具體鋪貨工作，並如實、及時地填寫上報鋪貨日報表。

5. 業務人員對終端鋪貨人員提交的鋪貨日報表檢查核實，確保鋪貨的實際情況達到標準。

6. 業務人員要積極與終端鋪貨人員進行溝通，以便及時處理相關問題，如遇到自己職權範圍內無法解決的問題，需向上級請示，不得私自做主。

第6條 終端商品陳列。

終端商品陳列應遵從以下15大原則，具體如下表所示。

終端商品陳列原則

陳列原則	原則說明
顯而易見原則	★商品陳列要醒目，展示面要大且力求生動美觀
最大化陳列原則	★在沒有糾紛的情況下儘量占據較多的產品空間，盡可能增加貨架上的產品數量
垂直集中陳列原則	★除非終端店鋪有特殊規定，一定要把公司所有規格和品種的產品垂直集中展示，符合人們的先上下、後左右的視覺習慣
下重上輕原則	★將重的、大的產品擺在下面，小的、輕的產品擺在上面，利於消費者拿取
全品項原則	★盡可能多地把公司的產品按品項分類陳列在一個貨架上
滿陳列原則	★讓公司的產品擺滿陳列架，做到滿陳列
陳列動感原則	★在滿陳列的基礎上要有意拿掉貨架最外層陳列的幾種產品，這樣既方便消費者拿取，又可以顯示產品的銷售狀況良好
重點突出原則	★陳列要突出主打產品的位置，做到主次分明，讓消費者一目了然
伸手可取原則	★將產品放在消費者最方便、最易拿取的地方
統一性原則	★所有陳列在貨架上的產品，必須統一將中文商標正面朝向消費者，達到整齊劃一、美觀醒目的展示效果。另外，商品整體陳列的風格和基調要統一
整潔性原則	★保證所有陳列的商品整齊、清潔
價格醒目原則	★價格標示牌必須清楚、醒目且正確無誤

表8-8(續)

先進先出原則	★ 按出廠日期將先出廠的產品擺放在最外一層，最近出廠的產品放在裡面，避免產品過期。專架、堆頭的產品至少每兩週翻動一次
最低儲量原則	★ 確保終端店鋪內庫存產品數量、品種、規格不低於「安全庫存線」
堆頭規範原則	★ 遵循整體、協調、規範的原則，更集中、更突出地展示公司產品

第7條 終端拜訪工作流程。

1. 制訂終端拜訪計劃：計劃必須明確拜訪物件、拜訪路線、拜訪目的等。

2. 做好拜訪準備：拜訪前必須準備好以下宣傳單頁、小禮品、產品證、報價單、工作日記、名片等。

3. 實施拜訪計劃，對突發事件進行分析、上報。

4. 填寫日報表。

第三章 終端導購人員日常管理

第8條 導購人員應遵守終端店鋪的工作時間，不得遲到、早退或半途隨意離開工作地點，若有事必須提前向上司請假，獲批准後方可離開。

第9條 導購人員應隨時保持熱情有禮的態度、整潔的儀容儀表，使用文明用語。

第10條 導購人員上班時間嚴禁爭吵，如發生此類事件，第一次應予以口頭警告，第二次則開除處理。

第11條 導購人員應時刻維護公司形象，不可有任何有損公司形象的行為，並保守公司秘密。

第四章 附則

第12條 本制度由行銷部負責制定、解釋及修訂。

第13條 本制度自發布之日起執行。

編制日期		審核日期		批准日期	
修改標記		修改處數		修改日期	

第 9 章 廣告公關管理業務·流程·標準·制度

9.1 廣告公關管理業務模型

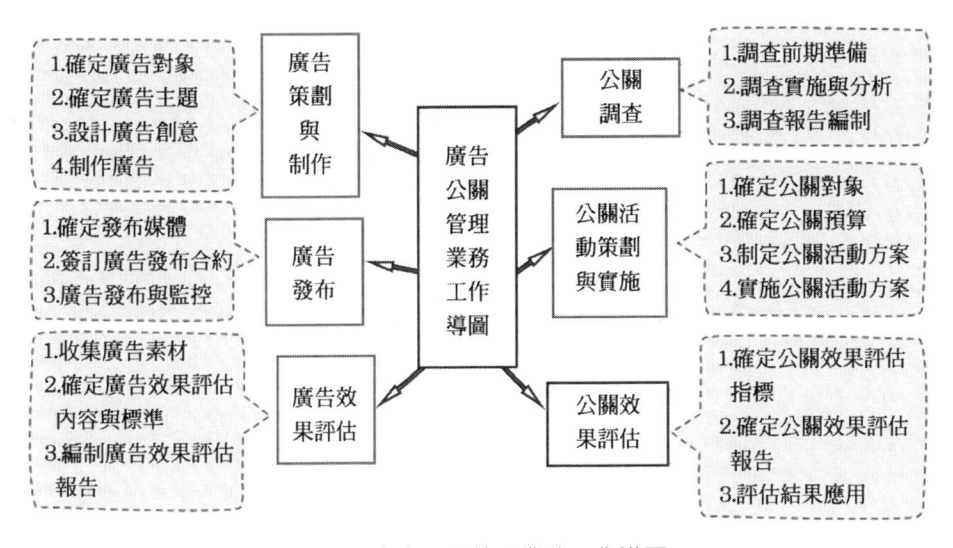

9.1.1 廣告公關管理業務工作導圖

廣告公關是企業打響品牌知名度，樹立良好對外形象的主要手段。企業通常從廣告策劃與製作、廣告發佈、廣告效果評估、公關調查、公關活動策劃與實施、公關效果評估這六個角度來開展廣告公關管理業務。廣告公關管理業務的工作導圖如圖 9-1 所示。

圖 9-1 廣告公關管理業務工作導圖

9.1.2 廣告公關管理主要工作職責

一般來說，圖 9-1 所列示的廣告公關工作事項主要由行銷部組織管理。在開展廣告公關管理工作時，行銷部可依據圖 9-1 明確的工作事項進行職責的分工。具體職責說明如表 9-1 所示。

表 9-1 廣告公關管理工作職責說明表

工作職責	職責具體說明
廣告策劃與製作	1. 收集相關資料，並做好資料的分析工作 2. 確定廣告目標，並在此基礎上編制廣告策劃方案 3. 根據實際需要，安排企業廣告製作人員或者選用外部製作單位，完成廣告製作工作
廣告發布	1. 選擇發布媒體，確定發布時間，定時定點發布廣告 2. 監督廣告發布情況，調整廣告發布策略
廣告效果評估	對廣告的效果進行評估，並編制廣告效果評估報告
公關調查	1. 運用合理的調查方式，對企業自身情況、公眾對象狀況、傳播媒體狀況、社會環境狀況、公共關係現狀等進行調查 2. 及時編制公共關係調查報告，提示公共關係管理中取得的成果及問題所在
公關活動策劃與實施	1. 制訂公關活動策劃方案，並上報審批 2. 公關活動策劃方案經審批通過後，嚴格組織實施，確保公關效果達到預期目標
公關效果評估	1. 對公關的效果進行評估，並編制公關效果評估報告 2. 將公關效果評估的結果應用在以後的工作活動中，不斷提升公關水準

9.2 廣告公關管理流程

9.2.1 主要流程設計導圖

為保障廣告公關管理流程的系統性與全面性,企業可從廣告策劃與製作、廣告發佈、廣告效果評估、公關調查等方面進行整體設計。廣告公關管理流程設計導圖如圖 9-2 所示。

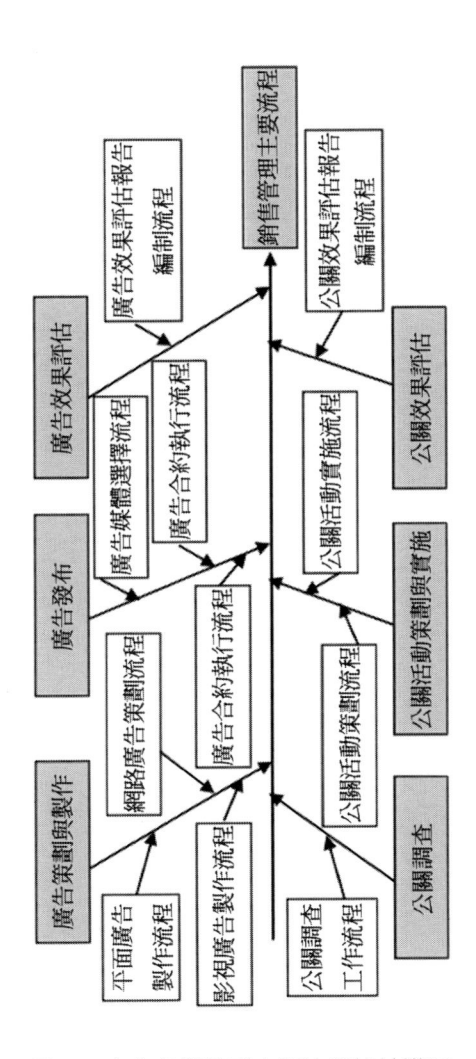

圖 9-2 廣告公關管理主要流程設計導圖

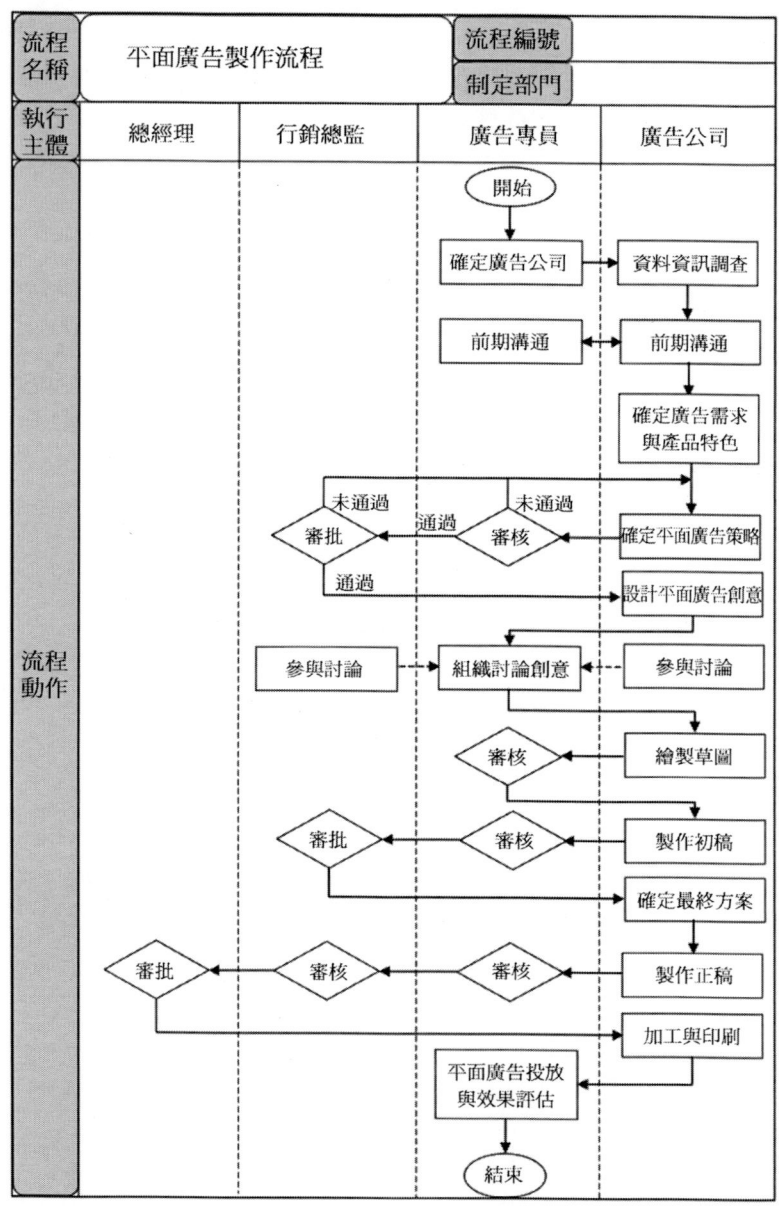

9.2.2 平面廣告製作流程

平面廣告製作流程如圖 9-3 所示：

流程名稱	平面廣告製作流程		流程編號	
			制定部門	
執行主體	總經理	行銷總監	廣告專員	廣告公司
流程動作			開始 ↓ 確定廣告公司 → 資料資訊調查 ↓ 前期溝通 ↔ 前期溝通 ↓ 確定廣告需求與產品特色 ↓ 審核（未通過→審批→通過）→ 確定平面廣告策略 ↓ 設計平面廣告創意 ↓ 組織討論創意 ← 參與討論／參與討論 ↓ 審核 → 繪製草圖 ↓ 審核 ← 審批 → 製作初稿 ↓ 確定最終方案 ↓ 審核 ← 審核 ← 審批 → 製作正稿 ↓ 加工與印刷 ↓ 平面廣告投放與效果評估 ↓ 結束	

圖 9-3 平面廣告製作流程

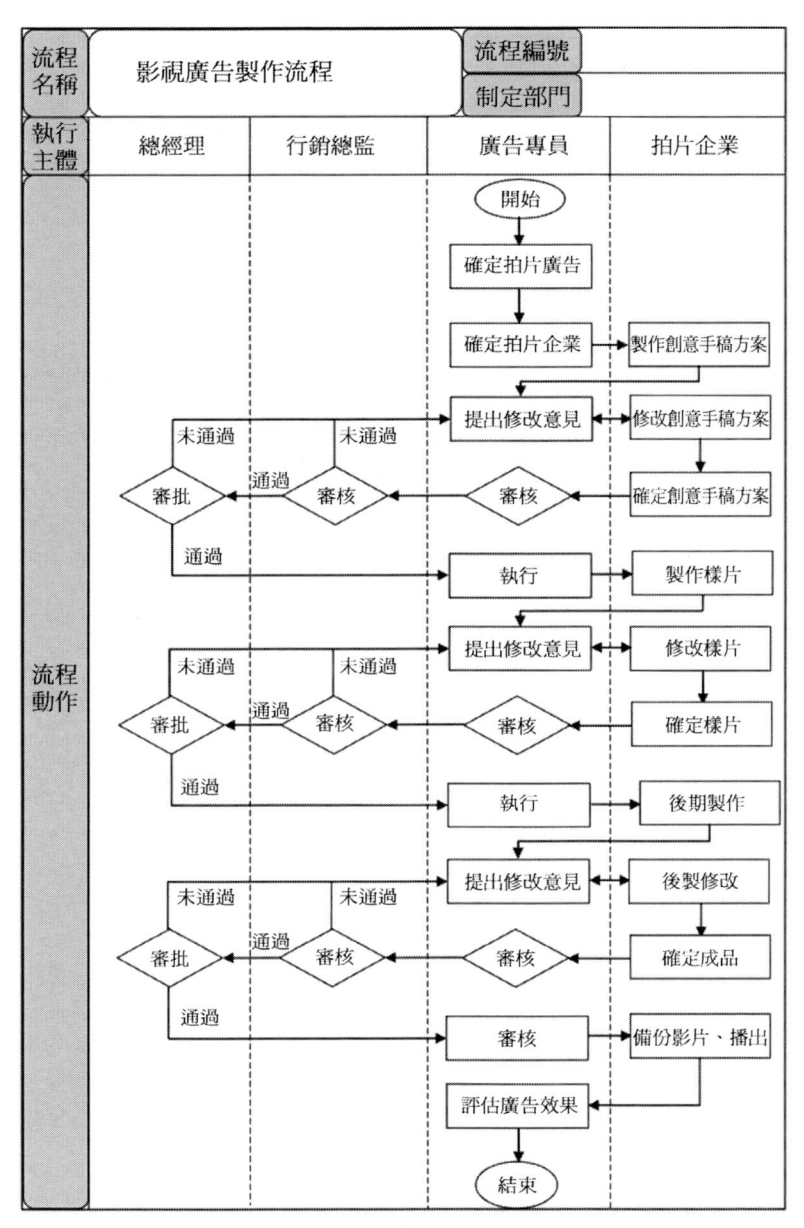

9.2.3 影視廣告製作流程

影視廣告製作流程如圖 9-4 所示：

流程名稱	影視廣告製作流程		流程編號	
			制定部門	
執行主體	總經理	行銷總監	廣告專員	拍片企業
流程動作			開始 → 確定拍片廣告 → 確定拍片企業 → 提出修改意見 → 審核 → 執行 → 提出修改意見 → 審核 → 執行 → 提出修改意見 → 審核 → 審核 → 評估廣告效果 → 結束	製作創意手稿方案 → 修改創意手稿方案 → 確定創意手稿方案 → 製作樣片 → 修改樣片 → 確定樣片 → 後期製作 → 後製修改 → 確定成品 → 備份影片、播出

圖 9-4 影視廣告製作流程

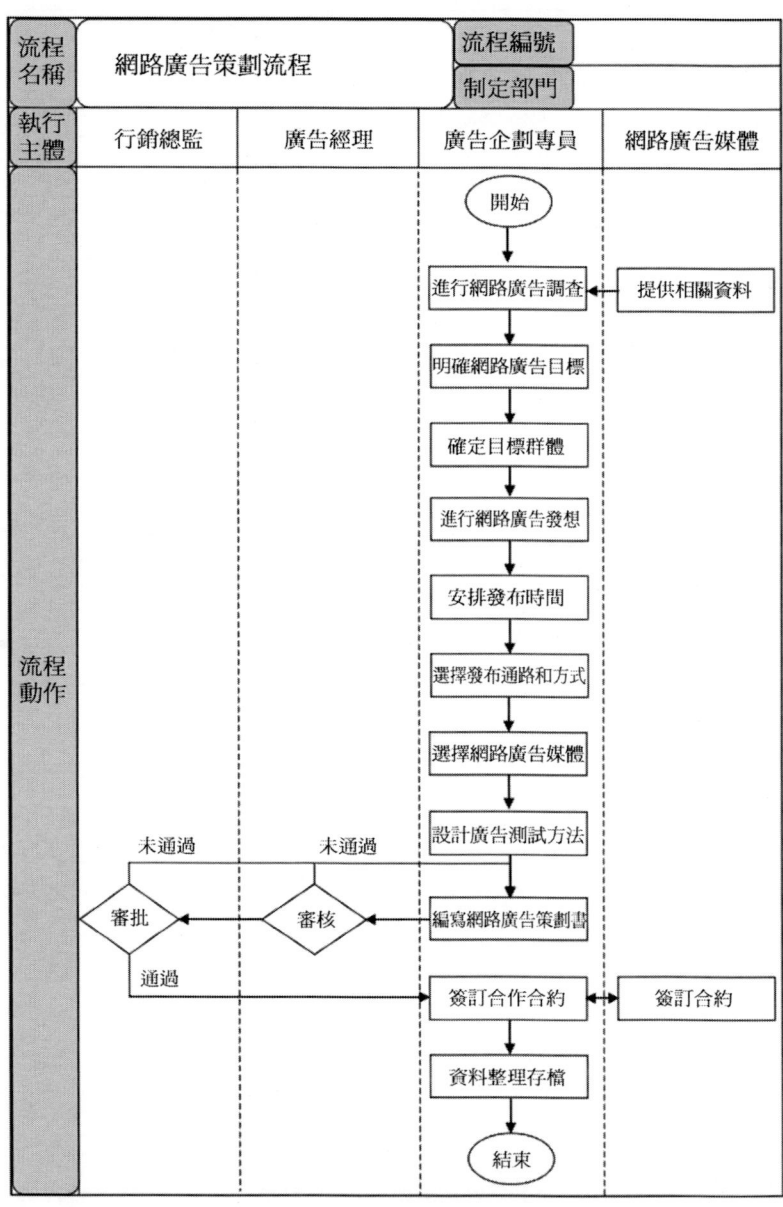

9.2.4 網絡廣告策劃流程

網絡廣告策劃流程如圖 9-5 所示：

流程名稱	網路廣告策劃流程		流程編號	
			制定部門	
執行主體	行銷總監	廣告經理	廣告企劃專員	網路廣告媒體
流程動作	審批（未通過／通過）	審核（未通過）	開始 → 進行網路廣告調查 → 明確網路廣告目標 → 確定目標群體 → 進行網路廣告發想 → 安排發布時間 → 選擇發布通路和方式 → 選擇網路廣告媒體 → 設計廣告測試方法 → 編寫網路廣告策劃書 → 簽訂合作合約 → 資料整理存檔 → 結束	提供相關資料；簽訂合約

圖 9-5 網絡廣告策劃流程

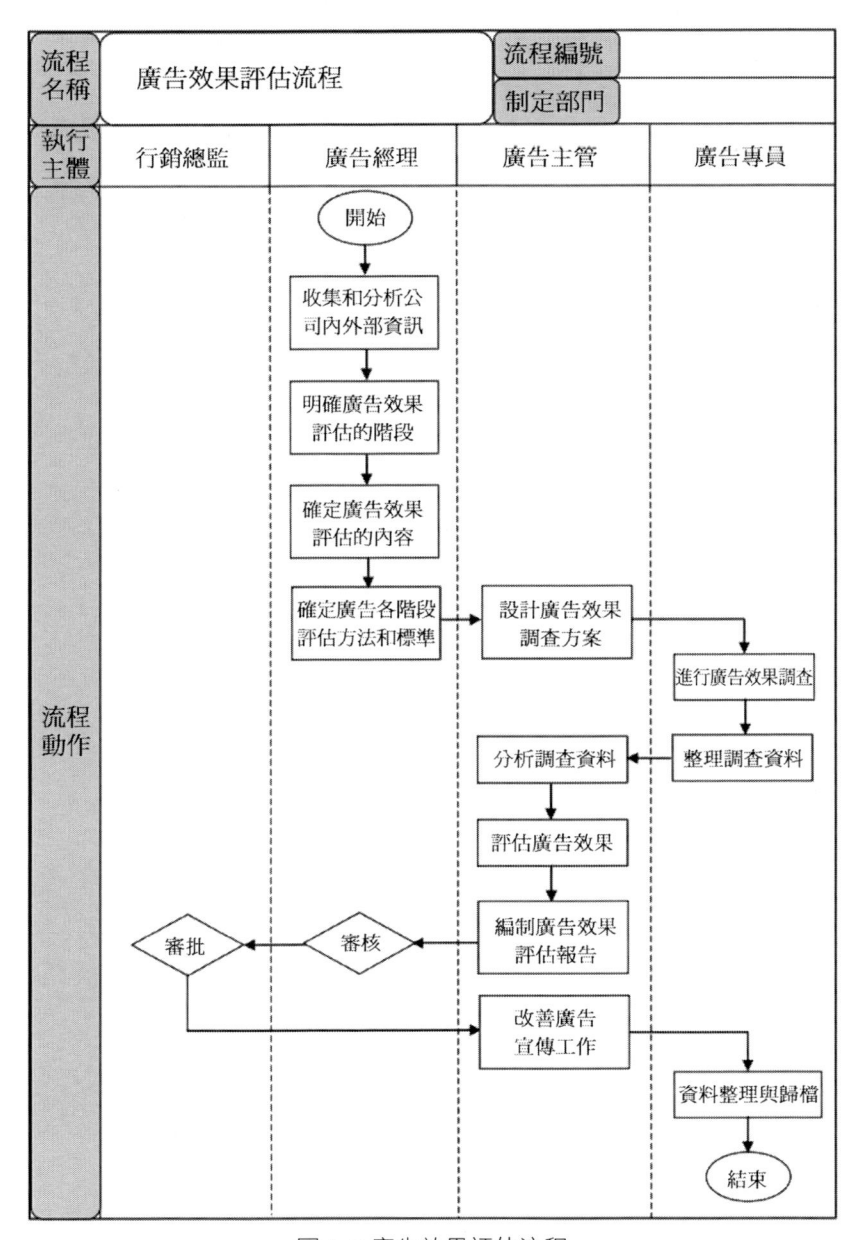

9.2.5 廣告效果評估流程

廣告效果評估流程如圖 9-6 所示：

流程名稱	廣告效果評估流程		流程編號	
			制定部門	
執行主體	行銷總監	廣告經理	廣告主管	廣告專員
流程動作		（開始）→ 收集和分析公司內外部資訊 → 明確廣告效果評估的階段 → 確定廣告效果評估的內容 → 確定廣告各階段評估方法和標準	設計廣告效果調查方案 → 分析調查資料 → 評估廣告效果 → 編制廣告效果評估報告 → 改善廣告宣傳工作	進行廣告效果調查 → 整理調查資料 → 資料整理與歸檔 →（結束）
	審批 ← 審核			

圖 9-6 廣告效果評估流程

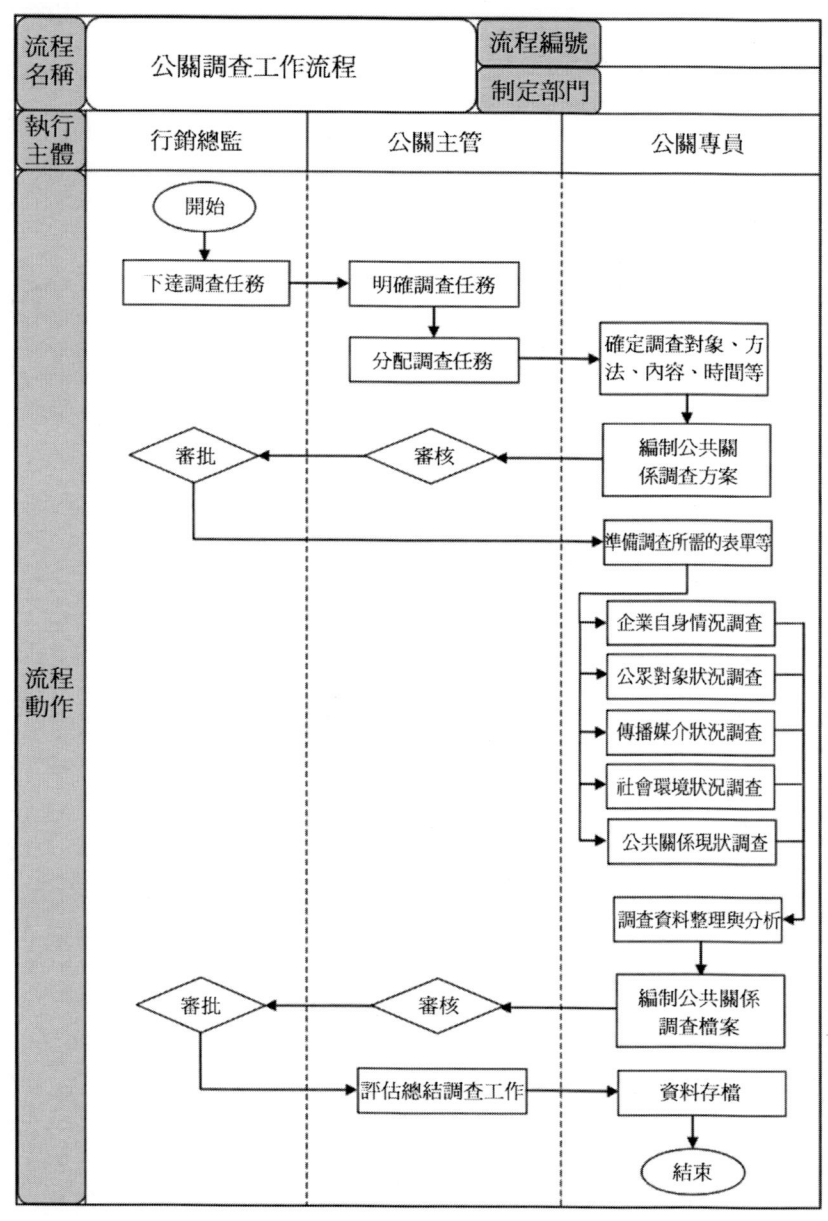

9.2.6 公關調查工作流程

公關調查工作流程如圖 9-7 所示：

流程名稱	公關調查工作流程		流程編號	
			制定部門	
執行主體	行銷總監	公關主管		公關專員

流程動作：

開始 → 下達調查任務 → 明確調查任務 → 分配調查任務 → 確定調查對象、方法、內容、時間等 → 編制公共關係調查方案 → 審核 → 審批 → 準備調查所需的表單等 → 企業自身情況調查 → 公眾對象狀況調查 → 傳播媒介狀況調查 → 社會環境狀況調查 → 公共關係現狀調查 → 調查資料整理與分析 → 編制公共關係調查檔案 → 審核 → 審批 → 評估總結調查工作 → 資料存檔 → 結束

圖 9-7 公關調查工作流程

9.2 廣告公關管理流程

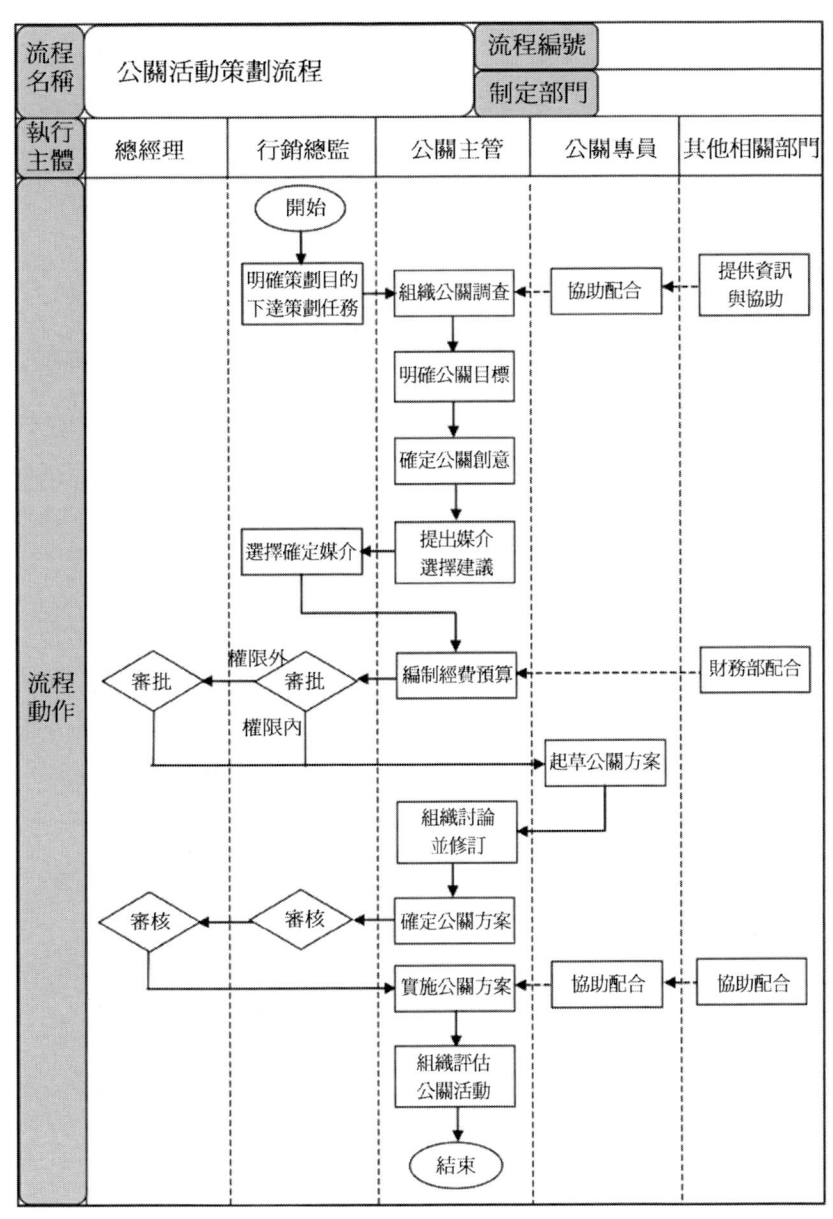

9.2.7 公關活動策劃流程

公關活動策劃流程如圖 9-8 所示：

圖 9-8 公關活動策劃流程

205

9.3 廣告公關管理標準

9.3.1 廣告公關管理業務工作標準

廣告公關管理各項業務的工作標準如下表 9-2 所示。

表 9-2 廣告公關管理業務工作標準

工作事項	工作依據與規範	工作成果或目標
廣告策劃與製作	●廣告策劃流程、廣告製作管理流程、廣告製作管理制度	(1) 廣告方案一次性通過率達100% (2) 廣告製作計劃完成率達100%
廣告發布	●廣告發布合約、廣告發布標準 ●廣告發布管理流程、廣告發布管理制度	(1) 廣告到達率達 ___%以上 (2) 廣告千人成本低於 ___元
廣告效果評估	●廣告效果調查報告、廣告效果評估標準 ●廣告效果評估流程、廣告效果評估制度	廣告效果評估報告提交及時率達100%
公關調查	●公關調查工作流程、公關調查實施方案、公關調查編制方案	(1) 公關調查計劃完成率達100% (2) 公關調查報告準確率達100%
公關活動策劃與實施	●公關活動記錄表、公關活動預算表 ●公關活動策劃流程、公關活動實施流程、公關活動計劃、公關活動方案	(1) 公關計劃完成率達100% (2) 負面報導數量為零 (3) 危機公關處理滿意度達100分
公關效果評估	●公關效果調查報告、公關效果效果評估標準 ●公關效果評估流程、公關效果評估制度	公關效果評估報告提交及時率達100%

9.3.2 廣告公關管理業務績效標準

廣告公關管理業務的績效標準如表 9-3 所示。

表 9-3 廣告公關管理業務績效標準

工作事項	評估指標	評估標準
廣告策劃與製作	廣告方案一次性通過率	1. 廣告方案一次性通過率 = $\dfrac{\text{一次性通過的廣告策劃方案數量}}{\text{提交的廣告策劃方案}} \times 100\%$ 2. 廣告方案一次性通過率應達到___%，每降低___%，扣___分；低於___%，本項不得分
	廣告製作計劃完成率	1. 廣告製作計劃完成率 = $\dfrac{\text{實際完成的廣告製作項目}}{\text{計劃完成的廣告製作項目}} \times 100\%$ 2. 廣告製作計劃完成率應達到___%，每降低___個百分點，扣___分；低於___%，本項不得分
廣告發布	廣告到達率	1. 廣告到達率 = $\dfrac{\text{看到該廣告的消費者數量}}{\text{消費者總數量}} \times 100\%$ 2. 廣告到達率應達到___%，每降低___個百分點，扣___分；低於___%，本項不得分
	廣告千人成本	1. 廣告千人成本 = $\dfrac{\text{廣告費用}}{\text{該期廣告受眾規模}} \times 1000$ 2. 廣告千人成本應低於___元，千人成本每增加___元，扣___分；高於___元，本項不得分
	廣告效果評估報告提交及時率	1. 廣告效果評估報告提交及時率 = $\dfrac{\text{及時提交的廣告效果評估報告數量}}{\text{提交的廣告效果評估報告總量}} \times 100\%$ 2. 廣告效果評估報告提交及時率應達到___%，每降低___個百分點，扣___分；低於___%，本項不得分
公關調查	公關調查計劃完成率	1. 公關調查計劃完成率 = $\dfrac{\text{實際完成的公關調查項目}}{\text{計劃完成的公關調查項目}} \times 100\%$ 2. 公關調查計劃完成率應達到___%，每降低___個百分點，扣___分；低於___%，本項不得分

表9-3(續)

公關活動策劃與實施	公關計劃完成率	1. 公關計劃完成率＝$\frac{實際完成的公關項目數}{計劃完成的公關項目數}$×100% 2. 公關計劃完成率應達到___％，每降低___個百分點，扣___分；低於___％，本項不得分
	負面報導數量	負面報導數量不得超過二次，每增加___次，該項扣___分；高於___次，本項不得分
	危機公關處理滿意度	滿意度評分應達到___分以上，每降低___分，該項扣___分；低於___分，本項不得分

9.4 廣告公關管理制度

9.4.1 制度解決問題導圖

　　廣告公關管理制度可以明確企業廣告策劃、製作、發佈等流程，為企業公關活動的順利開展提供指引與保障等，具體的制度解決問題如圖9-9所示。

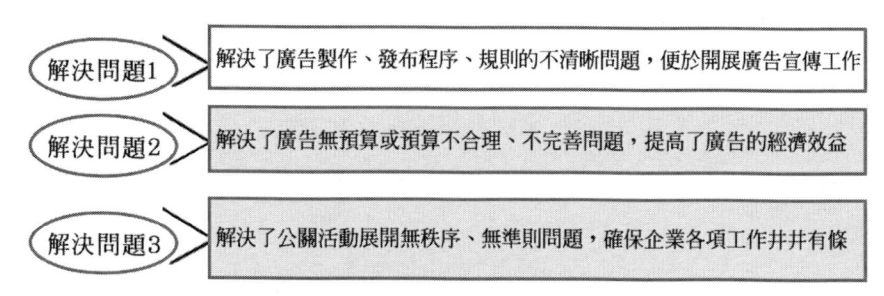

解決問題1：解決了廣告製作、發布程序、規則的不清晰問題，便於開展廣告宣傳工作

解決問題2：解決了廣告無預算或預算不合理、不完善問題，提高了廣告的經濟效益

解決問題3：解決了公關活動展開無秩序、無準則問題，確保企業各項工作井井有條

圖9-9 廣告公關管理制度解決問題導圖

9.4.2 廣告管理控制制度

廣告管理控制制度如表 9-4 所示：

表 9-4 廣告管理控制制度

制度名稱	廣告管理控制制度		編號	
執行部門		監督部門		編修部門

第一章 總則

第1條 目的。

為了規範公司廣告管理的各項工作，節約廣告成本，提高廣告在企業行銷和品牌建設方面的作用，特制定本制度。

第2條 適用範圍。

本制度適用於廣告創意、廣告製作與發布、廣告效果評估等一系列與廣告管理有關的事項。

第3條 職責劃分。

1.行銷部經理負責廣告策劃方案的審核工作，超出年度廣告預算的應報公司總經理審批。

2.廣告主管負責編制廣告策劃方案，並組織廣告策劃方案的實施與管理工作。

3.廣告專員在廣告主管的領導下負責具體廣告策劃方案的編制，廣告製品的設計、製作與發布等工作。

第二章 廣告策劃管理

第4條 廣告環境分析。

1.制訂公司廣告策劃方案時，廣告主管應首先組織廣告專員進行市場調查工作，並對廣告環境進行充分分析，得出準確的分析結果。

2.廣告環境分析的內容包括可能會對本公司廣告活動造成影響的宏觀環境和微觀環境，如自然環境、政治環境、文化環境以及公司內部的產品、市場、行業狀況等。

第5條 廣告目標確定。

廣告主管結合公司行銷計畫、行銷目標及廣告環境分析結果等，確定廣告目標，具體類別如下圖所示。

通知	說服	提醒
●用於向市場告知有關新產品的情況、提出某項產品的新用途、通知價格變化等	●為了建立客戶的品牌偏好，改變客戶對產品屬性的直覺，說服消費者馬上購買。	●提示客戶不要忘記購買產品的地點、方式，提醒客戶此產品正是其所需的，有利於保持知名度，使客戶記住公司產品

廣告目標分類圖

第6條 廣告對象確定。

廣告主管需針對公司產品特徵進行市場區隔，確定廣告活動所針對的受眾。

第7條 廣告主題確定。

廣告主管透過廣告對象的分析，確定廣告受眾的主要訴求，並在受眾訴求的基礎上確定廣告主題。

第8條 廣告創意設計。

廣告主管和廣告專員共同完成廣告創意的設計工作，也可以在公司內部徵集。

　1. 廣告創意原則。

　(1) 廣告創意必須以廣告主題為核心。

　(2) 廣告創意的表達方式和內容需獨特新穎。

　(3) 廣告意境應優美、形象、生動。

　2. 廣告創意依據。

　(1) 廣告創意要把握廣告產品的生命週期

　(2) 廣告創意必須突出廣告產品的特色及優勢

　(3) 廣告創意必須符合廣告受眾的審美觀念和情趣。

　(4) 廣告創意必須符合相關法律、文化風俗等。

表9-4(續)

3.廣告創意內容。

(1) 廣告資訊構思：包括資訊目標選擇、資訊主題探勘、資訊傳播策略選擇等內容。

(2) 廣告要素組合：即如何把有利於產品銷售的各要素巧妙地組合並表達出來。

(3) 廣告創造構思；包括廣告題材選擇、表現方式構思、廣告情感策劃等內容。

第9條 廣告費用預算。

廣告主管進行準確、合理的廣告費用預算，並報行銷部經理、財務部審核，公司總經理審批。

第10條 編制廣告策劃方案。

廣告專員需根據廣告創意設計的相關內容，編制廣告策劃方案，並報廣告主管審核。

第11條 廣告策劃方案審核與實施。

廣告主管審核通過後，需將廣告策劃方案報行銷部經理審批。審批通過後，廣告專員組織實施。

第三章 廣告製作與發布管理

第12條 確定製作形式。

廣告主管根據廣告策劃方案確定廣告製作形式。公司廣告的製作形式有電視廣告、電台廣告、戶外廣告、印刷類廣告、手機廣告、網路廣告六種。

第13條 選擇製作方式。

廣告主管根據實際需要，安排公司廣告製作人員或者選用外部專業廣告製作單位進行廣告製作。

第14條 審核審批廣告。

廣告製作完成後，廣告主管需根據國家之廣告法規及公司相關規定對製作完成的廣告進行審核，並報行銷部經理、副總審批。審批通過後，方可發布。

第15條 廣告發布。

表9-4(續)

　　1.在發布前,廣告主管應運用科學的方法對不同的媒體進行有計劃的選擇和優化組合,並與最終選擇的媒體簽訂廣告發布合約。
　　2.廣告主管根據與媒體簽訂的合約發布廣告,並對廣告發布的整個過程進行監督。
　　3.廣告發布的內容、形式等應符合國家法律法規和廣電總局的要求。

第四章 廣告效果評估管理

　　第16條 廣告效果評估內容。
　　廣告效果評估人員收集廣告發布效果的相關資料,對廣告效果進行全面、客觀的評價。本公司廣告效果評價主要從推廣效果、認知效果、心理變化效果、促進購買效果這四個方面進行。
　　第17條 廣告效果評估報告撰寫。
　　廣告效果評估人員應及時撰寫廣告效果評估報告,並報行銷部經理審批。廣告效果評估報告要做到文字簡潔流暢、邏輯關係嚴密、層次清楚、結構緊湊、數字真實可靠、內容客觀公正、有理有據。

第五章 附則

　　第18條 本制度由行銷部負責起草、修訂,並負責解釋及歸口管理。
　　第19條 本制度自公布之日起生效。

編制日期		審核日期		批准日期	
修改標記		修改處數		修改日期	

9.4.3 廣告費用預算規定

廣告費用預算規定如表 9-5 所示：

表 9-5 廣告費用預算規定

制度名稱	廣告費用預算規定		編號	
執行部門		監督部門		編修部門	

第一章 總則

第1條 為了合理利用廣告預算，嚴格控制公司廣告的各項開支，保障廣告宣傳工作順利展開，實現廣告目標，特制定本制度。

第2條 本制度適用於公司所有廣告的預算企劃、分配、使用管理、審查等工作。

第二章 廣告預算編制流程

第3條 調查研究。行銷部對公司所處的市場環境、社會環境、自身情況和競爭對手的情況進行調查。

第4條 綜合分析。行銷部結合公司廣告策略目標和調查情況進行綜合分析研究，確定公司廣告策略。

第5條 行銷部根據分析結果確定廣告目標、廣告媒體，制訂廣告策劃實施方案。

第6條 確定廣告預算的總額、目標和原則。

第7條 行銷部根據已確定的廣告預算總額、目標與原則，擬訂廣告預算的分配方案，盡可能設計出切實可行的方案。

第8條 行銷部透過反覆分析與比較，從多種方案中確定費用相對較小且收益較大的方案。

第9條 行銷部將最後確定下來的預算方案具體化，包括廣告經費各項目的明細表及責任分擔，廣告預算按產品、市場、媒體及其他項目進行預算分配，廣告專案的實施和預算總額之間的協調等。

表9-5(續)

第三章 廣告預算的分配與使用管理

第10條 行銷部應選擇合適的分配依據分配廣告預算。一般來說，本公司在分配廣告預算時，可依據以下內容進行分配，具體如下表所示。

廣告預算分配依據

分配依據	分配說明
廣告活動期限長短	☆分為長期性廣告預算分配和短期性廣告預算分配，同時包括年度廣告預算分配、季度廣告預算分配和月度廣告預算分配
廣告資訊傳播時機	☆公司應合理地把握廣告時機，採用突擊性廣告預算分配和階段性廣告預算分配搶占市場
產品在經營中的地位	☆使產品的廣告費用與產品的銷售額密切聯繫在一起，貫徹重點產品重點投入的經營方針
傳播媒體的不同	☆要結合產品、市場、媒體的使用價格等因素綜合考慮，使公司能使用綜合的傳播媒體達到廣告目標所要求的資訊傳播效果
區域	☆根據消費者的某一特徵將目標市場分割成若干個地理區域，再將廣告費用在各個區域市場上進行分配
產品生命週期	☆對市場佔有率低又有潛力可挖的產品應投入較多的廣告經費，而對市場佔有率高且市場已飽和的產品應投入較少的廣告經費
活動的規模、重要性和技術難度	☆在總費用水準確定的前提下，按各個活動的規模、重要性和技術難度投入廣告費用。對於持續進行的廣告活動，在廣告經費的安排上，，應根據廣告活動的階段和時期的不同進行統籌分配
廣告的機能	☆按廣告媒體費、廣告製作費、一般管理費和廣告調查費進行分配

第11條 公司各部門應認真落實廣告預算，具體要求如下。

1. 廣告預算確定後，每一個管理層次都應在廣告預算的有效期限內，嚴格按照廣告預算的各個專案、數額負責具體實施。

2. 各個環節要嚴格按照廣告預算計畫的內容展開工作，各主管上司應經常性地對廣告預算執行情況進行追蹤調查，在具體的時間段整理廣告預算實施情況，並將各項實施情況與廣告預算中的各項具體要求進行對比，適時進行合理調整及管控。

3. 在各種不可預測因素的影響和制約下，允許在實施廣告預算過程中

表9-5(續)

出現一些偏差，但不得超過預算總額的%。

第四章 廣告預算的財務審查

第12條 廣告預算財務審查工作由財務部成本會計負責實施。

第13條 廣告預算審查週期分為季度審查（4月1日、7月1日、10月1日與次年1月1日）和年度審查（次年1月15日之前）。

第14條 預算審查的內容包括預算總額是否超支、預算項目是否合乎規定、有無虛報預算使用金額等。

第五章 附則

第15條 本制度由行銷部會同財務部制定，經總經理辦公室討論通過後實施。

第16條 本制度自發布之日起執行。

編制日期		審核日期		批准日期	
修改標記		修改處數		修改日期	

9.4.4 危機公關管理制度

危機公關管理制度如表 9-6 所示：

表 9-6 危機公關管理制度

制度名稱	危機公關管理制度		編號	
執行部門		監督部門	編修部門	

第一章 總則

第1條 目的。

為了規範公司危機公關的管理工作，減少公司的損失，維護公司的形象，特制定本制度。

第2條 適用範圍。

本制度適用於公司危機公關處理的相關事項。

第二章 危機公關的事前準備

第3條 明確危機公關管理機構。

1. 常設機構：總經理辦公室。
2. 臨時機構：除常設機構外，總經理辦公室根據具體危機事件所涉及的部門靈活組織危機公關處理小組，危機公關處理小組成員由發生危機事件的相關部門負責人及有關專家組成。

第4條 明確危機事件的類型。

危機事件種類分為品質事故、安全事故、法律糾紛及其他危機事件。

第5條 危機事件的等級。

根據危機事件的性質和造成傷害的嚴重程度，將危機事件劃為黃色、橙色、紅色三個等級。具體如下表所示。

危機事件等級一覽表

等級	特點
黃色	影響程度和影響範圍小，可迅速解決
橙色	對公司有一定的影響，其解決需動用一定的資源
紅色	對公司的影響很大，且受關注度高，需動用大量資源才可解決

第三章 危機公關處理

第6條 成立危機公關處理小組。

在危機發生時，總經理辦公室需立即組織行銷部、銷售部、法務部等部門人員組成危機公關處理小組。

第7條 判定危機類型。

危機公關處理小組需根據危機的表現形式，判斷危機的類型。

第8條 確定危機處理對策。

危機公關處理小組根據危機的等級，確定相應的公關處理對策，具體如下表所示。

表9-6(續)

危機等級	處理對策
黃色	●指定公司相關負責人直接與當事人或媒體對話，瞭解對方對事件的態度和意圖，積極提出解決辦法 ●動用相關的資源在最快時間內處理危機並消除影響
橙色	●明確事實真相，並及時向高層上司彙報 ●召開緊急會議，行銷部、法務部、客戶服務部、銷售部及其他相關人員參加
紅色	●與橙色危機處理方式基本相同，還需正面向公眾澄清事實，並做側面宣傳

第9條 進行危機公關處理。

危機公關處理小組需依據上述對策，積極處理公司危機。在處理過程中，需注意以下四點：

1. 控制媒體輿論。

(1) 危機事件發生後，公司內部應統一口徑，向媒體提供確定資訊，公開表明立場和態度，以減少媒體猜測並作出正確的報導。如發現不實報道，公司應儘快提出更正要求，指明失實之處，並提供有效資料。

(2) 針對第二天平面媒體可能出現的報導，起草新聞通稿於當天向全國一些主要媒體發出，並準備檢驗報告和獲得國家相關認證的證書等，以支援對外宣傳工作。

(3) 針對全國主要媒體做一個緊急廣告投放計畫。利用廣告牽制媒體，使媒體輿論合作。

2. 尋求官方和權威部門的輿論支持。

(1) 緊急聯繫工商、質檢部門和行業協會等，說明情況澄清事實。

(2) 尋找法律條文、行業標準及技術資料的支援。

(3) 以權威人士的名義出具聲明。

3. 及時與公眾進行溝通。

(1) 透過媒體等形式公布事件經過、處理辦法和今後的預防措施。

(2) 事件處理過程中，定期向各界公眾傳達處理經過，並廣泛聽取公

表9-6(續)

眾的意見與建議。

(3) 事件處理後，向公眾表示誠懇的歉意。

4. 及時與客戶進行溝通。

(1) 及時向客戶傳遞相關資訊，並以書面形式告知公司的對策。如有必要，選派相關負責人員到客戶處當面解釋。

(2) 事件處理後，應用書面形式向客戶表示誠懇的歉意。

第四章 危機公關善後處理

第10條 責任追究。

對公司內部進行診斷，追究責任部門與責任人，並給與相應的處罰。

第11條 經驗總結。

危機公關處理小組總結危機處理過程中的經驗和教訓，以便於指導新一輪的危機防範與處理工作。

第12條 借勢宣傳。

危機消除後，行銷部、銷售部等可根據實際情況借事造勢，加大在當地主流媒體進行品牌形象和公司形象宣傳的力度。

第五章 附則

第20條 本制度由行銷部組織制定，經總經理審批後執行。

第21條 本制度自頒發之日起生效。

編制日期		審核日期		批准日期	
修改標記		修改處數		修改日期	

9.4.5 公關活動管理規定

公關活動管理規定如表 9-7 所示：

表 9-7 公關活動管理規定

制度名稱	公關活動管理規定		編號	
執行部門		監督部門		編修部門

第1條 為規範公司的公關活動和行為，保持公司與社會、員工、股東等各方的有效溝通，提高公司的知名度和美譽度，特制定本制度。

第2條 本制度適用於公司公關活動的策劃、實施的全部事務。

第3條 管理職責。

1. 公關主管、公關專員負責公關活動計劃的制訂及實施事宜。
2. 行銷部經理負責審批公關活動計劃，並對其提供支援。

第4條 確定公關活動的展開時機。

本公司一般在以下情況下展開公關活動。

1. 新產品推出、市場發生變化或有突發事件發生。
2. 公司形象受到損害。
3. 公司紀念日或節日。
4. 公司上級要求進行等。

第5條 確定公關對象。

公司需在公關實施前確定公關對象，如客戶、員工、股東、合作夥伴、媒體、社會公眾、政府機關等。

第6條 選擇公關媒介及形式。

1. 本公司可選擇的公關媒介有報紙、雜誌、電視、廣播、網路等。
2. 本公司可選擇的公關形式有編輯製作視聽資料、舉行演講會或記者招待會、舉辦有獎競猜活動、參加公益活動等。

第7條 確定公關預算。

1.公關人員應根據實際情況及預期費用支出情況，編制公關預算。公關預算內容一般包括印刷宣傳資料費、工作人員勞務費、活動所用設備及材料費、電話費、差旅費等。

表9-7(續)

2. 公關預算編制完成後，＿＿元以下的應報送行銷總監審批，＿＿元以上的應報送總經理審批。

第8條 制訂公關活動計劃。

行銷部負責制訂公關活動計劃，並報請行銷部經理審批。公關活動計劃需包括但不限於以下六項內容：

1. 公關活動名稱及達成的目標。
2. 公關活動的負責人、實施者及各自的責任。
3. 公關活動籌備、實施的程序設計和時間表。
4. 公關活動所涉及的物件及各種條件分析。
5. 公關活動所需的傳播媒介、器材設備、外部環境等。
6. 公關活動的經費預算、成果考核標準和考核方法。

第9條 實施公關活動計劃。

1. 公關活動計劃經審批通過後，公關人員負責組織、實施該計劃，確保公關活動按計劃進行。
2. 在公關活動實施過程中，出現不可控因素，公關人員應及時上報，以尋求幫助，以免耽誤後續進程。
3. 公關活動結束後，公關人員應就市場反響等向行銷部經理提供活動效果報告。

第10條 本制度未盡事宜參見本公司其他相關管理規章制度。

第11條 本制度由行銷部制定、解釋，經總經理審批後頒布，後續修改亦同。

編制日期		審核日期		批准日期	
修改標記		修改處數		修改日期	

第 10 章 銷售管理業務·流程·標準·制度

10.1 銷售管理業務模型

10.1.1 銷售管理業務工作導圖

銷售管理業務主要有銷售計劃管理、銷售過程管理、銷售回款管理、銷售風險管理、銷售人員管理、銷售成本管理等,具體業務工作導圖描述如圖 10-1 所示。

工作內容	內容說明
銷售計劃管理	● 依據銷售預測、銷售目標、銷售配額以及銷售預算進行制訂
銷售過程管理	● 根據銷售訂單、銷售合約向客戶提供貨物,並保證貨物在運輸過程中的安全
銷售回款管理	● 定期對銷售回款進行統計,根據統計結果制定銷售回款的催收計劃及方案等並實施
銷售風險管理	● 對銷售風險進行識別、衡量、評價,並制定相應的控制措施控制產品銷售風險
銷售人員管理	● 對銷售人員進行培訓與考核,提高銷售人員的工作能力及銷售業績,並指導銷售人員做好銷售回款工作等
銷售成本管理	● 對銷售成本進行定期核算與稽查,並制定合理的控制措施控制銷售成本,提高企業經營利潤

圖 10-1 銷售管理業務工作導圖

10.1.2 銷售管理主要工作職責

圖 10-1 中所列的工作事項，主要由銷售部經理組織、領導各級銷售人員來共同完成。人力資源部在梳理銷售管理的職責分工時，可參照表 10-1 所列內容來進行。

表 10-1 銷售管理工作職責說明表

工作職責	職責具體說明
銷售計劃管理	1. 根據企業往年度的銷售業績、企業策略規劃、市場形勢分析等進行銷售預測，並根據預測結果制訂各銷售階段的銷售計劃 2. 負責銷售計劃的具體執行工作，確保各項銷售工作按計劃實施 3. 隨時掌握銷售市場動態，以便根據市場條件的變化以及企業的相關資源變化等對銷售計劃進行適時修訂與完善
銷售過程管理	1. 根據企業各階段的銷售計劃分別制訂各階段的銷售方案，並對方案進行修訂與完善 2. 適時對銷售過程進行追蹤與控制，及時發現、解決銷售過程中存在的各類問題，提高企業整體的銷售業績 3. 定期召開銷售會議，分享最新市場動態資訊，及時調整銷售策略 4. 與通路經銷商、供應商保持良好的協作關係，以增加企業銷售產品的市場覆蓋面積
銷售回款管理	1. 定期統計企業產品的銷售回款金額，確認銷售回款的回籠效率及未及時回籠原因，並總結經驗及教訓等，以改進銷售方式及方法 2. 制訂銷售回款催收計劃、措施並執行，執行過程中根據銷售回款的回收狀態等及時修改銷售回款催收措施 3. 根據銷售回款的回籠狀況協助客服部對客戶信用等進行綜合評定，以避免企業不必要的損失
銷售風險管理	1. 根據不同的標準及角度對銷售風險進行分類，並按類別制定銷售風險預警機制及控制措施等，以避免企業銷售風險，減少不必要的損失 2. 風險發生後，應及時應對，最大限度地減少風險對企業的傷害 3. 對風險預警、處理等工作進行總結，提高銷售風險管理水準，降低風險事件的不良影響
銷售人員管理	1. 對銷售人員進行定期培訓，以提高銷售團隊的整體實力 2. 對銷售人員的工作業績進行評估，對工作業績優秀者進行獎勵，以提高其工作的積極性，並帶動其他銷售人員的工作積極性

表10-1(續)

銷售成本管理	1. 根據銷售計畫及銷售配額等制定銷售預算,並對銷售預算進行分解,以便於執行 2. 定期對銷售預算的執行情況進行檢查,並核算相關銷售費用,以控制銷售成本

10.2 銷售管理流程

10.2.1 主要流程設計導圖

在設計銷售管理的主要流程時,企業應著重從銷售計劃管理、銷售過程管理、銷售回款管理、銷售風險管理、銷售人員管理、銷售成本管理等方面進行整體設計,以保證銷售管理流程的系統性與全面性。銷售管理主要流程設計導圖如圖 10-2 所示。

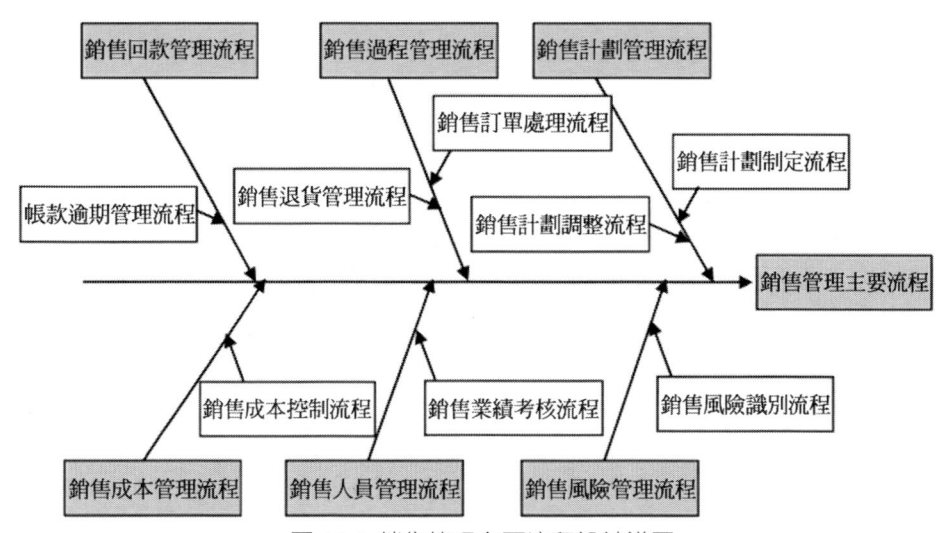

圖 10-2 銷售管理主要流程設計導圖

10.2.2 銷售訂單處理流程

銷售訂單處理流程如圖 10-3 所示：

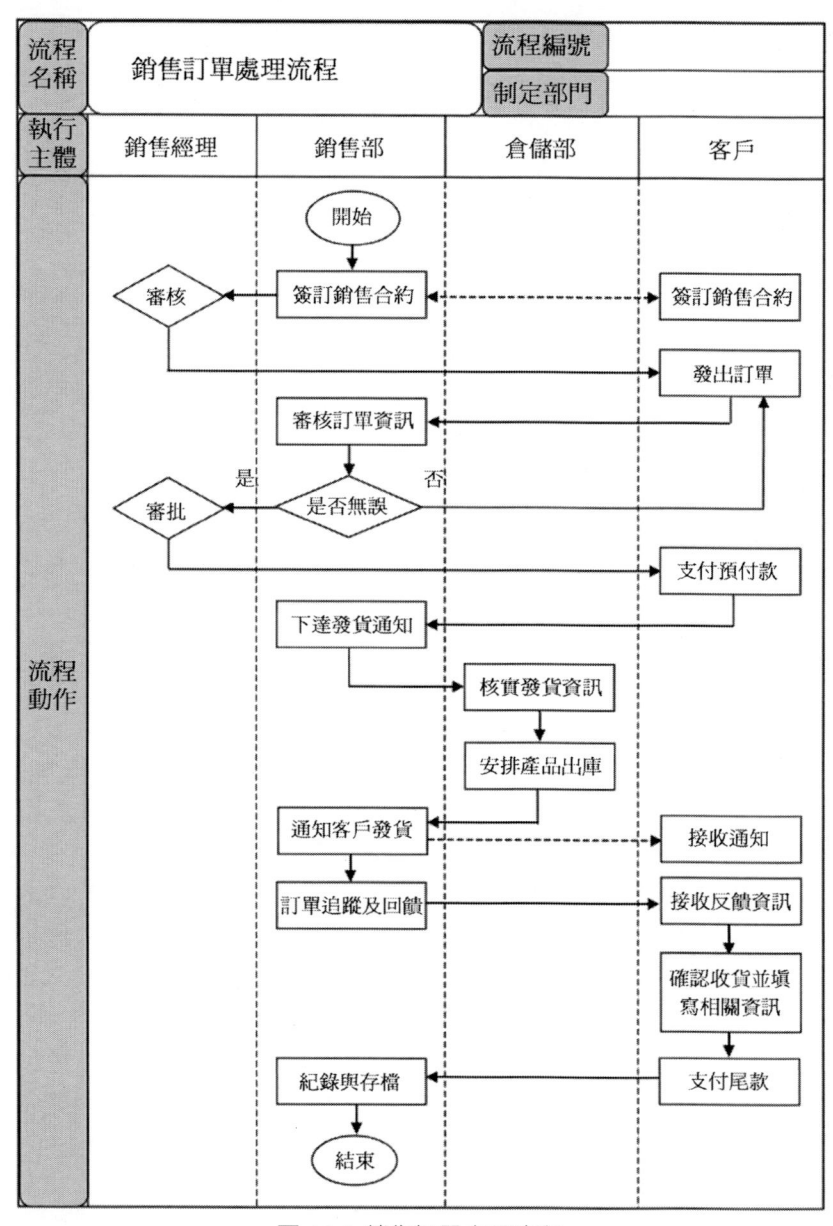

流程名稱	銷售訂單處理流程		流程編號	
			制定部門	
執行主體	銷售經理	銷售部	倉儲部	客戶
流程動作	審核／審批	開始→簽訂銷售合約→審核訂單資訊→是否無誤→下達發貨通知→通知客戶發貨→訂單追蹤及回饋→紀錄與存檔→結束	核實發貨資訊→安排產品出庫	簽訂銷售合約→發出訂單→支付預付款→接收通知→接收反饋資訊→確認收貨並填寫相關資訊→支付尾款

圖 10-3 銷售訂單處理流程

10.2.3 銷售退貨處理流程

銷售退貨處理流程如圖 10-4 所示:

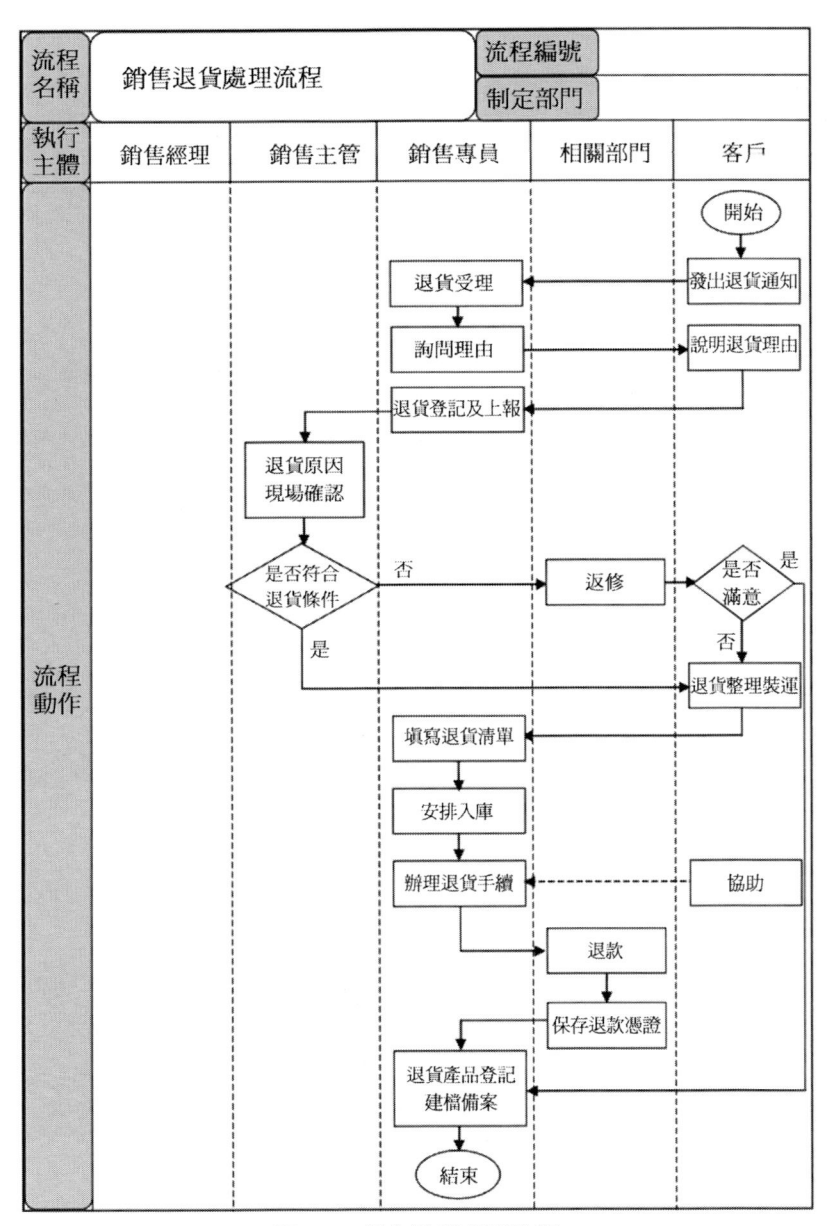

流程名稱	銷售退貨處理流程			流程編號	
				制定部門	
執行主體	銷售經理	銷售主管	銷售專員	相關部門	客戶
流程動作			退貨受理 ← 詢問理由 ← 退貨登記及上報 ← 退貨原因現場確認 → 是否符合退貨條件 (否→返修；是↓) 填寫退貨清單 安排入庫 辦理退貨手續 退款 退貨產品登記建檔備案 結束	返修 退貨整理裝運 協助 退款 保存退款憑證	開始 發出退貨通知 說明退貨理由 是否滿意 (是/否)

圖 10-4 銷售退貨處理流程

10.2.4 銷售回款管理流程

銷售回款管理流程如圖 10-5 所示：

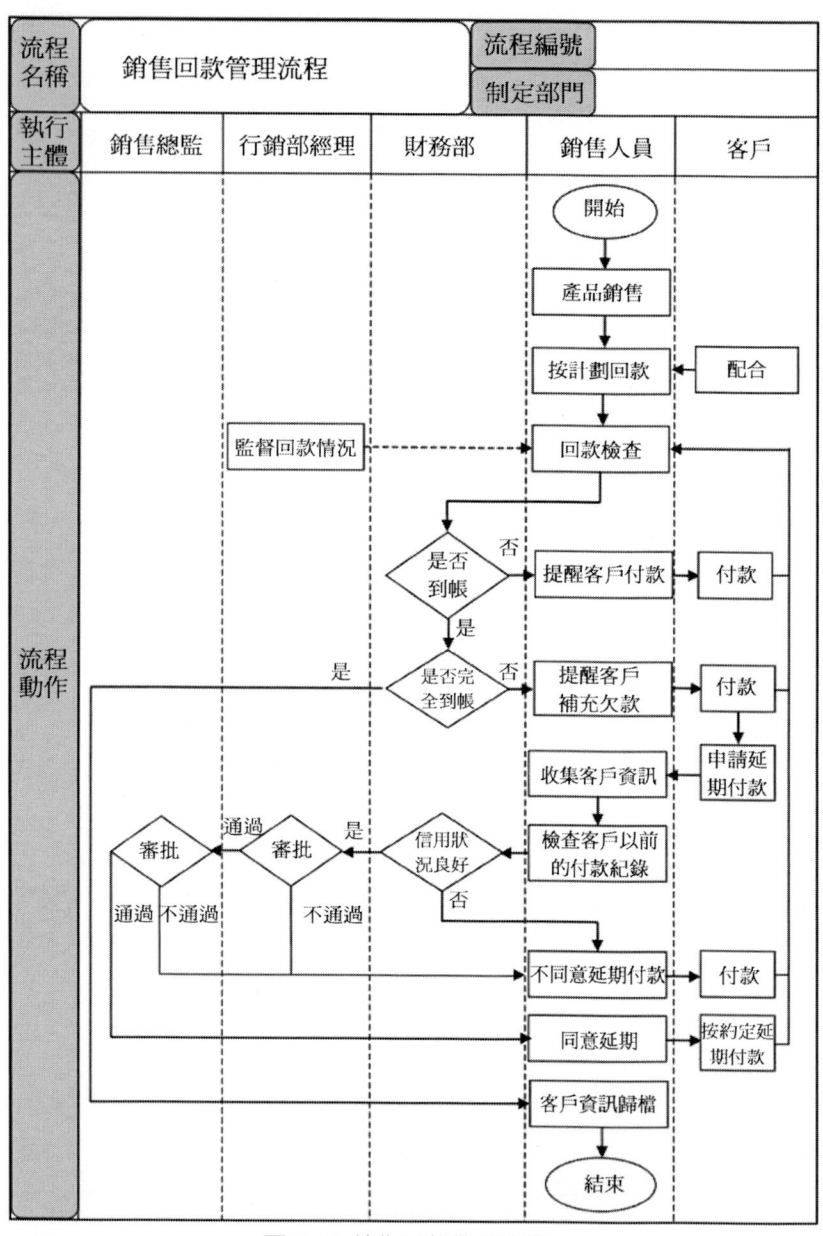

流程名稱	銷售回款管理流程		流程編號		
			制定部門		
執行主體	銷售總監	行銷部經理	財務部	銷售人員	客戶
流程動作					

主要流程步驟：開始 → 產品銷售 → 按計劃回款（客戶配合）→ 回款檢查（財務部監督回款情況）→ 是否到帳？否：提醒客戶付款 → 付款；是：是否完全到帳？否：提醒客戶補充欠款 → 付款 / 申請延期付款 → 收集客戶資訊 → 檢查客戶以前的付款紀錄 → 信用狀況良好？否：不同意延期付款 → 付款；是：審批（行銷部經理）通過/不通過 → 審批（銷售總監）通過/不通過 → 同意延期 → 按約定延期付款 → 客戶資訊歸檔 → 結束

圖 10-5 銷售回款管理流程

10.2.5 帳款逾期管理流程

帳款逾期管理流程如圖 10-6 所示：

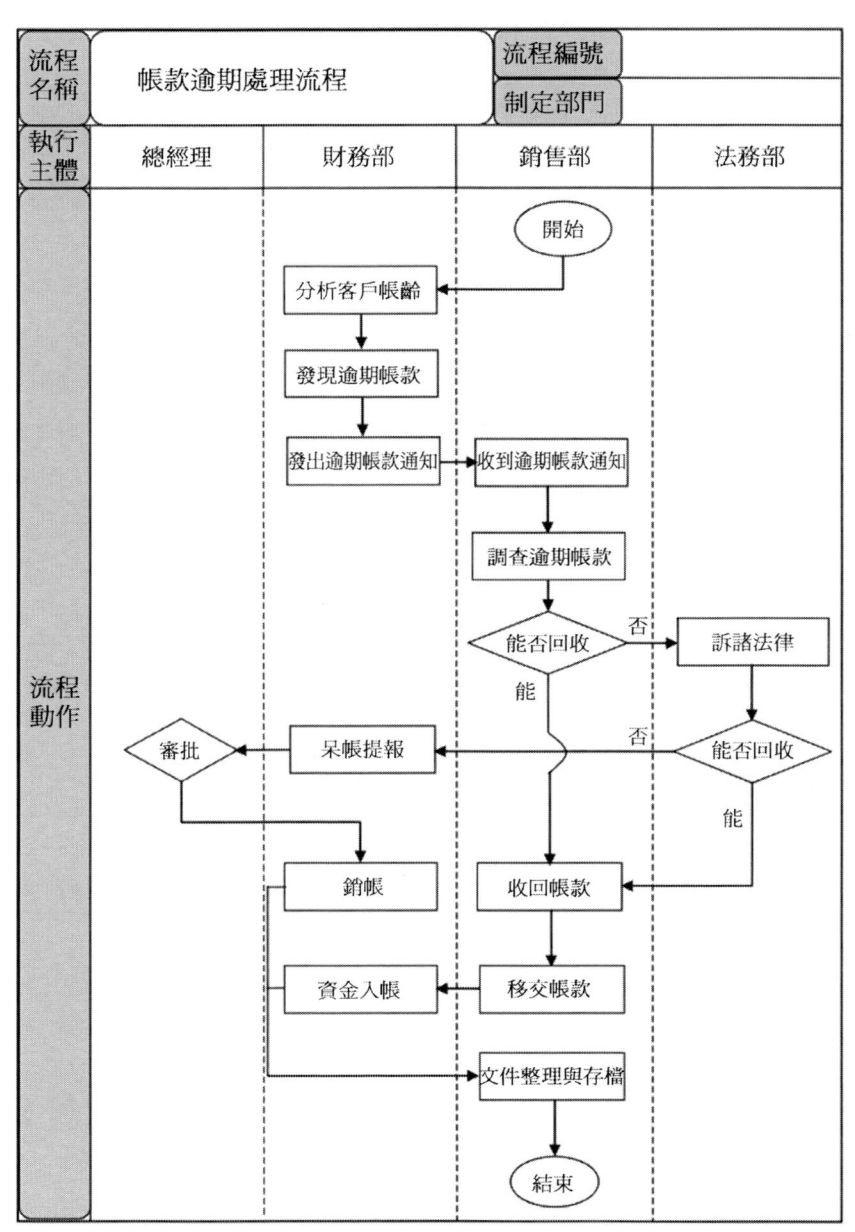

流程名稱	帳款逾期處理流程		流程編號	
			制定部門	
執行主體	總經理	財務部	銷售部	法務部
流程動作	(流程圖：開始 → 分析客戶帳齡 → 發現逾期帳款 → 發出逾期帳款通知 → 收到逾期帳款通知 → 調查逾期帳款 → 能否回收？否→訴諸法律；能→呆帳提報→審批→銷帳；訴諸法律→能否回收？否→呆帳提報；能→收回帳款→移交帳款→資金入帳→文件整理與存檔→結束)			

圖 10-6 帳款逾期管理流程

10.3 銷售管理標準

10.3.1 銷售管理業務工作標準

為了更好地提高銷售工作效率，企業可參照表 10-2 設計銷售管理業務各項工作標準。

表 10-2 銷售管理業務工作標準

工作事項	工作依據與規範	工作成果或目標
銷售計劃管理	●產品市場調查分析報告、銷售預測分析資料、年度/月度銷售計劃、企業經營發展規劃等	(1) 銷售計劃完成率達100% (2) 銷售計劃調整及時率達100%
銷售過程管理	●銷售訂單統計資料、產品銷售技巧培訓方案、產品銷售總結會議紀要、產品銷售追蹤管理制度等	(1) 銷售合約簽訂率達___% (2) 銷售訂單處理及時率達100%
銷售回款管理	●銷售合約、銷售產品訂貨單、銷售發票、銷售貨款回收計劃、應收回款明細等	(1) 產品回款率高於___% (2) 回款催收成功率達___%
銷售風險管理	●市場動態變化統計文件、銷售貨款延期支付說明文件、客戶信用狀態統計資料等	(1) 銷售風險預測成功率達___% (2) 銷售風險損失降低率達%
銷售人員管理	●銷售人員管理制度、銷售業銷售人員績考核管理制度、銷售人員培訓管理管理制度等	(1) 銷售會議按時參加率達100% (2) 銷售業績合格率達100%
銷售成本管理	●銷售費用相關使用憑證、銷售費用核算管理制度、銷售費用報銷流程等	(1) 銷售費用核算準確率達100% (2) 單位銷售成本低於___元

10.3.2 銷售管理業務績效標準

在對銷售管理業務進行績效考核時，企業可參照表 10-3 所示內容，從銷售計劃管理、銷售過程管理、銷售回款管理、銷售風險管理、銷售人員管理、銷售成本管理等方面設計績效考核標準。

表 10-3 銷售管理業務績效標準

工作事項	評估指標	評估標準
促銷計劃管理	銷售計劃完成率	1. 促銷計劃完成率 = $\dfrac{\text{促銷計劃完成的數量}}{\text{促銷計劃的總數量}} \times 100\%$ 2. 促銷計劃完成率應達到 100%，每降低＿＿%，扣＿＿分；低於＿＿%，本項不得分
	銷售預測結果準確率	1. 銷售預測結果準確率 = $\dfrac{\text{準確預測銷售的次數}}{\text{銷售預測的次數}} \times 100\%$ 2. 銷售預測結果準確率應達到＿＿%，每降低＿＿%，扣＿＿分；低於＿＿%，本項不得分
銷售過程管理	銷售訂單處理及時率	1. 銷售訂單處理及時率 = $\dfrac{\text{及時處理的銷售訂單份數}}{\text{銷售訂單的總份數}} \times 100\%$ 2. 銷售訂單處理及時率應達到＿＿%，每降低＿＿%，扣＿＿分；低於＿＿%，本項不得分
	產品發貨及時率	1. 產品發貨及時率 = $\dfrac{\text{產品發貨及時的次數}}{\text{產品發貨的總次數}} \times 100\%$ 2. 產品發貨及時率應達到＿＿%，每降低＿＿%，扣＿＿分；低於＿＿%，本項不得分
	促銷活動計劃完成率	1. 促銷活動計劃完成率 = $\dfrac{\text{促銷活動展開的次數}}{\text{計劃展開促銷活動的次數}} \times 100\%$ 2. 促銷活動計劃完成率應達到＿＿%，每降低＿＿%，扣＿＿分；低於＿＿%，本項不得分
銷售回款管理	銷售回款率	1. 銷售回款率 = $\dfrac{\text{實際銷售回款額}}{\text{計劃銷售回款額}} \times 100\%$ 2. 銷售回款率應高於＿＿%，每降低＿＿%，扣＿＿分；低於＿＿%，本項不得分

表10-3(續)

銷售人員管理	銷售會議參加率	1. 銷售會議參加率=$\dfrac{\text{參加銷售會議的人員數}}{\text{銷售人員總數}} \times 100\%$ 2. 銷售會議參加率應達到___%，每降低___%，扣___分；低於___%，本項不得分
銷售成本管理	單位銷售成本	1. 單位銷售成本=$\dfrac{\text{總銷售成本}}{\text{總銷售數量}}$ 2. 單位銷售成本不高於___元，每增加___元，扣___分；高於___元，本項不得分

10.4 銷售管理制度

10.4.1 制度解決問題導圖

為了促進企業銷售業績、銷售利潤等銷售目標的達成，企業應建立健全銷售管理各項工作制度，從而為銷售人員提供工作標準及工作方向，指導其規範、高效開展銷售工作。具體來說，企業設計各項銷售管理制度，可解決如圖 10-7 所示的四大問題。

銷售管理制度解決問題導圖

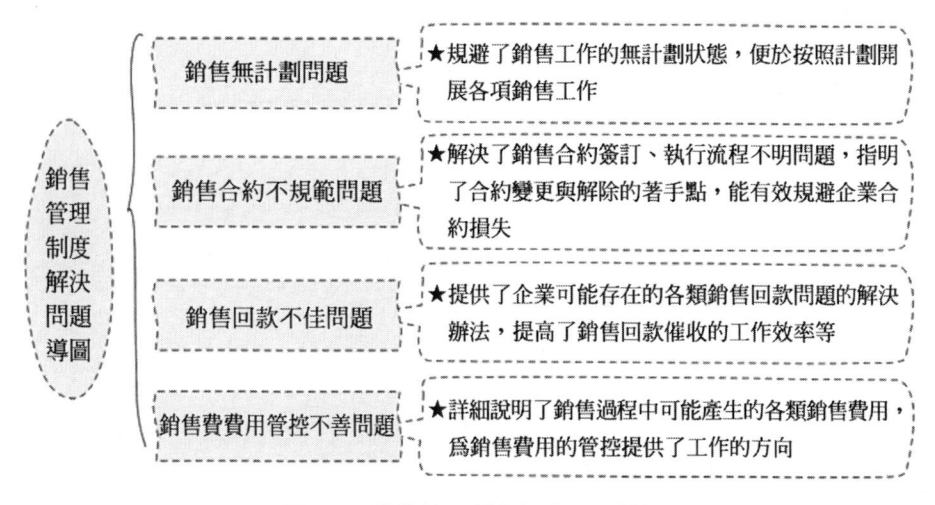

- 銷售無計劃問題 — ★規避了銷售工作的無計劃狀態，便於按照計劃開展各項銷售工作
- 銷售合約不規範問題 — ★解決了銷售合約簽訂、執行流程不明問題，指明了合約變更與解除的著手點，能有效規避企業合約損失
- 銷售回款不佳問題 — ★提供了企業可能存在的各類銷售回款問題的解決辦法，提高了銷售回款催收的工作效率等
- 銷售費費用管控不善問題 — ★詳細說明了銷售過程中可能產生的各類銷售費用，為銷售費用的管控提供了工作的方向

圖 10-7 銷售管理制度解決問題導圖

10.4.2 銷售合約管理制度

銷售合約管理制度如表 10-4 所示：

表 10-4 銷售合約管理制度

制度名稱	銷售合約管理制度		編號	
執行部門		監督部門		編修部門	

第一章 總則

第1條 目的。

為了加強對銷售合約的管理，明確合約雙方的權利和義務，使銷售合約符合合法性、嚴密性和可行性等要求，保證銷售合約的順利履行，降低公司合約風險，特制定本制度。

第2條 適用範圍。

本制度適用於公司銷售合約的起草、簽訂、評審、變更與解除、糾紛處理、資料存檔等工作的管理和控制。

第3條 職責分工。

1.銷售部經理負責銷售合約評審、審批工作，並與客戶簽訂銷售合約，監督銷售合約的履行。

2.銷售主管負責起草銷售合約，並協助銷售部經理做好銷售合約評審的組織與協調工作，按照銷售合約簽訂權限與客戶簽訂銷售合約。

3.銷售專員負責與客戶進行溝通協調，識別並記錄客戶要求，並將客戶要求及其他有關銷售合約的資訊及時反映給上司，在權限範圍內與客戶簽訂合約。

4.法務部協助進行銷售合約評審，以規避銷售合約的法律風險；同時負責協助處理銷售合約糾紛，減少公司不必要的損失，維護公司合法權益。

第4條 術語解釋。

1.本制度所指合約評審，是為確定合約草案或意向達到規定目標的適宜性、充分性和有效性所進行的審查、評估活動。

2.本制度所提合約簽訂人，是指持有法人委託書並在有效範圍及時間內簽訂了合約的銷售人員。

表10-4(續)

第二章 合約的擬訂與評審

第5條 銷售合約擬訂。

1. 銷售專員在與客戶達成共識之後,將合約協商結果反映給銷售主管,銷售主管根據協商結果擬訂合約草案。

2. 銷售主管及時將銷售合約草案上報銷售部經理審核。

第6條 銷售合約審核。

銷售主管協助銷售部經理對合約條款進行審核,並根據銷售部經理的修改意見對銷售合約進行修訂。銷售部經理在對銷售合約進行審核時,應確保合約草案達到如下四點要求。

1. 條款完備可行,雙方的權利與義務明確。

2. 內容合法有效,用語規範嚴謹。

3. 確保客戶的合理需求得到完整體現。

4. 銷售部具備滿足客戶要求的能力。

第7條 銷售合約評審。

銷售合約審核通過後,銷售部應組織有關部門及人員對銷售合約進行評審。

1. 合約評審內容:在銷售合約評審的過程中,評審人員應著重對如下五個方面的內容進行評審。

(1) 客戶的各項要求是否合理、明確。

(2) 該合約是否符合有關法律法規的要求。

(3) 公司現有的生產和技術能力能否滿足合約的技術及品質特性的要求。

(4) 產品交付的時間、地點、方式和連絡人等是否明確。

(5) 公司是否具有履行合約中客戶要求的能力,包括供貨週期、安裝調試、開通驗收、售後服務和付款條件等。

2. 合約評審權限。

(1) 對於涉及銷售金額少於＿＿元的,且客戶非本公司大客戶的銷售合約,由銷售主管組織法律顧問審核合約條款及客戶的資信調查資料,經銷售部經理簽字確認。

(2) 對於涉及銷售金額大於或等於＿＿元的,或客戶是本公司大客戶

表10-4(續)

的銷售合約，由銷售部經理組織有關部門（如技術部、品管部、研發部、財務部、採購部、生產部等）進行相關評審，完成評審後由法律顧問審核合約條款，經該部門副總簽字確認。

3. 合約評審其他規定。

(1) 所有銷售合約都必須進行書面評審，填寫「銷售合約評審表」，以此作為審核通過的依據。

(2) 合約評審可以以會簽或會議的形式進行。

(3) 如果合約評審不通過，則需與客戶協商修改合約或終止該銷售項目；如果合約審批通過，則可與客戶簽訂合約書。

第三章 合約的簽訂與追蹤

第8條 銷售合約簽訂。

1. 經評審通過的合約草案，由權限範圍內的銷售人員進行合約簽訂。具體各職位銷售人員的簽訂權限如下所示。

(1) 銷售合約總額在＿＿萬台幣以上的，由銷售部經理進行簽訂。

(2) 銷售合約總額在＿＿萬至＿＿萬台幣的，由銷售主管與客戶進行簽訂。

(3) 銷售合約總額在＿＿萬台幣以下的，由銷售專員與客戶進行簽訂。

2. 銷售合約簽訂後，公司法務部應做好銷售合約的公證工作。

第9條 銷售合約追蹤管理。

1. 銷售專員及銷售合約簽約人應隨時瞭解、掌握銷售合約的履行情況，發現問題及時處理彙報，避免因合約履行不暢給公司帶來不必要的損失，確保銷售合約順利執行。

2. 對於未對銷售合約進行追蹤管理，造成銷售合約不能履行、不能完全履行的，公司將追究有關人員的責任。

第四章 合約的變更與解除

第10條 銷售合約的變更與解除要求。

表10-4(續)

在合約執行的過程中，因各類原因導致銷售合約變更或解除時，應區分處理。

(1) 因客戶原因造成合約變更與解除的，銷售部必須要求其賠償本公司損失。

(2) 因本公司過錯造成客戶要求變更與解除合約的，公司應主動承擔責任，以免造成雙方損失擴大。

(3) 因雙方原因造成合約變更與解除的，公司應與對方積極協商，共同解決。

第11條 銷售合約的變更與解除程序。

1. 銷售合約需要變更或解除的，銷售專員應首先對合約變更及解除的要件進行審核，確認是否符合銷售合約變更和解除的條件及要求等。如符合，銷售專員則按照具體工作要求及產品銷售的實際情況執行。如不符合，銷售專員應說明不符合的原因等。

2. 確認合約需進行變更或解除後，銷售專員填寫「合約變更／解除申請表」，說明合約變更／解除原因，重新履行審核、評審程序。

3. 審核、評審通過後，銷售專員為客戶辦理合約變更／解除手續。公司法務部人員指導銷售專員辦理合約變更和解除而涉及的協商、索賠、賠付等相關工作，並報公正機關重新取得公證。

第12條 銷售合約變更及解除形式。

銷售合約的變更、解除應一律採用書面形式。書面形式需包括合約雙方的信件、函電、電傳等，所有口頭形式的變更本公司不予以承認。

第五章 合約糾紛處理

第13條 銷售合約糾紛處理原則。

在處理銷售合約糾紛時，相關人員應遵守以下處理原則。

1. 堅持以事實為依據、以法律為準繩，保證公司合法權益不受侵犯。

2. 合約糾紛的處理以雙方協商解決為主，其他解決方式為輔。

3. 及時上報上級主管，積極主動做好分內工作，不互相推諉、指責、埋怨，應統一意見、統一行動。

表10-4(續)

第14條 銷售合約糾紛的處理方法。

在處理銷售合約糾紛時,銷售部人員及法務部人員應按照以下方法對糾紛進行處理。

1. 因對方責任引起的糾紛,必須堅持保障公司合法權益不受侵犯。

2. 因本公司責任引起的糾紛,應尊重對方的合法權益,主動承擔責任,採取補救措施,減少雙方損失。

3. 因合約雙方的責任引起的糾紛,應實事求是,分清主次,合情合理地解決問題。

4. 協商達不到預期要求時,可依合約約定的糾紛解決方式進行訴訟或仲裁。

第六章 合約資料保管

第15條 建立銷售合約檔案。

銷售部應建立完整的銷售合約檔案,每份合約都必須有一個編號,不得重複或遺漏。

每份存檔合約必須資料齊備,包括合約正本、副本及附件,合約文件的簽收紀錄,合約分批履行的情況紀錄,變更、解除合約的協議(包括文書、電傳)等。

第16條 建立銷售合約管理台帳。

除建立銷售合約檔案外,銷售部還應建立銷售合約管理台帳,具體要求如下所示。

1. 根據合約的不同種類,建立銷售合約的台帳。

2. 銷售合約台帳的主要內容需包括序號、合約號、經手人、簽約日期、合約標的、價金、對方單位、履行情況及備註等。

3. 台帳應逐日填寫,做到準確、及時、完整。

第17條 空白銷售合約保管。

1. 空白銷售合約由銷售部檔案管理人員統一保管,並編制合約文件領取記錄,嚴格管理空白銷售合約。

2. 銷售人員領用空白合約時,需在檔案管理人員處登記,填寫合約編

表10-4(續)

> 碼後進行簽名確認。
>
> 第18條 銷售合約原件管理。
>
> 1.銷售專員因書寫有誤或其他原因造成合約作廢的，必須保留原件交還給檔案管理人員。
>
> 2.簽訂生效的合約原件必須齊備並存檔，原件未及時上交的，檔案管理人員應及時向合約簽訂人員索取。如其拒不補回，應及時上報銷售部經理追收。
>
> 第19條 銷售合約保管年限要求。
>
> 銷售合約按年、區域裝訂成冊，保存＿＿年以備查。
>
> 第20條 銷售合約的清冊與銷毀。
>
> 銷售合約保存＿＿年以上的，檔案管理人員應將其中尚未收款或有欠款公司的合約別冊保管，已收款合約報銷售部經理批准後做銷毀處理。
>
> **第七章 附則**
>
> 第21條 本制度由銷售部制定，銷售部保留對本制度的解釋權和修訂權。
>
> 第22條 本制度自總經理審批通過之日起執行。

編制日期		審核日期		批准日期	
修改標記		修改處數		修改日期	

10.4.3 銷售回款管理制度

銷售回款管理制度如表 10-5 所示：

表 10-5 銷售回款管理制度

制度名稱	銷售回款管理制度	編號	
執行部門		監督部門		編修部門	

第一章 總則

第1條 目的。

為了規範應收回款的管理控制工作，減少呆帳，加快資金回籠，

防範財務風險，特製定本制度。

第2條 適用範圍。

本制度適用於公司銷售回款回收管理工作。

第3條 職責分工。

1. 銷售部負責銷售回款回收計畫的制訂與回款的催繳工作。
2. 財務部負責應收回款的統計及相關帳務處理工作。

第4條 術語解釋。

本制度中所指的銷售回款，包括銷售產品的預付貨款、銷售尾款以及延期支付的貨款等。

第二章 銷售回款事先控制

第5條 客戶資信調查。

銷售人員銷售產品時，必須首先對客戶的資信情況進行調查與評估，以確保客戶有支付貨款的能力且信用良好，從而保證貨款能順利收回，減少欠款。

第6條 產品與服務品質保證。

為做好回款工作，公司相關部門必須保證產品品質與服務品質，為客戶提供優質的產品與服務，滿足客戶的合理要求，提高客戶滿意度，減少欠款。

第7條 回款技能培訓。

公司應定期對銷售人員進行回款技巧的培訓，提高其回款技能，使其可順利完成個人與團隊的銷售目標，提高回款率。

第三章 銷售回款處理

第8條 預付貨款回款管理。

1.銷售專員按照簽訂的「銷售協定」「銷售合同」「銷售產品訂貨單」為客戶提供銷售產品，並提醒客戶支付預付貨款。

2.原則上，客戶不支付銷售預付貨款的，公司應不予發貨。如果客戶是本公司合作＿＿年以上的老客戶，或是信用等級排在＿＿級以上的老客戶，銷售部可按比例發貨部分產品。

表10-5(續)

第9條　銷售尾款處理。

1. 客戶收到產品後，銷售專員應根據銷售合約等的要求，提醒客戶在規定期限內支付銷售尾款。

2. 如客戶在規定期限內支付剩餘銷售尾款，銷售專員應及時上報上級主管，並協助財務部人員做好記帳工作。

3. 如客戶不能在規定期限內支付剩餘貨款，公司應按本制度第7條所示規定催收銷售尾款。

第10條　延期的銷售回款管理。

1. 財務人員根據「銷售合約」「銷售產品訂貨單」會計聯、發票及銷售部擬訂的銷售貨款回收計劃，將到期且未收款的客戶登記到「應收回款明細」中，由銷售專員據此向客戶收繳貨款。

2. 銷售專員根據財務部提供的「應收回款明細」製作「客戶催款通知單」，並將「客戶催款通知單」送至客戶手中，要求其儘快付清銷售貨款。具體的催收銷售貨款的處理規定如下所示。

(1) 銷售專員催收貨款開始＿＿日內，不能收回貨款的，應將未能收回原因及對策以書面形式提交給銷售主管，並呈銷售經理審核。

(2) 對於超過約定付款期後＿＿日內仍未收回銷售貨款的，視爲準呆帳，由銷售部門研究催收方案繼續催收。

(3) 當客戶出現破產、被法院查封、被銀行凍結資產等無力償還的情況時，該筆銷售貨款需視爲呆帳，銷售專員應立即報告法務部。呆帳移送法務部後，法務部應提請總經理召開由銷售、財務等部門參加的檢查會，分析案件前因後果，制定呆帳處理措施，必要時可由法務部向客戶發出律師函，對客戶進行起訴等。

3. 銷售貨款回收後，銷售專員應建立應收帳款台帳，並填寫「銷售貨款收款通知單」，並連同銷售貨款交予財務部記帳。財務部收到貨款後，應立即將其填入「收款日報表」中，並據此銷帳備查。

第11條　銷售回款交接說明。

1. 遇有銷售人員職位調換或離職情況時，公司應責令相關人員對其經手的銷售回款進行交接，交接未完的，不得離職。交接不清的，相關責任由

表10-5(續)

移交人負責。交接清楚後，相關責任由接替者負責。

2. 在銷售回款交接時，交接雙方應與客戶核對帳單，遇有帳目不清時應立即向銷售主管反映處理。

3. 銷售回款移交資料爲一式三份，由移交人和接替者核對內容無誤後雙方簽字，移交人、接替者各保存一份，公司存留一份備查。

第四章 銷售回款考核獎懲

第12條 銷售回款考核週期。

銷售回款的考核週期從貨物售出日起開始計算，貨物售出後___日內回款爲正常的回款週期，超過___日未回款即爲延期回款。

第13條 回款期限的計算。

銷售回款的回款日以回款到達公司帳戶爲準，銀行匯票及___個月期限的銀行承兌匯票視同現金，___個月以上期限的銀行承兌匯票，如果收款人承擔第___個月至貼現日止的貼息，則可視同現金，貼現率按年利率___%計算。

第14條 延期回款的考核獎懲。

1. 爲激勵及時回款，若貨物售出___日內回款的，公司將給予相關銷售人員銷售額的___%作爲獎金。

2. 貨款逾期不到位的，超過3天的，銷售人員的提成獎勵降至銷售額的___%。

3. 貨款逾期不到位的，超過10天的，銷售人員的提成獎勵降至銷售額的___%。

4. 貨款逾期超過___日，視爲準呆帳，則取消銷售人員的提成獎勵。

5. 對拖欠超過一年以上的貨款或認定爲呆帳的貨款，銷售人員除不能享受提成獎勵外，還應接收銷售額___%的處罰。

6. 往來欠款企業由於地震、戰爭等人力無法避免的因素而導致無法償還本公司貨款，且能出具相關書面證明的，對銷售人員免予處罰。

7. 銷售部應收帳款回收率達到___以上的，給予財務部應收賬款主管應收帳款1%的獎勵。

表10-5(續)

	8. 法務部人員透過法律途徑追回呆帳欠款的，給予欠款額10%的獎勵。				

第五章 附則

第15條 本制度由銷售部與財務部共同制定，並負責與部門業務相關條款的解釋說明。

第16條 本制度自頒布之日起生效，並應根據實際執行情況每年修訂一次。

編制日期		審核日期		批准日期	
修改標記		修改處數		修改日期	

10.4.4 銷售費用管控制度

銷售費用管控制度如表 10-6 所示：

表 10-6 銷售費用管控制度

制度名稱	銷售費用管控制度		編號	
執行部門		監督部門	編修部門	

第一章 總則

第1條 目的。

為了規範公司銷售費用的使用與核算，提高資金運轉效率以及銷售系統工作人員的工作效率，節約開支，提高利潤率，特制定本制度。

第2條 適用範圍。

本制度適用於銷售費用的管控工作，包括銷售費用的確定、銷售費用的使用以及銷售費用的核算等。

第3條 職責劃分。

1. 各地區省級銷售經理負責對本地區銷售費用預算進行審核，對銷售費用分配計劃進行審批，對銷售人員所發生的銷售費用進行控制及審核。

2. 銷售主管負責銷售費用預算及分配計劃的制訂工作，並監督落實好

表10-6(續)

銷售預算與計劃。

　　3. 銷售專員負責在銷售主管的指導下，展開行銷活動，並確保銷售費用支出符合分配標準。

　　4. 公司財務部負責銷售預算、銷售費用的申領與報銷的審批工作，同時負責銷售費用的使用監控工作。

第4條　銷售費用管控原則。

1.**嚴格總額控制原則**。

銷售管理費用應按事先確定的總額度進行有計劃的使用，有效控制總額度不被突破。

2.額度內靈活分配原則。

額度根據具體情況按照合理的標準予以分配。

3.有效使用原則。

對各項銷售活動的有效性進行評估，對無效的銷售活動予以終止。

4. 及時回報原則。

銷售費用的統計應做到銷售部、財務部口徑統一、及時回報、資料準確。

第二章 銷售費用預算管理

第5條　銷售費用預算科目。

銷售費用是進行產品銷售過程中實際支出的相關費用。銷售費用預算的具體科目如下表所示。

銷售費用預算科目表

項目	內容說明
銷售人員報酬	基本工資、獎金、福利、特殊獎勵等
差旅費	包括境內外住宿費、車程費及相關補助
招待費	因產品銷售而用於招待的費用
通訊費	行銷人員（含符合報銷條件的各類人員）的通訊費
會務費	參加的各類專業協會會費，參加市場、技術等會議發生的費用

表10-6(續)

展覽費	參加展覽產生的攤位費、裝置搭建費、展板費、展品出入場館的費用
廣告費	電視、廣播、網際網路、報紙、雜誌、公車車身廣告、LED廣告等費用
促銷活動費	場租、勞務費、活動場所佈置、工作人員餐費等
宣傳資料、禮品費	各種禮品、宣傳品的費用等
售後服務費	消耗材料費、燃料動力費、客戶損失賠償費、管理費用等
銷售物流費	庫存費用、包裝費用、運輸費用等
其他費用	銷售過程中發生的其他費用,如培訓費用、銷售折扣、呆帳損失費等

第6條 銷售費用預算編制。

銷售主管按照「上下結合、分級編制、逐級匯總」的程序編制銷售費用預算,並分配好各項銷售費用的具體數目。

1.銷售主管根據產品經營情況及市場預測分析,確定本階段的銷售目標,並根據銷售目標制訂銷售費用預算草案,交銷售經理進行審核。

2.銷售經理確定預算無誤後,轉交至財務部進行審核。

3.財務部指導銷售部對預算進行修訂後,將修訂後的預算交由公司總經理進行審批。審批通過後,財務部將預算下發至銷售部,由銷售部具體執行。

第三章 銷售費用監控管理

第7條 編制銷售費用使用申請。

1.銷售主管根據產品銷售計畫及銷售費用預算,制訂各階段的銷售費用使用分配計劃,並上報銷售經理進行審批。

2.銷售費用使用分配計畫經銷售經理審批通過後,由銷售主管按計劃從財務部支取相關銷售費用。

第8條 銷售費用使用控制。

在展開銷售活動過程中,公司要嚴格控制銷售費用的使用。具體來說,各部門需完成下圖所示的任務。

表10-6(續)

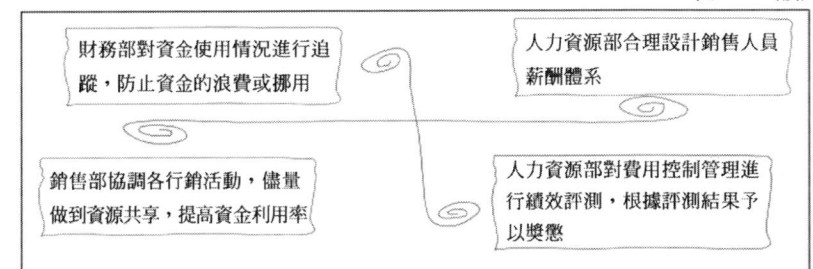

> 財務部對資金使用情況進行追蹤，防止資金的浪費或挪用
>
> 人力資源部合理設計銷售人員薪酬體系
>
> 銷售部協調各行銷活動，儘量做到資源共享，提高資金利用率
>
> 人力資源部對費用控制管理進行績效評測，根據評測結果予以獎懲

銷售費用的控制任務

第9條　銷售費用的調整。

銷售主管根據實際銷售活動所使用的費用的變化情況，調整銷售費用，並上報銷售經理進行審批。審批通過後，實施調整後的銷售費用使用分配額度。

第10條　銷售費用的報銷。

1. 對於銷售過程中產生的各類銷售費用，銷售人員在進行報銷時，應填寫「銷售費用報銷申請表」，並向財務部提供相關費用使用憑證。

2. 銷售費用報銷經辦人必須取得真實合法的原始憑證，並按要求由審批人在憑證背面簽名方可報銷。

第11條　銷售費用核算。

銷售活動結束後，銷售部應及時對銷售費用進行核算，計算實際發生銷售費用與銷售預算費用之間的差額，並分析差額產生的原因等，以吸取銷售費用控管的經驗及教訓。

第四章　附則

第12條　本制度由財務部制定，由財務部負責對其進行解釋和修訂。

第13條　本制度經總經理審批通過後生效。

編制日期		審核日期		批准日期	
修改標記		修改處數		修改日期	

第 11 章 客戶管理業務·流程·標準·制度

11.1 客戶管理業務模型

11.1.1 客戶管理業務工作導圖

客戶管理是指在市場行銷中，行銷部對客戶進行調查與開發、評估客戶信用、維護客戶關係、處理客戶投訴、提高客服質量、管理客戶訊息等一系列業務的總稱。客戶管理具體業務工作導圖如圖 11-1 所示。

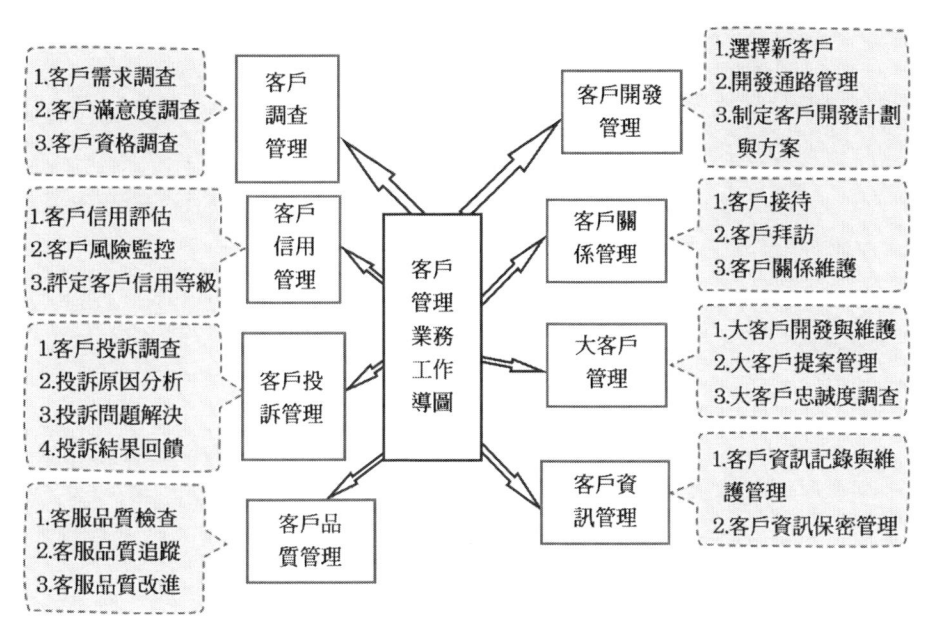

圖 11-1 客戶管理業務工作導圖

11.1.2 客戶管理主要工作職責

企業人力資源部在設計行銷部的客戶管理職責時，可參照表 11-1，從客戶開發、客戶調查、客戶信用、客戶關係、客戶投訴、大客戶管理、客服質量及客戶訊息等方面著手。

表 11-1 客戶管理工作職責說明表

工作職責	職責具體說明
客戶調研管理	1. 根據調查物件的不同確定不同的客戶調查方法，並設計調查問卷，預估客戶調研過程中可能產生的相關問題，並制定解決對策 2. 對企業的準客戶、客戶及大客戶等進行調查，並編制客戶調研報告
客戶開發管理	1. 根據企業產品性能、品質、受眾群體等確定目標市場，在目標市場中確定企業的潛在客戶，並對潛在客戶進行資格鑑定 2. 根據企業品牌狀況、自身的資源利用狀況等選擇合適的客戶開發策略並實施
客戶信用管理	1. 開展客戶信用調查工作，利用科學的分析方法對客戶信用等級進行合理評定，以規避信用交易風險 2. 對客戶信用進行追蹤管理，以降低信用交易風險，及時追回銷售回款等
客戶關係管理	1. 對客戶關係進行合理規劃，並制定客戶關係維護、改進、拜訪與回訪等管理制度 2. 制定客戶接待方案及接待標準，並根據客戶的來訪要求對其作出相應的安排和部署 3. 對現有客戶關係進行合理評估，並根據評估結果制訂相應改進方案或措施等
客戶投訴管理	1. 建立健全相關的客戶投訴機制，提高客戶投訴處理的速度和水準，提高客戶服務的滿意度 2. 組織對客戶投訴問題進行調查，分析投訴的主要問題及原因等，並據此制訂相應的解決方案 3. 對客戶投訴處理效果進行評估，分析客戶投訴處理效果的影響力度以及宣傳效應，便於完善客戶投訴處理機制

大客戶管理	1. 建立並完善大客戶服務品質體系與評估標準，定期對大客戶服務品質等進行評估 2. 及時處理大客戶回饋的相關問題，不斷改善大客戶服務措施 3. 建立大客戶資訊管理系統，以大客戶的資訊資料為基礎進行客戶需求分析，並定期對大客戶進行回訪管理
客服品質管理	1. 制定客戶服務品質檢查與管理標準，並參照其對客戶服務品質進行檢查與評估，並對調查、評價的結果進行綜合分析 2. 根據分析結果，發現客戶服務的薄弱環節，制定客戶服務品質改進措施並落實 3. 追蹤客戶服務品質的改善過程，並對改善措施進行有效驗證等
客服品質管理	1. 建立並完善客戶的資訊檔案，隨時對資訊檔案進行更新與維護 2. 建立並維護客戶資訊管理系統，以便隨時瞭解客戶狀態

11.2 客戶管理流程

11.2.1 主要流程設計導圖

客戶管理主要流程設計導圖如圖 11-2 所示。

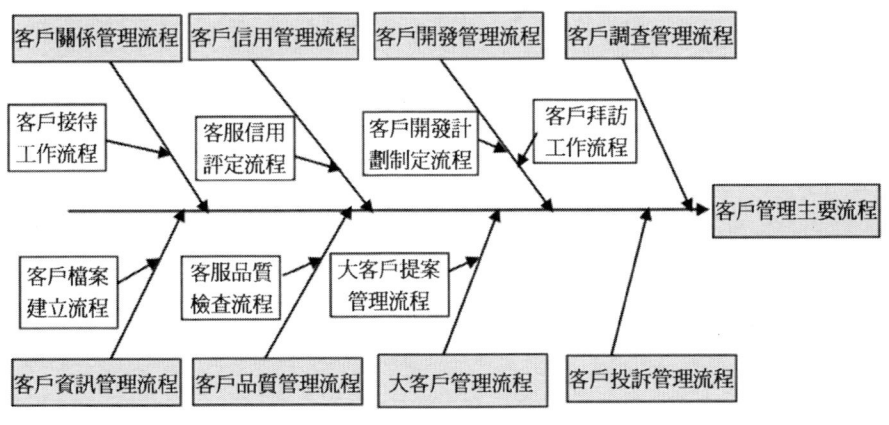

圖 11-2 客戶管理主要流程設計導圖

11.2.2 客戶拜訪工作流程

客戶拜訪工作流程如圖 11-3 所示：

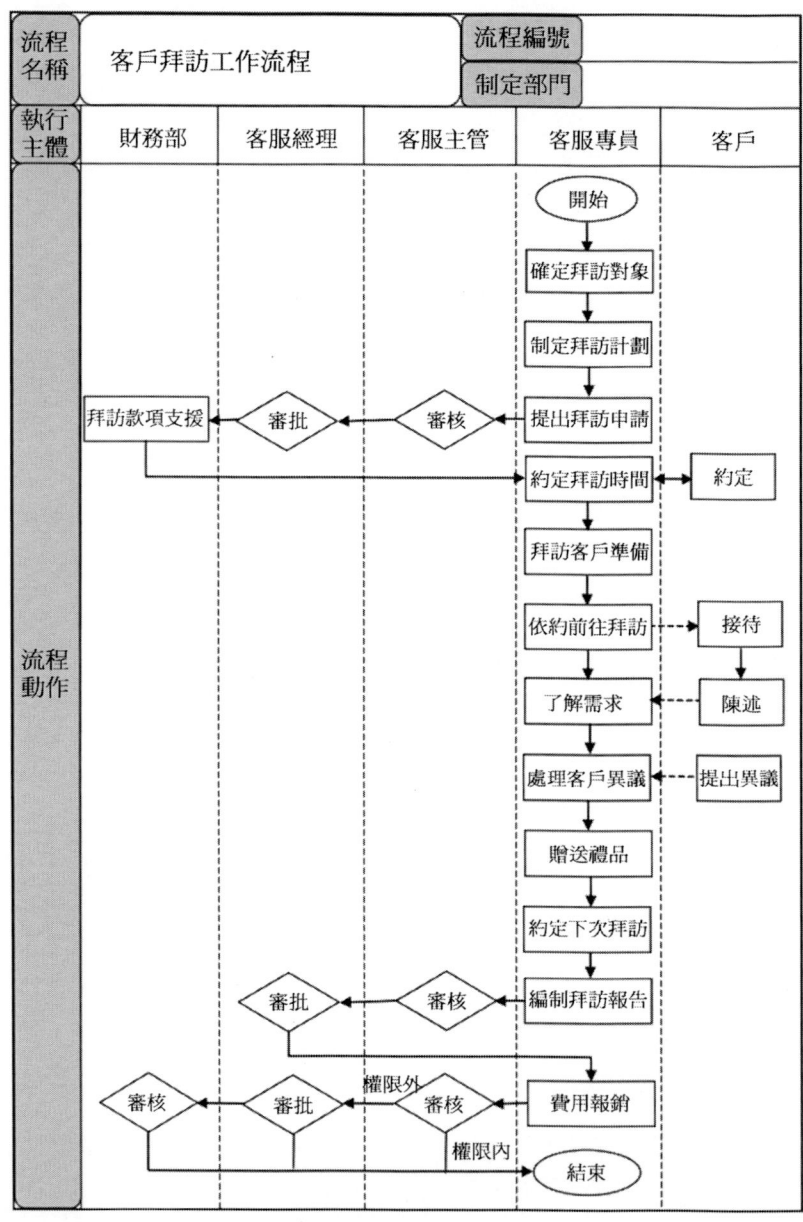

流程名稱	客戶拜訪工作流程		流程編號	
			制定部門	

執行主體	財務部	客服經理	客服主管	客服專員	客戶
流程動作				開始 → 確定拜訪對象 → 制定拜訪計劃 → 提出拜訪申請 → 約定拜訪時間 → 拜訪客戶準備 → 依約前往拜訪 → 了解需求 → 處理客戶異議 → 贈送禮品 → 約定下次拜訪 → 編制拜訪報告 → 費用報銷 → 結束	

拜訪款項支援 ← 審批 ← 審核

約定拜訪時間 → 約定
依約前往拜訪 → 接待
了解需求 ← 陳述
處理客戶異議 ← 提出異議

審核 ← 審批 ← 權限外 審核 ← 費用報銷
權限內 → 結束

圖 11-3 客戶拜訪工作流程

11.2.3 客戶接待工作流程

客戶接待工作流程如圖 11-4 所示：

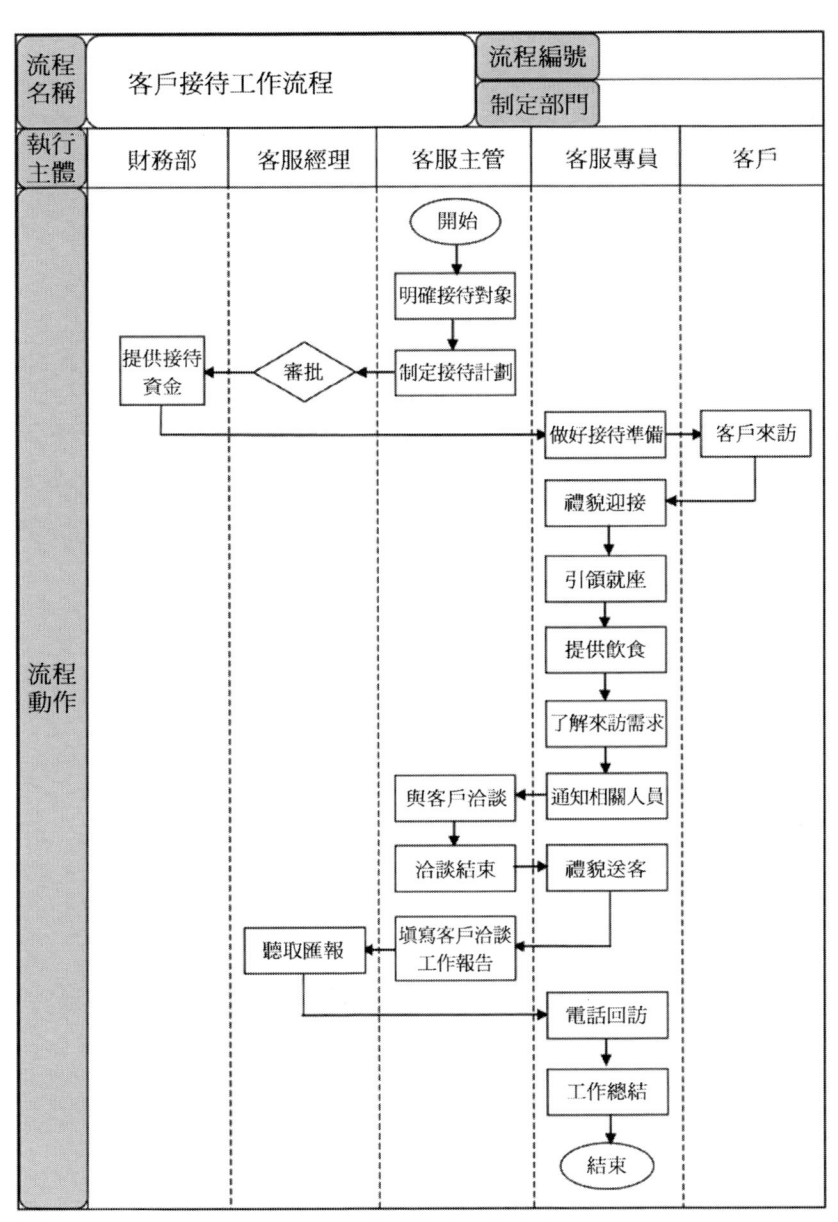

流程名稱	客戶接待工作流程		流程編號		
			制定部門		
執行主體	財務部	客服經理	客服主管	客服專員	客戶
流程動作	提供接待資金	審批	開始 → 明確接待對象 → 制定接待計劃 → 與客戶洽談 → 洽談結束 → 填寫客戶洽談工作報告	做好接待準備 → 禮貌迎接 → 引領就座 → 提供飲食 → 了解來訪需求 → 通知相關人員 → 禮貌送客 → 電話回訪 → 工作總結 → 結束	客戶來訪
		聽取匯報			

圖 11-4 客戶接待工作流程

11.2.4 客戶投訴處理流程

客戶投訴處理流程如圖 11-5 所示：

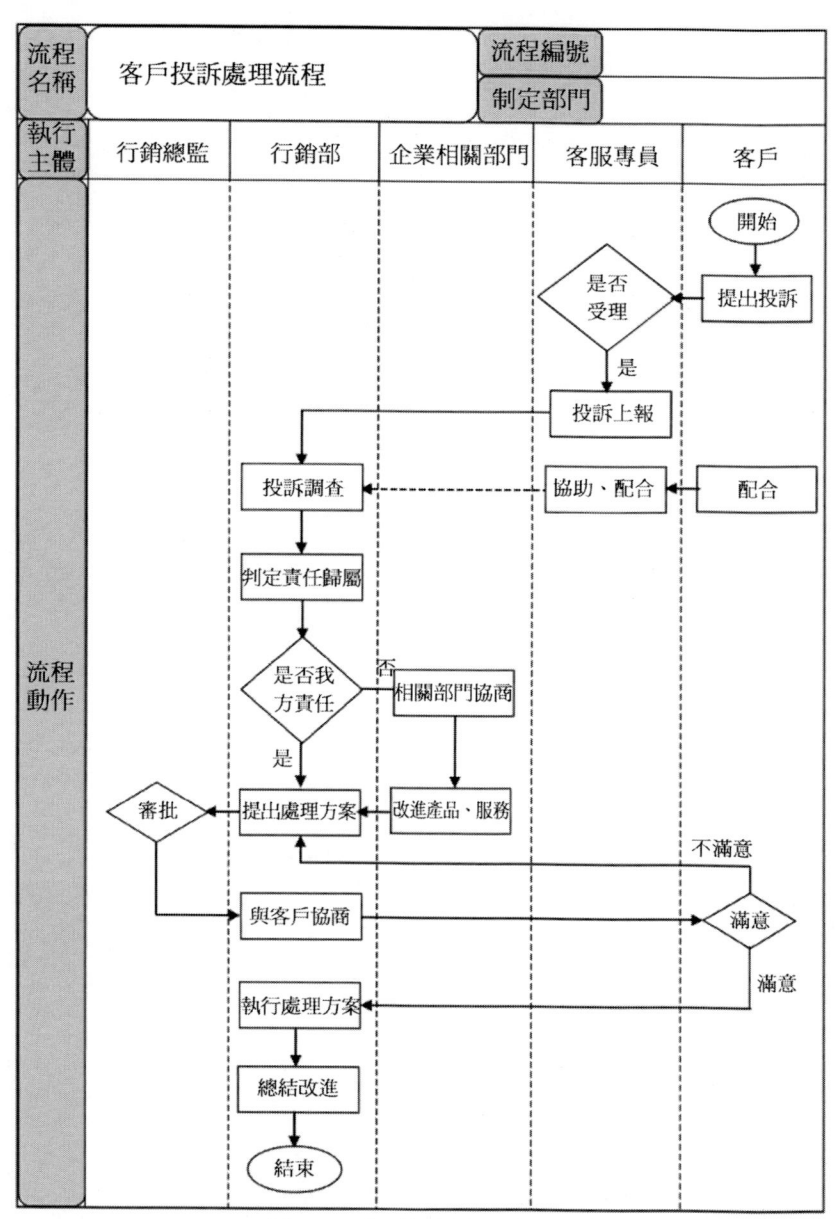

圖 11-5 客戶投訴處理流程

11.2.5 客戶信用評定流程

客戶信用評定流程如圖 11-6 所示：

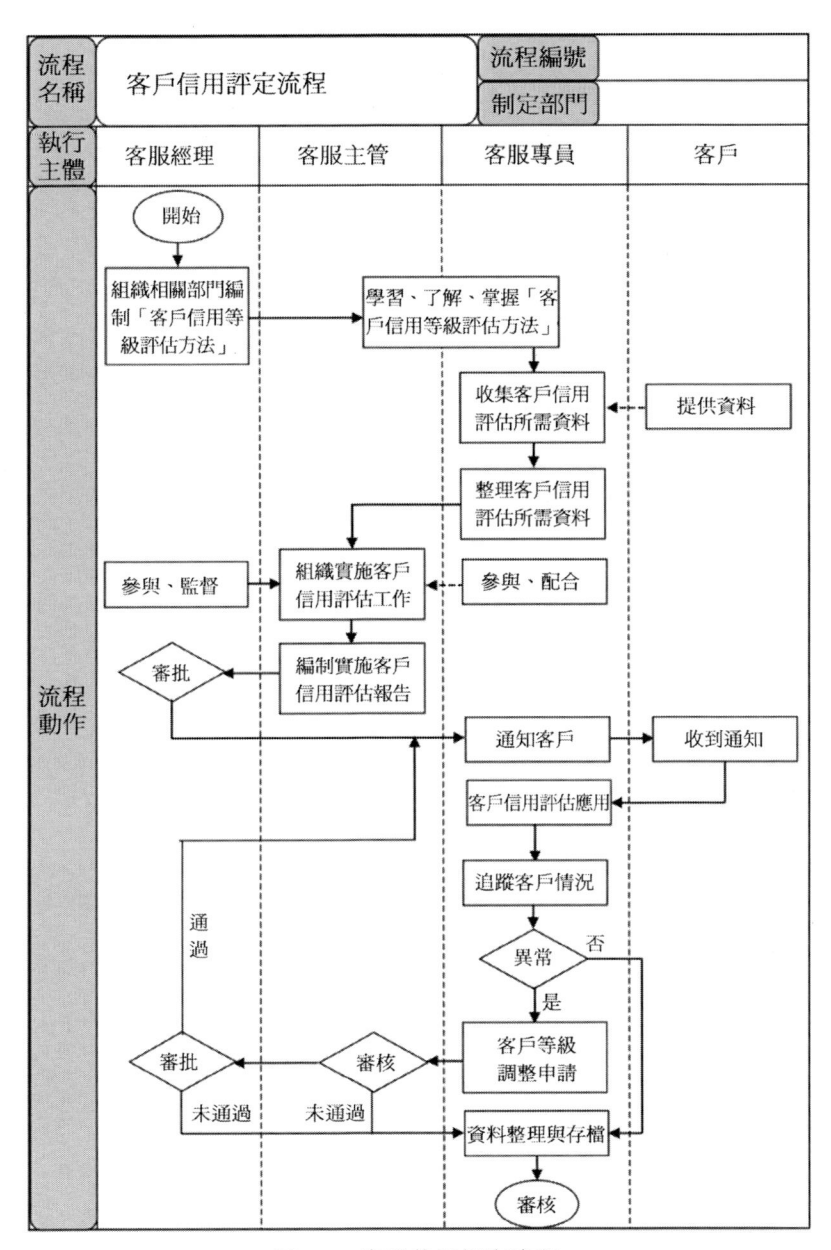

圖 11-6 客戶信用評定流程

11.3 客戶管理標準

11.3.1 客戶管理業務工作標準

企業在開展各項客戶管理業務時，可參照表 11-2 設計各項工作標準，以提高客戶管理的整體水平。

表 11-2 客戶管理業務工作標準

工作事項	工作依據與規範	工作成果或目標
客戶調查管理	●客戶調查培訓資料及文件、客戶調查工作展開說明書、客戶調查計劃及方案等	(1) 客戶調查覆蓋率達___% (2) 調查計劃完成率達100%
客戶開發管理	●客戶開發工作規範、市場環境調查報告、同行業競爭預測分析報告等	(1) 客戶開發成功率達___% (2) 開發計劃完成率達100%
客戶信用管理	●客戶資格調查報告、客戶信用調查管理制度、客戶信用調查方案等	(1) 信用變更及時率達100% (2) 客戶信用考評率達___%
客戶關係管理	●客戶服務滿意度水準調查報告、為客戶提供的促銷活動計劃書、針對客戶的優惠政策文件等	(1) 客戶拜訪率達___% (2) 優惠政策提供及時率達100% (3) 客戶滿意度達___分以上
客戶投訴管理	●客戶投訴登記表、客戶投訴分析結論性文件、售後維修記錄等	(1) 客戶投訴率低於___% (2) 投訴問題解決率達100%
大客戶管理	●大客戶忠誠度評定文件、大客戶服務方案等	大客戶服務方案提交及時率達100%
客戶品質管理	●客服品質檢查記錄、客服品質整改措施、客戶品質改進記錄等	(1) 客服品質檢查率___% (2) 客服品質改進率
客戶資訊管理	●客戶資訊登記表、客戶信用等級評定文件及依據、客戶資訊檔案管理制度等	(1) 資訊變更及時率達100% (2) 檔案完整率達100%

11.3.2 客戶管理業務績效標準

為了提高客戶管理業務的工作水平，提高客戶對企業的滿意度水平和忠誠度，企業應對客戶管理業務進行績效考核，具體的考核評估標準可參照表 11-3 進行設計

表 11-3 客戶管理業務績效標準

工作事項	評估指標	評估標準
客戶調查管理	客戶調查報告提交及時率	1. 客戶調查報告提交及時率 = $\dfrac{\text{及時提交的客戶調查報告次數}}{\text{應及時提交的客戶調查報告次數}} \times 100\%$ 2. 客戶調查報告提交及時率應達到___%，每降低___%，扣___分；低於___%，本項不得分
	單位客戶調查成本	1. 調查活動所產生調查成本的算術平均數 2. 單位客戶調查成本不高於___元，每高出___元，扣___分；單位成本高於___元，本項不得分
客戶開發管理	新客戶的發展數量	1. 在考核期內開發的新客戶的數量 2. 新客戶的發展數量應達到___個，每減少___個，扣___分；低於___個，本項不得分
客戶信用管理	客戶信用調查計劃完成率	1. 客戶信用調查計劃完成率 = $\dfrac{\text{及時完成的客戶調查計劃工作事項個數}}{\text{應及時完成的客戶調查計劃工作事項總數}} \times 100\%$ 2. 客戶信用調查計劃完成率達到___%，每降低___%，扣___分；低於___%，本項不得分
	客戶信用風險損失額	1. 因客戶信用發生變化給企業帶來的財產損失額 2. 因客戶信用風險導致企業損失的額度不高於___元，每增加___元，該項扣___分；高於___元，該項不得分
客戶關係管理	客戶回訪率	1. 客戶回訪率 = $\dfrac{\text{實際回訪的客戶數量}}{\text{客戶總數量}} \times 100\%$ 2. 客戶回訪率應達到___%，每降低___%，扣___分；低於___%，本項不得分

表11-3(續)

客戶投訴管理	客戶投訴率	1. 客戶投訴率 = $\dfrac{客戶投訴的次數}{客戶服務的總次數} \times 100\%$ 2. 客戶投訴率不高於___%，每高出___%，扣___分；高於___%，本項不得分
	客戶投訴問題解決率	1. 客戶投訴問題解決率 = $\dfrac{客戶投訴解決的次數}{客戶投訴的總次數} \times 100\%$ 2. 客戶投訴問題解決率應達到___%，每降低___%，扣___分；低於___%，本項不得分
大客戶管理	大客戶滿意度	1. 大客戶對企業服務滿意度水準的算術平均數 2. 大客戶滿意度應達到___分，每降低___分，扣___分；低於___分，本項不得分
客服品質管理	品質改進目標達成率	1. 品質改進目標達成率 = $\dfrac{品質改進目標達成的數量}{品質改進目標的數量} \times 100\%$ 2. 品質改進目標達成率應達到___%，每降低___%，扣___分；低於___%，本項不得分
客戶資訊管理	客戶資訊歸檔率	1. 客戶資訊歸檔率 = $\dfrac{考核期內實際歸檔數}{同期應歸檔數} \times 100\%$ 2. 客戶資訊歸檔率應達到___%，每降低___%，扣___分；低於___%，本項不得分
	客戶資訊洩密次數	客戶資訊洩密次數應少於___次，每高出___次，扣___分；高於___次，本項不得分

11.4 客戶管理制度

11.4.1 制度解決問題導圖

客戶管理制度可以有效指導客戶服務管理工作，規範客戶開發、客戶接待拜訪、客投訴處理等工作，從而使企業與客戶保持良好的關係，提高企業的銷售額及美譽度。具體的客戶管理制度解決問題的導圖如圖 11-7 所示。

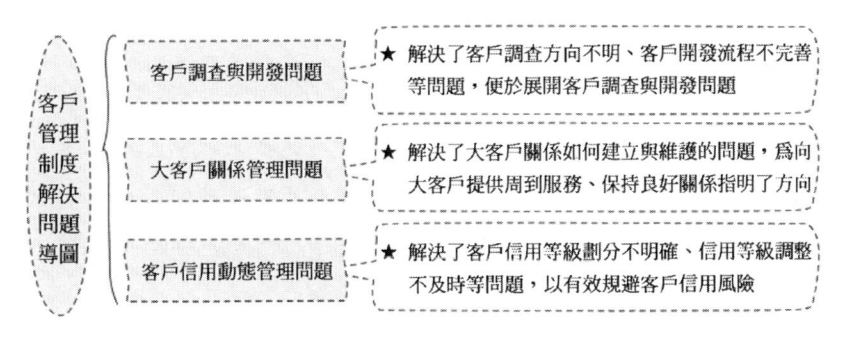

```
                    ┌─ 客戶調查與開發問題 ── ★ 解決了客戶調查方向不明、客戶開發流程不完善
                    │                           等問題,便於展開客戶調查與開發問題
 客戶管理制度        │
 解決問題導圖 ──────┼─ 大客戶關係管理問題 ── ★ 解決了大客戶關係如何建立與維護的問題,爲向
                    │                           大客戶提供周到服務、保持良好關係指明了方向
                    │
                    └─ 客戶信用動態管理問題 ─ ★ 解決了客戶信用等級劃分不明確、信用等級調整
                                                不及時等問題,以有效規避客戶信用風險
```

圖 11-7 客戶管理制度解決問題導圖

11.4.2 客戶開發管理制度

客戶開發管理制度如表 11-4 所示:

表 11-4 客戶開發管理制度

制度名稱	客戶開發管理制度		編號	
執行部門		監督部門		編修部門	

第一章 總則

第1條 目的。

爲了給公司爭取到更多的客戶,規範客戶開發的流程及相關標準,保證客戶開發管理工作的順利展開,特制定本制度。

第2條 適用範圍。

本制度適用於客戶開發管理的全部工作,包括展開客戶調查、制定客戶篩選標準、編制客戶認定申請報告、客戶開發費用管理及客戶開發人員管理等。

第3條 管理職責。

1.客服經理負責對客戶開發及管理工作進行全面監督和控制,並根據潛在客戶的合作意向與客戶進行深入洽談。

2.客服主管負責組織客服專員對客戶進行調查,確定客戶篩選標準,上報篩選結果,組織實施客戶拜訪,編制客戶認定申請報告等。

3.客服專員負責具體實施客戶調查工作,並協助客服主管、客服經理

表11-4(續)

做好客戶拜訪與認定工作。

4. 行銷部負責與新開發的客戶簽訂供貨合約及產品品質保證合約等。

5. 生產部、技術部、研發部、品質管理部等相關部門負責組建實地調查小組，對潛在客戶進行實地考察等。

第二章 客戶開發調查

第4條 選擇客戶資料獲取通路。

在收集客戶資訊時，客服專員可以從如下圖所示的四種通路中選擇收集客戶相關資訊的具體通路。

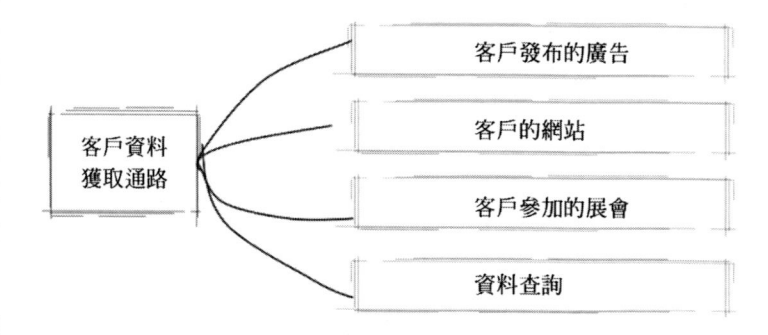

```
                    ┌─────────────────┐
                    │   客戶發布的廣告   │
                    ├─────────────────┤
┌──────────┐        │    客戶的網站    │
│ 客戶資料  │────────├─────────────────┤
│ 獲取通路  │        │   客戶參加的展會   │
└──────────┘        ├─────────────────┤
                    │     資料查詢     │
                    └─────────────────┘
```

客戶資料獲取通路說明示意圖

第5條 確定潛在客戶資料收集範圍。

在開發客戶之前，客服專員應先收集和瞭解潛在客戶的相關資訊，其內容如下所示。

1. 客戶的基本資訊，包括客戶名稱、所屬行業、組織結構、客戶的業務情況、經驗決策者和管理者。

2. 客戶重要管理人員的個人資料，主要包括客戶負責人的家庭狀況、受教育狀況、個人愛好、本年度的工作目標及個人發展計畫等。

第6條 制定客戶選擇標準。

在對潛在客戶進行選擇時，相關人員應堅持以下選擇標準。

1. 符合本公司界定的設備和技術要求。

表11-4(續)

2. 客戶必須達到較高的經營水準,即具有較強的財務能力和良好的信用。
3. 客戶應有積極的合作態度。
4. 客戶必須具有按時供貨的管理能力。
5. 客戶應遵循雙方在商業上和技術上的相關協議。

第7條 客戶調查實施。

在進行客戶開發調查時,公司應將調查過程分為兩個階段,即一般調查階段與實地調查階段。

1. 一般調查階段的具體調查步驟如下所示。

(1) 客服專員向潛在客戶發出商業合作要求,由潛在客戶向本公司提交其企業的具體概況、資質證明、最新年度結算表、產品指南、產品目錄等文件。

(2) 客服主管與潛在客戶的主要負責人進行交談,進一步瞭解客戶企業的生產經營狀況、經營方針、對本公司的基本看法以及與本公司合作的意向等。

(3) 根據合作意向,客服經理與客戶負責人進一步商洽合作事宜。

2. 實地調查的實施過程說明如下所示。

(1) 一般調查工作結束後,客服經理將調查所得資料反映至公司生產部、技術部、研發部、品質管理部等相關部門。

(2) 生產部、技術部、研發部、品質管理部等相關部門的主管人員組成實地調查小組,進行實地調查,並做好調查記錄工作。

第8條 客戶資訊整理與分析。

潛在客戶資料收集後,客服主管應對調查所得資料進行整理和匯總,具體工作內容如下所示。

1. 建立客戶資訊資料庫,整理、保存客戶基本資料,並根據公司文件管理的相關規定進行歸檔保存。

2. 加強客戶開發相關資料的管理,做到「八防」(防火、防曬、防潮、防黴、防塵、防鼠、防蟲、防盜),保證客戶檔案的整齊、清潔、美觀和安全。

第9條 客戶篩選結果處理。

表11-4(續)

　　1. 客服主管根據客戶篩選標準、客戶資訊的整理分析結果以及公司策略發展目標等確定「客戶開發名單」，交客服經理進行審核。

　　2.「客戶開發名單」經審核通過後，客服主管應制訂客戶開發計劃，並組織對計劃進行執行。在執行客戶開發計劃過程中，客服主管應根據客戶開發條件及市場環境的變化等對該計劃及時進行修訂與完善。

第三章 客戶開發計劃實施

第10條　客戶開發實施。

　　1. 客服專員與客戶公司相關負責人取得聯繫，商定拜訪的時間及地點等。

　　2. 客服專員按約定與客戶在指定地點商談客戶開發事宜，並為新開發客戶提供本公司客戶開發活動的相關背景資料，並記錄客戶的相關意見及需求等。客服專員在與客戶的接觸過程中，一方面要力爭與其建立業務聯繫；另一方面要對其進行信用以及經營、銷售能力等方面的調查。

　　3. 客戶拜訪工作結束後，客服專員要填寫「客戶開發計劃及管理實施表」，將每個工作日的進展情況、取得的成績和存在的問題向客服主管進行反映，並協助客服主管分析開發客戶的潛力等。

　　4. 分析工作結束後，客服主管應向客服經理提出客戶認定申請，並編製「客戶認定申請報告」，報告中應至少包含下圖所示三方面內容。

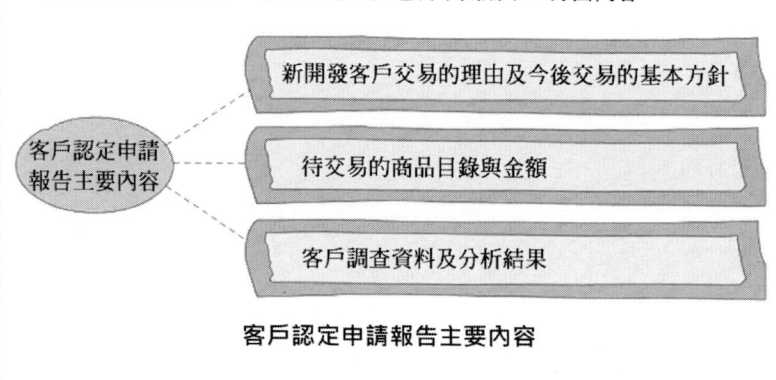

客戶認定申請報告主要內容
- 新開發客戶交易的理由及今後交易的基本方針
- 待交易的商品目錄與金額
- 客戶調查資料及分析結果

客戶認定申請報告主要內容

第10條　簽訂商品供應合約。

　　「客戶認定申請報告」通過後，公司行銷部負責人應與客戶正式簽訂供貨合

表11-4(續)

約及供貨產品的品質保證合約,以保證雙方的合法權益。

第12條 設定新客戶代碼。

合約簽訂後,客服專員應為新客戶設定代碼,並與客戶相關負責人進行相關登記,以保證客戶資料、檔案的完整性。

第四章 客戶開發人員管理

第13條 客戶開發人員禮儀規範。

客戶開發人員應遵守開發工作的禮儀規範,具體包含但不限於以下四點。

1. 用語文雅禮貌,體現出對客戶的尊重,側面展現公司的文化建設。
2. 用語準確規範,力求語音標準、吐字清晰、表達準確,節約客戶時間。
3. 語氣溫婉,給客戶營造良好的談話氛圍,縮短與客戶間的距離。
4. 微笑服務,使客戶感受到我們的真誠服務。

第14條 客戶開發人員行為規範。

客服專員應遵守開發工作的行為規範,具體包含但不限於以下三點。

1. 著正裝並佩帶名牌,保持服裝乾淨、整潔。
2. 在與客戶見面時,應主動向客戶問好;若對方向自己問好,應積極給予熱情回應。
3. 在與客戶交談時,要保證身體不倚靠它物,上身挺直,頭正目平,不斜躺、不翹二郎腿。

第15條 客戶開發人員工作規範。

1. 原則上,客服專員每日按時上班後,從公司出發從事客戶開發工作,公事結束後返回公司處理當日業務,但長期在外出差或加班未返者除外。
2. 客服專員原則上應每週至少訪問客戶＿＿＿＿次,其訪問次數的多少還要根據客戶訪問時間進行確定。
3. 嚴格遵守公司的經營政策、產品售價折扣政策、銷售優惠辦法和獎勵規定等。
4. 不得接受客戶的禮品和招待。
5. 執行公務過程中,不能飲酒。
6. 工作時間不得辦理私事,不能私用公司的交通工具。

表11-4(續)

7. 不能勸誘客戶以不正當的行為或通路支付貨款。

第五章 客戶開發費用管理

第16條 客戶開發費用預算管理。

在展開客戶開發工作前，客服主管應制定開發費用預算，確定開發的費用項目及相應的費用標準等，上交客服經理審核。

第17條 客戶開發費用核算管理。

在客戶開發過程中，客服主管應對各項預算費用進行定期核算，便於對預算費用進行監督和控制，並保證客戶開發工作的順利進行。

第18條 客戶開發費用結算管理。

客戶開發工作結束後，客服主管應對開發費用進行結算，並將結算結果上報客服經理。

第19條 客戶開發人員費用報銷管理。

1. 客服經理按月實際業務量核定客服主管、客服專員的業務費用，其金額不得超過下列界限：客服主管 ___元，客服專員 ___元。

2. 客服主管、客服專員業務所需要的費用，以實際報銷為原則，但事先須提交費用預算，經批准後方可實施。

3. 客服主管、客服專員因工作關係誤餐的，依照公司有關規定發給誤餐費 ___元／次。

4. 客服主管、客服專員用車耗油費用憑藉發票報銷，同時應填寫「行車記錄表」。

第六章 附則

第20條 本制度由行銷部組織制定，經總經理審批後執行。

第21條 本制度自頒發之日起生效。

編制日期		審核日期		批准日期	
修改標記		修改處數		修改日期	

11.4.3 大客戶關係維護制度

大客戶關係維護制度如表 11-5 所示：

表 11-5 大客戶關係維護制度

制度名稱	大客戶關係維護制度		編號	
執行部門		監督部門		編修部門

第一章 總則

第1條 目的。

為了完善與大客戶的日常溝通機制，有效指導客戶服務人員維護與大客戶間的關係，提高大客戶對本公司的滿意度及忠誠度，特制定本制度。

第2條 適用範圍。

本制度適用於公司大客戶關係維護管理工作。

第3條 管理職責。

1. 公司總經理對大客戶關係維護管理措施等進行審批，並對客戶關係維護過程進行全面監督和控制。

2. 行銷部負責對大客戶關係進行具體維護，包括對大客戶進行認定、分級、合作管理、共贏行銷管理、情感維繫管理等。

第二章 大客戶認定與分級管理

第4條 大客戶認定原則和標準。

1. 商品品牌應具有較高知名度。
2. 商品（品牌）市場佔有率應進入我公司產品銷量前十名。
3. 銷售及利潤的貢獻比重大。
4. 與我公司的配合狀況良好，包括日常溝通和銷售支援等。
5. 優先保證公司的貨源。
6. 優先保證首銷或新品及時上櫃。

第5條 大客戶分級級別。

為了更好地管理公司的大客戶，維護與大客戶的友好合作關係，公司把大客戶按以下標準分為三級。具體說明如下圖所示。

表11-5(續)

普通大客戶
公司每年從其採購的產品金額在2500萬～1億元。這些企業主要為公司提供一些日常用品,但他們的產品是公司銷售中不可或缺的

夥伴式大客戶
公司每年從其採購產品金額在1億～2億5千萬元。這類企業不但是公司主要供貨商,而且是公司重要合作夥伴。公司與這些企業進行合作生產,品牌共建

策略性大客戶
公司每年從其採購產品的金額在2億5千萬元以上的企業。這類企業與公司同步發展,他們的發展策略和本企業的發展策略有著密切的關係,雙方甚至建立起合作辦公室,以求共同發展

大客戶級別劃分示意圖

第三章 大客戶合作管理

第6條 資料共享管理。

1. 在一定範圍內,公司應向大客戶開放銷售資料、庫存資料,使大客戶可以及時掌握我們的銷售狀況,進而及時組織貨源。

2. 在與大客戶進行資料共享時,公司應按照大客戶的級別對大客戶的共享資料進行分級管理,讓大客戶感受到尊貴感。

第7條 資訊共享管理。

公司應做好市場資訊共享工作,為雙方公司的決策管理層提供售前和售後的各種基礎資訊,便於大客戶與本公司及時把握市場狀態及動態,保證決策的正確性及突發情況應對的及時性。

第8條 終端合作管理。

公司應加強對銷售終端的開發利用,加強雙方對銷售一線的掌控力度,提高雙方對市場變化的反應能力。

表11-5(續)

第四章 大客戶共贏行銷管理

第9條 共贏行銷的形式。

行銷部與大客戶的行銷部、銷售部、資訊部等建立共同行銷網路,共同組織策劃實施市場行銷活動,以提高銷售量及銷售額等。

第10條 共贏行銷的方式。

公司與大客戶共贏的方式主要包括但那不限於以下7種。

1. 共同推出軟性廣告。
2. 共同組織現場促銷活動。
3. 共同制定市場價格體系。
4. 共同組織新品發布會、新聞發布會。
5. 共同解決合作中存在的問題。
6. 共同策劃促銷廣告方案。
7. 共同研究新品的開發、生產、銷售。

第五章 大客戶情感維繫管理

第11條 與大客戶展開聯誼活動。

在企業內部舉辦文娛活動,並邀請大客戶參與本公司舉辦的活動。在活動中,共同排練節目、共同演出,使大客戶可以清楚地感受到本公司的企業文化,並加深大客戶與我公司的友誼。

第12條 邀請大客戶參觀廠區。

公司可定期邀請大客戶主要領導人到公司的廠區及辦公場所進行參觀,在參觀訪問過程中仔細觀察大客戶的需求及習慣,為大客戶提供周到的服務,以提高大客戶對我方公司的好感。

第13條 提供個性化產品及服務。

根據大客戶的不同需求,公司可為大客戶量身定做個性化的產品及服務,進一步增加大客戶對我方公司的瞭解和信任,提高大客戶的忠誠度。

第14條 回訪大客戶,提高大客戶滿意度。

建立大客戶回訪機制,經常對大客戶進行回訪,瞭解大客戶對產品的使用情況、新的需求等,增進彼此的瞭解,體現公司對大客戶的關心和重視,

表11-5(續)

增進公司與大客戶的感情。

第六章 大客戶檔案管理

第15條 大客戶檔案建立。

公司應組織建立大客戶資訊檔案,檔案內容應包括大客戶的基本資訊(如大客戶電話、地址、傳眞、郵箱、註冊資金、註冊時間等)和重要資訊(大客戶集團發展歷史、經營目標、發展方向、銷售狀況、競爭對手狀況、供應商狀況、資源及客戶狀況等)。

第16條 大客戶檔案維護與更新。根據與大客戶的業務往來情況,公司應對大客戶的資訊檔案進行更新,及時將客戶資訊的最新資料保存在客戶檔案中。

第17條 大客戶檔案保存。

大客戶檔案可分爲紙本檔案和電子檔案兩種,針對兩種不同的檔案,公司應採用不同的檔案管理方法。

1.對於紙本檔案,應將其放於溫濕度適宜、防火、防蟲的辦公區域,並由專人進行管理。

2.對於電子檔案,應存於大客戶資訊管理系統中,由客服專員對大客戶資訊檔案進行妥善維護,並建立相應的檔案備份。

第七章 附則

第18條 本制度由行銷部組織制定,經總經理審批後執行。

第19條 本制度自頒發之日起生效。

編制日期		審核日期		批准日期	
修改標記		修改處數		修改日期	

11.4.4 客戶信用管理規定

客戶信用管理規定如表 11-6 所示:

表 11-6 客戶信用管理規定

制度名稱	客戶信用管理規定		編號	
執行部門		監督部門		編修部門	

第一章 總則

第1條 目的。

為充分瞭解和掌握客戶的信譽及資信狀況,規範公司客戶信用管理工作,避免因客戶信用問題給企業帶來不必要的損失,規避客戶信用風險,特制定本規定。

第2條 適用範圍。

本規定適用於公司所有客戶的信用管理工作,包括客戶信用調查、信用評級、信用等級調整、信用檔案管理等。

第3條 管理職責。

1. 行銷部負責對客戶信用進行調查、評級、變更、檔案建立等相關工作。

2. 財務部負責向行銷部提供客戶財務狀況及銷售回款等方面的資訊,協助行銷部做好各項客戶信用管理工作。

第二章 客戶信用調查管理

第4條 內部調查實施。

內部調查是指本公司對客戶實施信用調查,或利用新聞報導等材料進行分析。該種調查主要有四種調查方式,具體內容如下所示。

1. 借助客戶公司的內部員工進行調查,具體操作方式包括但不限於以下三種。

(1) 委託客戶內部員工進行調查。

(2) 利用與客戶內部員工往來的機會,瞭解客戶的信用狀況。

(3) 公司派出調查小組向客戶公司的內部員工索取調查資料。

表11-6(續)

2. 實地調查，即依靠本公司的調查人員進行實地或現場走訪調查（可用來調查客戶公司的辦公環境和條件、員工的精神面貌、管理者的氣質、團隊氣氛等）。

3. 查詢公共紀錄，指查詢客戶公司在法律訴訟、資產抵押、資本營運、收購合併以及上市籌資等方面的事件紀錄。

4. 分析新聞報導，可透過客戶子公司經營情況的消息判斷母公司經營情況，或由某行業大公司經營危機判斷客戶公司的經營情況。

第5條 外部調查實施。

對於大客戶，或者對公司經營活動有重大影響的客戶，公司在內部調查工作結束後，選擇客戶信用調查機構對其進行外部調查。具體可操作的方法是透過聘請金融機構、專業的資信調查機構等對其進行信用調查，必要時可透過同行業組織實施調查。

第三章 客戶信用評級管理

第6條 信用評級標準。

客戶信用調查工作結束後，公司應對客戶信用等級進行評定。評定客戶信用等級時，行銷部可以從以下五方面進行。

1. 企業要素，主要包括客戶的整體印象、行業地位、主要負責人的品德、業務關係持續期、合作誠意、員工人數、訴訟紀錄等。

2. 信用履約情況，主要包括信用履約率、按期履約率、呆帳紀錄等。

3. 償債能力，主要包括應付款周轉天數、流動比率、速動比率、資產負債率等。

4. 經營能力，主要包括註冊資本、年營業額、營業額增長率等。

5. 盈利能力，主要包括銷售毛利率、銷售淨利潤等。

第7條 信用等級劃分。

公司應根據客戶的信用狀況計算客戶的信用得分，根據得分情況確定客戶信用等級。客戶信用等級由高到低分為A、B、C、D四個等級，具體信用等級劃分情況及管理對策如下表所示。

表11-6(續)

客戶信用等級及管理對策說明表

信用等級	等級說明	管理政策
A	規模大、信譽高、資金雄厚	公司可允許其有一定的賒銷額度和匯款寬限期，但賒銷量以不超過一次進貨量為限，回款寬期限可根據實際情況進行確定
B	規模中檔、信譽良好	公司應在摸清客戶確實準備付款的情況下，再通知發貨
C	規模一般、信用狀況一般	公司應嚴格要求其先付款後發貨，並且應想好若該類客戶破產倒閉對公司的主要影響以及對應的補救措施等。此類客戶不應作為公司的主要客戶，應逐步以信用良好、經營實力強的客戶取代
D	規模較小、信譽不太好	公司應堅決要求先款後貨，並在追回前期貨款的情況下，逐步淘汰該類客戶

第四章 客戶信用等級調整管理

第8條 客戶信用等級追蹤。

當客戶信用等級評定後，財務部應對客戶的信用狀況進行追蹤管理，當發現客戶信用發生異常時，應及時將異常資訊反映給行銷部。

第9條 客戶信用異常原因調查。

行銷部應對客戶信用異常的原因進行調查與分析，確認客戶信用異常的程度，並根據客戶信用異常的程度調整客戶信用等級。

第10條 客戶信用等級調整通知。

客戶信用等級調整後，行銷部應將信用等級的調整結果告知客戶，確定客戶對信用等級調整結果是否需要申訴等。

第11條 客戶信用等級變更後續管理。

當客戶信用等級降低，即客戶信用狀況惡化時，行銷部可採取以下管理措施：

1. 要求客戶提供擔保人或連帶擔保人。
2. 增加信用辦證金。
3. 對交易合約進行公證。

表11-6(續)

4. 減少供貨量或實行發貨限制。

5. 接受代為償債或代物清償,即有擔保人的,向擔保人追債;有抵押物的,接受抵押物還債。

第五章 客戶信用檔案管理

第12條 客戶信用檔案建立。

行銷部應組織各相關部門建立客戶信用檔案,檔案內容應包括客戶信用調查、信用評級、信用等級調整的相關文件、資料、記錄等內容。

第13條 客戶信用檔案維護與更新。

1. 行銷部應定期編寫客戶信用調查報告,原則上A類客戶每半年提交一次,B類客戶每三個月提交一次,C、D類客戶每月提交一次。

2. 根據客戶信用報告及客戶信用等級的變化情況等,行銷部應對客戶的信用檔案進行更新,及時將客戶信用的最新資料保存在客戶信用檔案中。

第14條 客戶信用檔案借閱。

本公司員工借閱客戶信用檔案時,須經借閱人部門主管及行銷部主管共同簽字確認後方可借閱。公司外部人員借閱客戶信用檔案時,須經本公司總經理同意。

第六章 附則

第15條 本規定由行銷部組織制定,經總經理審批後執行。

第16條 本規定自頒發之日起生效。

編制日期		審核日期		批准日期	
修改標記		修改處數		修改日期	

11.4 客戶管理制度

國家圖書館出版品預行編目（CIP）資料

《圖解》總經理的行銷規範管理 / 宋麗娜 著. -- 第一版.
-- 臺北市：崧燁文化，2020.06
POD
　　面； 　公分

ISBN 978-957-681-747-2(平裝)

1.行銷管理

496　　　　　　　　　　　　　　　　　107023262

書　　名：《圖解》總經理的行銷規範管理
作　　者：宋麗娜 著
發 行 人：黃振庭
出 版 者：崧燁文化事業有限公司
發 行 者：崧燁文化事業有限公司
E - m a i l：sonbookservice@gmail.com
粉 絲 頁：　　　　　　網　址：
地　　址：台北市中正區重慶南路一段六十一號八樓 815 室
8F.-815, No.61, Sec. 1, Chongqing S. Rd., Zhongzheng
Dist., Taipei City 100, Taiwan (R.O.C.)
電　　話：(02)2370-3310　傳　真：(02) 2388-1990
總 經 銷：紅螞蟻圖書有限公司
地　　址：台北市內湖區舊宗路二段 121 巷 19 號
電　　話:02-2795-3656 傳真:02-2795-4100　　網址：
印　　刷：京峯彩色印刷有限公司（京峰數位）

　　本書版權為西南師範大學出版社所有授權崧博出版事業有限公司獨家發行電子
　　書及繁體書繁體字版。若有其他相關權利及授權需求請與本公司聯繫。

定　　價：450 元
發行日期：2020 年 06 月第一版
◎ 本書以 POD 印製發行